U0881629

SKYLINE

天 际 线

望远 知新

THE SECRET WORLD OF WEATHER

天气的秘密

[英国] 特里斯坦·古利 ——著
周颖琪 ——译

译林出版社

图书在版编目（CIP）数据

天气的秘密 / （英）特里斯坦·古利 (Tristan Gooley) 著 ; 周颖琪译. -- 南京 : 译林出版社, 2025. 8. -- （译林自然科普经典）. -- ISBN 978-7-5753-0803-8

Ⅰ. P44-49

中国国家版本馆CIP数据核字第2025XM1842号

著作权合同登记号　图字：10-2021-381 号

天气的秘密　[英国] 特里斯坦 · 古利 / 著　周颖琪 / 译

责任编辑　杨欣露
装帧设计　孙逸桐
校　　对　孙玉兰
责任印制　董　虎

原文出版　Sceptre, 2021
出版发行　译林出版社
地　　址　南京市湖南路 1 号 A 楼
邮　　箱　yilin@yilin.com
网　　址　www.yilin.com
市场热线　025-86633278
排　　版　南京展望文化发展有限公司
印　　刷　江苏凤凰新华印务集团有限公司
开　　本　880 毫米 ×1240 毫米　1/32
印　　张　14.125
插　　页　8
版　　次　2025 年 8 月第 1 版
印　　次　2025 年 8 月第 1 次印刷
书　　号　ISBN 978-7-5753-0803-8
定　　价　89.00 元

献给苏菲，

纪念我们的30/20周年。

无论天气如何，感谢有你陪伴。

目　录

如果想进一步了解本书中的概念，可以访问以下网站，浏览它们出现在野外场景中的照片：http://naturalnavigator.com/news/tag/secret-world-of-weather/。

前言

这是一本不同寻常的天气书。

当我研究天气的时候，我并非盯着屏幕上的图表看，而是绕着一棵树转转，上街走走，从中发现线索，并获取关于当下、过去和未来天气的启示。这种方式能带领我们进入一片鲜为人知的奇妙领域：小气候。让我们享受小范围的局部观察，为那些很少有人留意的天气征兆喝彩吧！它们无处不在，遍布天空和大地，等着我们去发现。许多征兆就在我们触手可及的地方。

祝你旅途愉快。

特里斯坦

如无特殊说明，本书讨论范围仅限北半球，包括欧洲、北美洲和亚洲有人居住的大部分地区。——原注（如无特别说明，下文均为原注）

第一章　两个世界

9月末的一天，天气很闷热，只有一点点微风。夏天还在赖着不走。我走过一棵非常熟悉的栎树，向远处张望。头顶着明亮的阳光，我望向南部丘陵树木葱茏的远山。山影在高温中摇晃。低空中有几团毛蓬蓬的云，再往上是一片晴空。空气能见度一般，但我还是能看见远处的大海，此刻的它成了一片死气沉沉的黑色条带。

这天是星期四，而我们一家人想在周末出去野餐。我感到一阵微风拂过我的后脖颈，便回头看了看栎树和它的影子，心里就有了底——眼下的天气还会持续下去。我已经选好了星期天野餐的最佳地点。

在这一小段平平无奇的叙述里，隐藏着好几条线索和两个征兆。我们可以通过几种不同的方式去理解，看看之前的天气都发生了些什么，以及它接下来有什么打算。但更重要的是，这些方法会向我们揭开天气的秘密。

已知世界

人们抱怨天气预报不准已经不是一天两天的事情了。19世纪有一位名叫罗伯特·菲茨罗伊的气象学先驱，他是英国皇家海军的一位海军中将，“预报”这个词就是他发明的。他向天气预报这个疑难领域发起挑战，试图开发出什么新方法，可结果呢？他只要预报错了天气，就要面临公众铺天盖地的批评。这可不是一般人能承受的。菲茨罗伊越来越消沉，最终于1865年结束了自己的生命。

他只是生不逢时。就在他自杀的那一年，英国皇家学会的知识分子们发表了他们对于天气预报的看法：“没有任何证据表明，有哪一位能力足够的气象学家相信，以当前人类的科学水平，我们能按天预测出未来48小时的天气。”

100年以后的20世纪中叶，天气预报已经成了家常便饭，但与之相伴的疑虑并没有消失。1955年，在贝德福德郡邓斯特布尔的中央气象预报站，首席预报员说了一番话，听起来似乎也没比过去自信多少：“任何关于未来24小时以后天气的预报，都很难保证其准确性。”

然而，又过了70年后，情况发生了改变：你只要花几秒钟时间，就能找到好几则天气预报，个个都声称自己掌握了未来十天里的天气情况。这是怎么做到的？是因为我们对天空中的征兆有了更多了解吗？答案是：并没有。

在过去的100年时间里，有四件事发生了突飞猛进的变化：我们掌握了更多且更准确的数据、对天气的成因多了些理解、有了强大的数据处理器，以及便捷的通信。电脑可以接收世界各地和各个方面的观测信息，上到大气层，下到海水温度，它把信息吃进去，然后把预报吐出来。

通信在天气预报中的作用，可能超乎一般人的想象。假如你在大西洋中部测了个气压，据此预报了天气，然而对于大洋另一头的人来说，要迎来这则预报得等两个星期以后了，那这样的预报又有什么意义呢？你可能很难想象，就在不到100年以前，人们还保持着在桅杆上挂圆锥形风球的习惯，沿海地区的人们就指望着靠这个风球来预警即将到来的狂风。想想看，在这种情况下，就算有人抓破脑袋，想出能准确预测未来几天天气的办法，那他得挂多少风球，才能把这个消息散播出去啊！

我们可以回顾那些转变发生的时间点，只可惜，对于亲历了某些恶劣天气的可怜人来说，那些转变来得太迟了。第二次世界大战前不久，在爱尔兰西海岸，上一秒还平静的大海，突然卷起了一阵狂风，44个渔民因此丧命。几千米开外的地方，天气预报已经预测到了这场风暴，并通过广播发出了预警，可惜远在爱尔兰梅奥郡的那些小岛并没有收到。

说回刚才提到的十天天气预报。请注意，预报天气跟靠谱地预报天气这两件事之间有着天壤之别。就我的经验来说，再超能的计算机也只能预测五天之内的天气。对第六天和第七天预报的准确性会明显降低，变成大胆的猜测。不过在当代，至少五天内的天气预报还是有价值的。再早个20年，我不会去关注超出三天范围的天气预报，因为那纯粹就是浪费时间。在大部分地区，天气预报的准确性正在迅速提升，但有些地方恰恰相反。

随着专业天气预报的发展和进步，我们和天气之间形成了一种奇怪的关系。第一，我们明明可以自己看天气，天气本身就是一种预报方式，然而大部分人都已经丧失了这份自信；第二，天气和它的根源——土地脱了节。

于是，专家描述的天气和我们感受到的天气之间出现了一种偏差。看看电视上和网上的天气预报就会发现，图上会标出那种很大的旋涡，覆盖好多个地区。一则天气预报的覆盖区域，可能就会跨越五个小时的车程。然而，我们亲身经历的天气，覆盖区域则会小得多。

每当有气象学家在我面前提起“阵雨”，我都会问，这个阵雨会不会下在我家的后院呢？他们明白我是什么意思，所以只会一笑了之：他们清楚自己的局限性。如果找来世界上最优秀的100位气象学家，给他们弄来100台世界上最厉害的电脑，他们依然算不出明天的阵雨到底会下在什么地方。要是他们没有亲身体验过当地的地形，那预测就更无从说起了。天气预报是一件了不起的事，干这件事的也是一帮聪明人，但如果把预测范围缩小到个人的天气体验，即使是这帮聪明人也无能为力。1865年，48小时天气预报还是天方夜谭；现在，不熟悉土地的电脑依然报不准小范围内的天气。

然而，用自己的感官判断天气就是另外一回事了。虽然我们搞不定未来五天的天气变化趋势，但通常能准确地预测今天晚些时候雨会下在什么地方。天气预报是一场不公平的游戏，普通人比气象学家更有优势。原因有两点：第一，气象学家要为一个大范围内的上千人服务，但普通人更关心的是天气对我们自己的影响，而不是隔壁那个郡的人会怎样；第二，气象学家眼里的天气多半只是一种大气现象，而普通人会作为大地上的生物去体验天气。

一个人如果对周围地形敏感，就相当于拥有了一种机器没法具备的洞察力。

秘密世界

地形会塑造天气。

电脑很擅长把土地分成一个个大块来处理，但如果让它去计算一个人在某地一座小山丘上散步时的天气会怎样变化，那就是自找麻烦。哪怕只是在一小段散步的途中，阳光、风、雨、温度和能见度都会发生显著的变化。这才是我们平时说的“天气”——一棵树左右两边的天气都会不一样。尽管这是一个无可辩驳的事实，但如果你跟一位气象学家这么讲，他还是会纠正你说：“哦，那不是真正的天气。你说的那个叫**小气候**。”

这种类型的回答，我听过很多次了。每次我都表示同意，嘴上说着：“是的。”但其实我心里想的是：“我可不管它叫什么名字，我说的就是我们会亲身经历的那种天气。”

人类居住在城市、山丘、溪谷、海岸、森林、海岛中。天气改变了我们居住的土地，土地又反过来影响了天气的形成。森林导致了更多降雨的产生，降雨促使更多种树的生长，这些因素形成了一个不断被加强的正向循环。树木的存在传达出一个基本信息，意味着雨水更有可能落在这里，而不是附近别的什么没有树的地方。不同的树种周围下的雨，甚至也会给人感觉不一样。

假如有两座相邻的岛，其中小一点的那座地势平坦，大一点的那座岛上有山，那么两座岛上的天气就会不一样。大一点的那座岛两端的天气也会不一样。从高空俯视，就能看出很多岛屿两端的颜色完全不一样：雨水差不多全都降落在其中一端，而另一端几乎滴水不落。在西班牙的加那利群岛上，可以在一天之内看到两种截然不同的景象：在干燥的西南岸，日光浴爱好者们躺在火辣辣的阳光下；而在对角线另一头的东北岸，郁郁葱葱的植物正在被大雨洗刷。

越是着眼于小的范围，越是能发现天气的剧烈变化。瑞士的侏罗山上有一处海拔800米的山脊，山脊两边的天气截然不同，导致两种生态系统几乎挨在了一起。在山脊的南坡上，有像柔毛栎这样喜温暖的树种；而在北坡，生长着淡监析蓂之类的亚高山带物种。两种环境之间仅隔着一条50米宽的山脊。一般来说，差异这么大的两种环境，要水平跨越1 000千米的纬度范围或垂直跨越1 000米海拔落差才能看到。但在这处山脊上，只有**一步之遥**。这就意味着，从理论上来说，在如此小的范围内，天气通常也会出现这么大的差别。而且，这种差别是可以预见的。

在美国和欧洲温带地区的刺柏林里，南北面的气候差异就像沙漠和北方森林那样鲜明。科学家发现，林子里几米范围内的小气候差异，堪比以5 000千米为单位的大范围气候差异。我们走进树林，伸长手臂，就能体验到跨大陆的天气变化。

请注意，这种变化不是纸上谈兵，不是学术上的事实陈述或测算。小气候不仅能反映一般意义上大概率会出现的天气情况，也能预测天气。小气候能给出很多关于未来天气的提示。

环境能影响甚至是改变天气，一旦认识到这一点，我们就能预测和感受那些变化，并从中获得乐趣。

12月初的一个夜晚，我借着星光走过一片欧石南荒原。我从一片松树下面走出来，预见并确实感受到了空气中突然出现的一股恶寒。我发现欧石南丛中有些结冰的小水坑，但附近的草地和林地里都没结冰。这样的发现令人愉悦，再加上你明白其中的原理，就会越发地产生一种满足感。这不是什么罕见的情况，因为到了夜里，欧石南荒原降温非常快，能比几百米开外的其他环境冷上3摄氏度。（读到下一章，你就会明白为什么欧石南荒原降温快。）

气象学家也明白，小范围内的天气会出现这些剧烈的变化，而且他们极度反感这一点，反感到恨不得把风速计和温度计放到不受这些因素干扰的高空去。无论小气候有多科学，天气预报专家在测量风和温度这类变量时，还是会选择在远高于体感区域的高度进行，这实在是很讽刺。

对于大范围的天气，预报员已经把它吃透到了令人震惊的程度：他们向我们呈现出一个宏观天气的“已知世界”。他们付出的伟大劳动已经拯救了无数人的生命。但这一切无意中造成了一些后果，也就是：他们的成功，引导着人们从更大的广度去认识天气，远远超出我们生活的广度。

这本书会带你重回乡镇和城市，走进树林和山野之间，寻找线索和征兆，解锁天气的秘密。有些征兆指向宏观天气事件，和气象学家构建的已知世界重叠，但更多征兆扎根于我们栖居的土壤。很多征兆都在我们触手可及的范围之内。这就是天气的秘密世界。

现在，让我们回过头来看看这一章开头的那次散步，寻找其中的线索和征兆，接受宏观天气和小气候的差异，打开新的大门，从已知世界迈向秘密世界。

阻塞高压

本章开头提到的那次散步中，天气晴朗，空中只有几朵低云，高处没有云，一点点微风轻轻拂过。温暖的空气形成了扰流，能见度尚可，但我看不清远山的细节。以上就是这个场景的全部线索，这是典型的夏季高气压系统。

在夏季，如果一片区域保持高气压的状态，就意味着会出现持续的晴朗天气、轻柔的不定风、良好的能见度和少量云。只要高气压系统还在，这片区域的天气就会稳定下去。高气压系统的脾气有时非常倔，一旦稳稳占了一个坑，就怎么也不肯挪。这就是“阻塞高压”，在大部分高温热浪之后都会出现。弄清楚当前的天气状态是阻塞高压以后，我们要做的就是留意它和我们的相对位置，以此预测晴朗的天气还会持续多久。

追踪高气压系统并不难，只要持续关注风向就可以。风会沿着高气压系统的顺时针方向旋转，也就是说，如果风从背后吹来，那高气压系统就位于你的右侧。在我散步的那个例子里，当我朝山下看的时候，感到风从我的背后吹来。我知道自己面朝南方，但还是参考栎树的影子确认了一下。当时接近正午，太阳位于正南方，树影指向北方。所以，高气压系统的中心位于西方。

地球由西向东自转，也就是说大部分风是由西向东吹。因此，大部分天气现象也是由西向东移动。

把上面所有的碎片拼凑起来，我意识到自己正处于一个高气压系统中，并根据微风的风向判断，高气压系统的中心位于我的西侧。也就是说，一个大型的晴朗天气系统正在缓缓行进，才刚要开始经过这一带。周末会是个好天气，而且在高气压系统过境前，天气还会越来越晴朗。

先别在意细节，关于阻塞高压的特点，我们之后还会讲到，有机会更深入地去理解。现在，我希望你只注意一件简单的事情，那就是一旦遇上一段晴朗的好天气，请你留意一下风向。这段时间里会有微风，有时候风向很多变。在宁静晴好的天气变脸，形成不安分的天空**之前**，请留意一下风向是如何变化的。

阻塞高压是一种很明显的征兆，规模也足够大，在天气预报的旋涡和圆圈中也能体现出来。这个征兆很有用，而且会和大规模的已知天气世界保持一致。接下来，让我们进入秘密世界，来看一些天气预报里永远不会提到的征兆吧。

树荫空调

我选的那个完美野餐地点位于一棵栎树下。天热的时候，大家都喜欢站在树下乘凉，但奇怪的是，很少有人知道为什么树下会更凉快。不可否认，最主要的原因之一是树可以遮阴，但还有另一个不为人知的原因：树下有舒服的微风。

当一阵风吹过一棵树，树就对风形成了阻碍。这会导致树周围的气压发生变化。向风的一面气压会升高，背风的一面

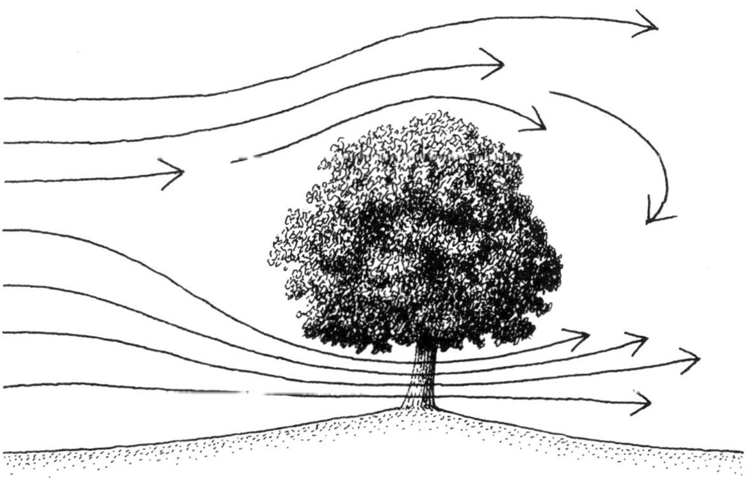

树荫空调

气压会降低。向风处的高气压导致树的上方、下方和周围的风开始加速。于是，树下的风就比树周围的风更快、更猛烈。天热的时候站在树下会觉得凉快，就是因为树的遮阴和树下的凉风。

上文中提到的两个征兆表明了我们的讨论范围。在我们接下来要说到的天气征兆里，这两个例子基本上代表了两个不同的极端。阻塞高压是一个宏观天气系统的征兆，它属于“已知世界”，能帮助我们理解接下来几天里几百千米范围内的天气变化。树荫空调则属于“秘密世界”，它是一个小气候征兆，集中在特定的小区域内，但触手可及且可靠。这两个征兆一起，描绘出了一幅实用的、迷人的天气图景。

后来，好天气果然很给面子。那个周末，我们全家享受了一次愉快的野餐，坐在栎树下，吹着小风，听着旁边的绵羊咩咩叫和乌鸦聒噪地呱呱叫。到了星期天，风向开始变化。等到星期一的时候，空中布满了云，天气也凉爽了下来。

第二章　秘密法则

要充满信心地解读天气征兆，首先要理解周围的情况。只有调动自己的感官，才能看出一个征兆是如何形成的。这一章要讲的，就是现象背后隐藏的逻辑。有些内容可能乍看起来有点难，但不要担心自己没法立刻掌握各种概念，因为在后面的章节中它们会反复出现，多看几次就熟了。一旦你走进自然，亲眼见过这些现象是如何发生的，抽象的概念就会变得亲切起来。我敢说，读完本章之后，你很快就能学会发现和解读天气模式，欣赏它们的美，并在接下来的人生当中保持这个习惯。

如何寻找阳光口袋

天气就像一锅汤，里面有温度、空气和水，太阳和地球的转动就像一根搅拌棒在不停搅动这一切。这锅汤的受热和混合永远都不均匀，所以每一天的天气都不一样。每种天气现象都可以分解成以下三个要素：温度、空气和水。我们越是熟悉这些要素和它们发挥的作用，就越是能读懂天气。我们先来说说温度。

冬天晒太阳最舒服了！在寂静、寒冷的日子里，大地结了冰，披上了一层星星点点的雪。这种时候，迎着阳光，感受它的温暖，谁不喜欢呢？这种快乐的源泉就是太阳辐射。

大家都知道，太阳的辐射能温暖我们的地球。一片区域所能接收到的辐射能越多，这个地方就有可能越暖和。在夏天的午后或者赤道附近，可想而知天气会又闷又热；而在寒冷的冬夜或高纬度地区，可想而知天气会让人瑟瑟发抖。

找一个寒冷的清晨出去晒晒太阳，然后看看周围，你就会发现地上的霜有的融化了，有的没有。再摸摸你身上的夹克衫，深色部分要比浅色部分更温暖——甚至有些烫手。但空气还是很清冷，你哈出来的气还是能结成白雾。

太阳辐射出能量，能量穿越空气，照射到你的脸上和衣服上，给它们加热，但各个部位受热并不均匀。你的脸能感觉到有一点点暖和，外套的深色部分会比皮肤更暖，浅色部分不如皮肤暖，空气就更不如皮肤暖了。大热天里，你肯定也感受过这种能量吸收的不均匀：一辆黑车和一辆白车并排停在一起，黑车的引擎盖会比白车的引擎盖烫得多。深色比浅色更能吸收太阳辐射。

寒冷的霜冻天里，我们也能找到温暖舒适的地方小坐。我们要找的是这样一个地方：能接收最多的阳光直射，能最大化地吸收能量，还要保证宝贵的能量不会散失掉。这就是寻找阳光口袋的技巧。山坡南面的林地是一个不错的选择：最好是找一片头顶有树枝的地方，低处的阳光能直接照射进来，正上方的天空也能被遮住。

在向阳的山坡上，一棵遮阴的树能起到二种作用。枝叶不仅能挡风，还能防止树下的地面积雪和结霜。这样一来，树下的地面颜色更深，就能吸收更多的太阳辐射。树枝还可以防止

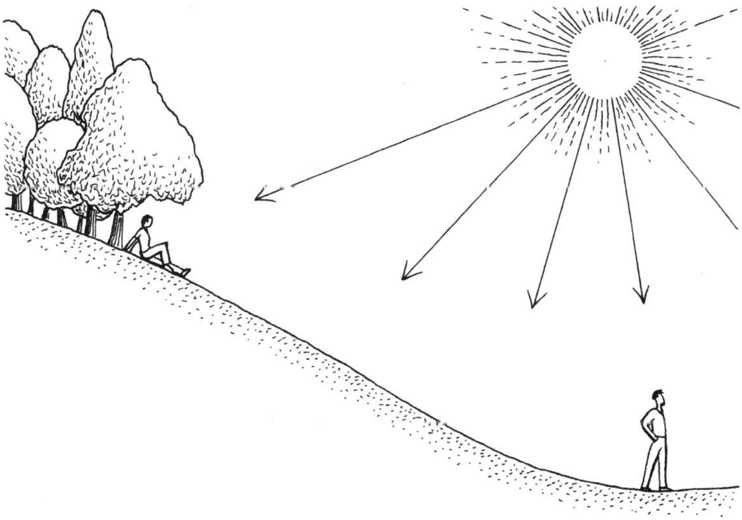

阳光口袋

地面已经吸收的能量向上散失，就像把能量装进了一个口袋一样。你可能会觉得奇怪，天气那么冷，为什么不站在太阳底下，而是要躲在树荫下？但是，站在阳光口袋里和站在能晒太阳的开阔地方相比，体感温度区别相当大。在大冷天里，如果你需要在户外静止比较长的时间，找一个阳光口袋绝对划得来。动物们就很会找这样的地方。

当然，坐在凸出的屋檐下也有同样的效果。阿尔卑斯地区常常可以见到这样一幅景象：天冷得路上的行人都呼着气，呼出的白气在清冷的空气中缓缓地盘旋上升；而在屋檐下坐着读书的人们，则享受着温暖舒适的阳光。

我们身边时刻存在着各种辐射源。只要温度高于零下273摄氏度（绝对零度），任何物体都能放射出肉眼不可见的红外辐射能，这能量来源于太阳。地球上一切物质的温度都远远高于绝对零度，所以它们都在向周围辐射能量。你手中的热饮、脚下的大地、几百米开外的树都能辐射出让你感到温暖的能量。当然，有1亿多千米开外那个温度超过5 000摄氏度的火球慷慨地散发着大量能量，相比之下，我们周围的辐射根本微不足道，但它们确实存在，而且会对周围的环境产生影响。

每一种环境都有自己的热量特性，有一套通过辐射吸热和散热的方式。上一章中提到，我在那片寒冷的欧石南荒原里感到了一阵恶寒。欧石南荒原是一种散热特别快的地形，所以这里的水坑结冰了，别处的却没有。

热辐射很难用视觉去感知。白天，它跨越1亿多千米的距离，穿过宇宙的真空，使地球升温；夜里，它又从冰冷的大地散发出来，回到宇宙。要想更好地了解热辐射，让我们先花点时间了解它的伙伴——比如霜和露水出现的规律。

冰刀子，温勺子

热量从一个地方转移到另一个地方，还有另一种非常简单和常见的形式。当一个热的物体和一个凉的物体发生接触，热量就会从热的物体转移到凉的物体。物体的分子在不断振动，因此物体发生接触后，它们的分子也会出现碰撞，在这个过程中传递了热量。这就是热传导。

不同物体的导热性也不同。金属的导热性比较好，木材就不太行。所以，一把金属刀子和一把木头勺子放在同样温度条件下的同一个厨房抽屉里，金属刀子摸起来要比木头勺子凉。这是因为，你指尖的热量能迅速转移到金属刀子上，让你感觉冰冰凉，木头勺子就不会产生这种效果。

水的导热性比空气好。在寒冷但依然舒适的空气中散步本来没什么问题，但如果在这种情况下落水，就会变成生死攸关的大事，因为你的体温传导到水中的速度，要远远大于传导到空气中的速度。睡袋能保暖也是类似的原理，它使用的材料导热性非常差，能阻止身上的热量传导到冰冷的地面或空气中。

如果你有机会在外面过夜，并且直接睡在地上，你大可做个实验感受一下。石头的导热性比沙子更好，沙子的导热性比泥炭更好。每种土壤的导热性都不同，这和土壤中的水含量有很大关系。

野猪在这一点上就很聪明。它们发现蚁冢的导热性非常差，所以会破坏蚁冢，把它做成“保温毯”。关于热传导，我们就先说到这里吧，因为它主要影响的是我们体感的天气，而不是天气本身。

种子、蛛丝和翅膀

因为暖空气会膨胀，所以它的密度比冷空气更低，从而上升，飘到冷空气之上。篝火冒的烟和烧水壶冒的水蒸气也会飘到温度更低的空气之上。这就是我们要讲的第三种热量转移的形式——热对流。

还记不记得上文中提到过，阿尔卑斯地区的行人呼出的白气会盘绕着上升？因为人体的平均温度在37摄氏度左右，基本上总是比周围的空气更暖。所以天冷的时候，人呼出的白气就会飘到我们的头顶之上。

空气是透明的。所以热对流和热辐射一样，通常不可见，但无处不在。太阳一出来，热辐射就导致大地升温，靠近地面的空气就开始被加热，然后上升。当一团暖空气通过热对流方式上升，它就成了热气流。热气流的宽度从几米到几百米不等。

早期的飞机很脆弱，每一次起飞都是一场冒险。那些本来就肾上腺素飙升的飞行员最不想遇见的就是湍急的气流，所以他们倾向于在天刚亮的时候起飞，那时太阳还没晒热地面，热气流还没产生。如今，飞机制造水平已经有了长足的发展，因此对于现在的飞机来说，热对流几乎算不上什么威胁。但在飞机起飞和降落时，乘客们还是能感受到颠簸。飞机穿越低云层时，乘客能感受到的轻微的晃动就是因为遇到了热对流。

在一天当中的不同时段，地面的光照情况也不同：因为太阳是从东边升起的，所以东边的山坡比西边的山坡更早受热。越是温暖的区域，产生的热气流就越强。这和一个地方的地形有关，也和时间及光照角度有关。一座小山能挡住一片山谷，让阳光直到下午才能照进山谷来。有光照的时候，山谷里的树林、小河、田野、小镇和湖泊的采光情况都不一样。颜色深的干燥区域比颜色浅的潮湿区域受热更快。制造热气流的是太阳，但决定气流从何处升起的，是地形。

18世纪有一位叫吉尔伯特·怀特的博物学家，他的观察总是细致入微，比如“秋天天气好的时候，小蜘蛛成群聚集在田野里，它们从尾部喷射出蛛丝，随风飘荡，任凭比空气还轻的身体在空中飞舞”。到了19世纪30年代，查尔斯·达尔文也注意到类似的现象，在他乘坐的“小猎犬号”上有蜘蛛落下来，可当时他们的船已经从阿根廷出发航行了100千米。那些蜘蛛不像怀特说的那样比空气还轻：“它们在飞，乘着‘热气球’飞，它们用蛛丝当风帆，搭上了热气流的顺风车。上升气流甚至能载着蜘蛛飞越大陆，但对蜘蛛来说，比这短得多的旅程就足够了。秋天的时候，你能看到这些蛛丝风帆落在草坪上，就像一块块白花花的补丁。”蜘蛛最有可能喜欢这样的天气：阳光明媚，微风非常轻柔。有趣的是，有证据表明，如果地表太热、热气流太强，蜘蛛就会选择等待，直到天气条件温和一点，它们才会启程。

至少一个世纪以前，动物行为学家们就已经发现鸟类的体重、热气流和一天当中的时间段之间存在关联。猛禽会借助热气流上升。如果你在晴天看见一只鸟绕着同一片茂密的林地盘旋，一边盘旋一边不断升高，那就说明它在利用热对流。日出时分，太阳光还不足以造成热气流，但随着上午慢慢过去，地表升温，热气流就开始出现了。鸟的体型越大，就越是需要强烈的上升气流。所以在通常情况下，我们可能会看到体型更小、体重更轻的猛禽比更大的猛禽先开始盘旋。我喜欢把这个现象当成一种“生物钟”，盘旋的鸟转了一圈又一圈，鸟的体型越大，说明时间越晚。盘旋的鸟标示出了上升气流的方向，也标示出了下方的温暖地表。

当第一缕天光亮起，热气流的强度还不够最小的猛禽开始爬升时，还有蜻蜓在利用微弱的气流。蜻蜓没法起飞的时候，还有种子在乘风飞翔。很多结出风媒种子的植物要依靠热气流繁衍生息。重力总是试图把种子拉扯到地上，但是种子们只有飞离父母的树荫，才能活下来并生根发芽。它们不能自主产生动力或爬行，所以，热气流的存在与否，决定了种子会掉在离家很近的地方，还是来到一个新地块成功开始新生活。

好在种子的旅程并不难观察，只不过要有合适的光线。如果你来到一间黑暗的房间，里面只有一扇小窗户能照进阳光，那么在阳光所及之处，每一颗在空中飞舞的细小灰尘都清晰可见。在自然中也是一样。找两棵枝叶密实的树，在它们的缝隙之间寻找一缕细细的强光，这个办法很管用。除了寻找光线最合适的地方，你还得用心去发现风媒种子。每年到了特定的时间段，空气中就会飘满种子，那些可怜的花粉症患者就是证据。那些最大、最蓬松的种子最容易看到，比如千里光属植物的种子。种子的种类并不重要，只要它是肉眼可见的风媒种子，就能帮你标示出最最微弱的气流。

多观察种子的飞行，你就能看出它们是怎么乘着微风侧向移动的。这个现象很有趣，我们稍后还会在第十四章《树》里讲到。现在，我们先展开说说无风天的情况。仔细观察种子的飞行轨迹，你就会发现在某个时刻，种子突然开始了明显的爬升，越是接近垂直的爬升越适合观察。它就像是踏上了一段空中台阶，这就是热气流的杰作。仔细看看这个位置的正下方，种子怎样以及为什么进入了热气流这个谜题也就迎刃而解了。这块地很有可能采光良好、颜色比较深，或者比附近的地面更干燥，所以它更温暖。

恭喜你，你已经踏入了一片未知领域。毫无疑问，通过观察一粒种子和一片小小的热气流，你一定会成为史上第一位在某一小块地上观察到气流的人。

湿气的痕迹与饱和空气

把一块冰放在太阳底下的桌子上，谁都知道接下来会发生什么。冰会从固态转化为液态——它融化了。再把它放上几个小时，桌子上可能就连液态水都不剩了。水再一次改变了形态，从液态变成了气态。这次它蒸发了，变成了水蒸气。有些冰块会跳过中间这一步，直接升华，从固态变成气态。不过，我们接下来要讲的可不止这些。

上面这种水的变化过程如果反过来，也经常发生，但大家不那么常观察到。很少有人能说，自己观察过水结成冰的过程。但是，气态水凝结成水雾的过程却相当常见，比如天冷的时候我们哈出的白气，一杯热咖啡上的白雾，或是汽车尾气里的白雾。水转变形态的时候，会发生很多有趣但通常被人们忽略的事情。

其中，水从气态到液态的凝结过程，对天气观察者的意义最重大。地球上所有的空气都携带有一定量的液态水，就算是在最干旱的沙漠里，也没有完全干燥的空气。空气温度越高，它所携带的气态水（也就是水蒸气）越多。空气中的水蒸气含量达到最大值，就意味着它“饱和”了。空气中的水蒸气增加，或者空气的温度降低，以至于它不能再携带更多水蒸气时，空气的湿度就达到了饱和。这时，水蒸气会凝结为液体，变成我们肉眼可见的形态：云、雾和湿气。肉眼可见的水，一定是液态或固态。气态水，即水蒸气是不可见的。

这个过程反过来也是一样：如果空气变干燥或温度升高，雾或云就会消失，变成透明的水蒸气。我们每次看到云开雾散，就是在观察水的这个变化过程。

使空气冷却达到饱和的温度，叫作露点。空气的含水量越大，露点就越高，反之亦然。也就是说，湿度很大的空气只要稍微一降温，就可以形成云，但在干燥的天气里，足够云形成的温度要低得多。

在寒冷的日子里，雨过天晴后，找找看植物或者路面上升起的湿气吧！阳光导致雨水升温，雨水蒸发变成了水蒸气，肉眼不可见。但水蒸气升起来以后，很快又被冷却，达到露点并使空气饱和。于是，水蒸气凝结，重新变成了水，我们因此也就看到了湿气盘旋上升的痕迹。

总之，温度是关键。温度下降时，水蒸气更有可能变成可见的水。大冷天的早晨，池塘上会冒出水雾，但热天却不会起雾。

稳定性：翻滚的苹果

每天早晨，我都会望着天空问自己："今天的大气稳定吗？"这个习惯很重要，只需花上几秒钟，你就能获得很多信息。一旦吃透了观察方法，它就会变成本能。看完这一节，你就知道该怎么做了。

大自然中有很多特定模式，会在稳定期和不稳定期交替出现。举例来说，假如兔子的数量增加，那么它们的捕食者（比如狐狸）就会生活得更好，繁殖得更成功，从而导致更多兔子被吃掉。因此，兔子的数量会下降。如果狐狸吃掉的兔子过多，兔子数量骤降，狐狸就要饿肚子了。于是，兔子的数量就会开始回升，开启新一轮循环。在这个模式里，兔子的数量可以说是基本稳定的，一旦有任何改变发生，随之引起的一系列改变就会让事态尽量恢复初始状态。但如果环境中出现一种传染病，害得所有狐狸都死光了，那么在接下来的一段时间里，兔子的数量就有可能失控，种群数量就会变得不稳定。

在稳定的系统里，变化一旦发生，就会有另一股力量抵消这种变化。在不稳定的系统里，一个变化会引发更多的变化，造成连锁反应，最终导致更大的变化。如果用一个不够严谨的说法来定义不稳定状态，那就是：一个小变化，就能让全局失控。

我们在家里就能做一个关于稳定性的实验。首先，把一个大碗放在厨房台面上，然后将一个苹果放在碗底。沿着碗边轻轻向上推苹果，然后松开手，苹果会滚回一开始的地方。哪怕你推上一百次，这个“系统”也会回到一开始的状态。这就是稳定的系统。

接下来，把碗翻过来，将苹果放在碗底。再轻轻推一下苹果，它就会快速滚落，先是沿着碗的外沿，然后是沿着厨房台面，最后是沿着地板。只需轻轻一推，混乱就会接二连三地发生。这就是不稳定的系统。

大气既不是稳定的，也不是不稳定的。要理解这句话，就得先弄明白潜热的概念。我认为，潜热的释放对天气影响巨大，却很少有人知道。在我看来，这是最简单、最强有力的天气征兆之一。它需要一点时间才能破解，不过一旦适应之后，我们便可以理解它的成因和它给天气带来的影响。这样一来，我们就能当场判断自己周围的天气系统处于稳定还是不稳定状态，以及其中的理由。我们最好学会掌握这个技能，它绝对值得你花些功夫。

潜热：湿乎乎的毯子

能量可以转移，可以转变形态，但不会消失。总能量的值始终是恒定的。这是宇宙的公理，谁也无法打破。

气态水比液态水能量高，液态水则比固态水能量高。因此，水蒸气凝结成水或水结成冰的时候，能量差额应该会转移到别的地方去。实际上，能量差额是变成热量释放到空气中了。这些热量有个名字，叫作“潜热”（英语latent heat，来源于拉丁语词latere，字面意思是“潜伏”）。当冰融化成水或水蒸发成水蒸气的时候，潜热则会被水吸收。

液态水的最低温不低于0摄氏度，最高温不高于100摄氏度[1]。这两个温度之所以是定值，就是因为水的形态发生改变时，能量差额都被形态转换的过程消耗掉了，即用来把沸腾的水变成水蒸气，或把冰变成水。能量差额没有被用来改变水的温度。

假设你面前有个大碗，里面装着水和许多冰块。测量一下水的温度，它一定会是0摄氏度。你可以稍微给大碗加热一下，

1　如果气压的大小或水的纯度改变，上述温度也会改变。不过这里我们先不考虑这些因素。

让冰融化；或者把大碗放在冰箱里冻几分钟，让更多水结成冰。但在这两种情况下，碗里水的温度都不会变，始终是0摄氏度。同理，如果继续加热已经沸腾的水，你只会得到更多水蒸气，而不是温度更高的水。如果哪份食谱上写着让你用大火煮，那就不要浪费你的燃气，因为水再怎么煮也不会超过100摄氏度，大火煮久了只会把厨房弄得雾气腾腾的。

好了，接下来我们看看，这些原理到底和我们观察到的天气征兆之间有什么关系。当空气饱和并开始凝结时，云就产生了。也就是说，在这个过程中，能量会以热的形式被释放出来。云的形成其实会导致空气升温。我们知道，热空气会膨胀，密度会降低。所以，云的形成会释放热量，引起空气变暖，密度降低，进而创造出了更有利于空气上升的条件。空气上升会导致空气进一步膨胀和降温，使更多空气达到饱和，更多云开始形成。云形成的过程中，水蒸气释放出来的能量会继续推动这个循环。

理论上说，这个过程可以一直持续下去。但在大多数情况下，云形成释放的潜热不够，这个过程很快就会结束。这种情况下形成的云，宽度大于高度。有时候，云释放的潜热足够，且循环所需的热量可以实现“自产自销”，这种情况下形成的云，高度就会大于宽度。如果这个过程持续下去，就会愈演愈烈，随之而来的天气现象，就被我们冠名为“雷雨”。

云形成时释放出来的热量是恒定的，那为什么有些云长得又高又凶险，有些云却更扁更平静？关键就在于大气温度如何随着海拔发生变化。空气随着海拔升高而降温的速度，如果大于云在上升和扩散过程中的降温速度，云体就会持续长高。这就是所谓的“不稳定大气”。只要温度较低的空气下方有暖空气，大气就会不稳定。如果空气只是随着海拔的升高逐级降温，那云只会长高一小段，然后停下来，变得平坦。这就是稳定的大气。

因为空气是透明的，我们没法用肉眼看出大气稳不稳定，但云为我们标示出了大气的状态。如果长成的云直上云霄，高度远远超过宽度，且没有明显的触顶倾向，大气就处于不稳定状态。苹果就要开始翻滚了。云里出现的任何一个征兆，几乎都和大气的稳定性有关。

至于不稳定的大气，大家肯定都见过。比如在湿热的夏末午后，我们感觉天气马上就要“爆发”的时候就是这样。干热的天气从来都不会给人这种感觉。我们间接感受到的就是潜热的力量。温暖潮湿的空气上升后凝结，形成了云。因为空气过于湿润，凝结现象太严重，释放出了大量潜热，就像是火上浇油：云继续长高，酝酿着一场暴风雨。

闷热的一天过后，你有没有过这种感觉，就算到了晚上，天气也还是这种不舒服的湿热状态？这其实是一个天气征兆，我给它起名叫“湿毯”。

空气非常潮湿的时候，夜晚也不太可能会突然变凉快。这是因为水蒸气中的潜热给降温过程踩了个刹车。潮湿的空气一旦开始冷却，气温就会很快达到露点，水蒸气开始凝结，释放出足够的潜热，阻止气温过度下降。水蒸气里的潜热形成了一张湿乎乎的毯子。

玻璃天花板

你有没有发现，有时候云的长高戛然而止，就像碰上了一块看不见的天花板一样？

通常情况下，海拔越高，大气的温度越低。这个规则仿佛理所当然，就像积雪总是会出现在山顶，而不是山脚下一样。但它并不适用于所有情况。有时候，一层暖空气会挡在低温空气上方，就像给下方的空气罩上了一顶帽子。

因此，如果空气在上升时碰到一层暖空气，就会突然停止上升。这层玻璃天花板名为“逆温层”，下方的空气会被拦住并向四周扩散。这层平面上的大气处于超稳定状态。

这种现象很常见，而且能在多个不同的平面上发生。也许你已经见过它了。俯瞰一片山谷，会看到里面飘浮着一层平坦的雾，或者看到一片雷雨云的顶部向四周散开，这些现象都是逆温层在发挥作用。

第三章　天空之语

云彩可是有一肚子话想说。在太平洋的密克罗尼西亚群岛，有一群擅长航海的奇人，他们掌握着一项传统技能，用他们的话来说叫kapesani lang，这个短语的字面意思是“天空之语”，指的是通过破译云的形状和颜色来预测天气。关于云彩的一肚子话，我们之后会听它们慢慢道来，但在此之前，让我们先明确一下目标。我们既不是要收集不同的云种，也不是要单纯地进行云种识别。我们要做的，是破译它们的语言，用我们自己的一套方法来看待云彩。

工欲善其事，必先利其器：首先，来唤醒我们的感官和大脑。

没有两片云彩的形状是完全相同的，就算有，看起来也不会是一模一样，因为空气会让云彩呈现出不同的色彩。同一朵云，你在近处观察是白色的；从远处看，如果空气通透，你会看到云发蓝，如果空气中有尘埃，你就能看到黄色、橘色和红色。太阳光在云彩内部和顶部投下的阴影，也无时无刻不在发生变化。

很多观云者热衷于辨认云彩的形状。其实，这个习惯能不知不觉加强人对云彩的觉察。云彩形状的变化其实相当难追踪。尽管它的变化速度肉眼可见，但还是太慢，不太能引起人的注意。要是我们看天的时候都养成习惯，试图从云彩中认出兔子、青蛙之类的形状，那只要动物一变形，你就能觉察到云彩的形状发生了改变。兔子的耳朵变长了，天气就有可能变坏，这其中的原因，我们稍后会在这一章里解释。

我们的目标不是站在那儿盯着天看，而是要让感官变得敏感起来。要做到这一点，我们就得让大脑时刻做好准备去发现惊喜。很快，我们的大脑就能熟练地在云彩中辨认形状，那么接下来就要训练自己去留意云缝的形状。云缝的形状和云彩的形状一样，清晰又明显。有时候，你看不出云的形状像什么动物，却能在蓝色的云缝中看出一座小型动物园。你得提醒自己去寻找。否则，它们一溜烟就会消失不见。

做好准备工作，我们就可以出发去搜寻云彩的讯息了。这讯息传得很快，就像19世纪的博物学家理查德·杰弗里斯所说：“阴沉沉的云块——是天空中的墨点，是‘信使’——一飘而过，紧随其后的是那些水的搬运工，乘着西南风，拖下长长的雨线，水滴像种子一样，往土里钻。”

七条黄金法则

让我们先来学习一下云发生变化的几种基本模式。这是学会从云中发现通用天气征兆的第一步。

有些变化大家都看得懂，比如，一片黑压压的乌云预示着坏天气。这其中的逻辑很简单，因为深色的云含水量更多。但我们可以调动一下自己的感官，进一步深入观察一下。多加练习，你就能分清楚哪些深色部分是云的阴影，哪些是预示降雨的灰色云。

大部分人都不会注意云的变化，但有些变化不难发现，且各自蕴含着一个简单的信息。我把这些变化叫作“七条黄金法则”。无论在什么天气情况下，无论你观察的是什么云种，无论你在地球的哪一个角落，这七条法则几乎都可以用。接下来，我会按照预警强度从强到弱、预报时间由远及近的顺序，来依次介绍一下这七条法则。其中有的模式显而易见，有的则要微妙得多，但它们都能直截了当地指示天气。不要忘记提醒自己，在自然界中，越是明显的现象就越是会被人忽略。

1. 云变低，天气变坏的概率就变大。

对这个征兆的觉察越敏锐，它就越能派上用场。很多人都见过低空中阴沉沉、浅灰色的云，但很少有人意识到它已经静悄悄地持续降落了几个小时，有时甚至是几天。这个法则的重点是变化的趋势。有句俗话说，“云彩山头飘，磨坊要遭殃”（When the clouds are upon the hills, they'll come down by the mills.）。这句话的重点不是高度，而是趋势。坏天气的征兆不是云彩位于山头那么低的位置，而是云彩正在下降的趋势。

2. 天上云种越多，天气越有可能变坏。

如果能同时看到很多种不同类型的云，说明多个不同平面上的大气都不太稳定，恶劣天气出现的可能性将大大增加。在这个阶段，先不用试图识别云种和记忆云种的名字，只要认得出天上有不同类型的云就可以了。

3. 小云变大，天要变坏。

这条法则听起来简单，但其实经常被人忽视。一般人只会注意到晴朗的天空变成多云，而不会注意到有些小朵的云已经持续长大了几个小时。这条法则反过来也一样适用：云彩缩水，天要变好。后面的章节会从不同的角度详解这条法则。但这个基本的大原则我们要尽早掌握。

4. 云的高度远远大于宽度，天气有可能变坏。

这条法则再简单不过，却是个非常强有力的信号，说明大气的状态不稳定。

5. 云顶尖锐或呈锯齿状，是天气情况不稳定的预警信号。

云顶的形状标示着空气的运动，云顶出现尖角或任何锋利的形状，则意味着天气情况很有可能会发生变化。

剩下两条法则可以从下面这句谚语里窥见一斑：

> 一朵朵云彩堆成石头或高塔，
> 一场场阵雨就会把大地洗刷。

这句谚语说的是云的整体形状和不平整的质感，尤其是云顶部的形状和质感。同理，圆润、光滑的云顶是好天气的征兆。

6. 云底越不平整，天越有可能下雨。

通过观察云底的形状可以判断天会不会下雨。如果一片云的云底光滑、平坦，那它就不是雨云。

7. 云的位置越低，它预示的天气状况就越近。

低云能揭示的，只有接下来马上就要发生的天气状况。如果云一开始位于低处，但很快明显“长高”，那就是另外一种情况了，我们后面会提到。不过，等后者的云顶达到一定高度，就不能算是低云了。

这七条法则基本上是按照从长期预报到短期预报的顺序排列的。观察到一朵云的云底正在下降，你可以预见长达两天的坏天气；但如果观察到一朵乌云的云底不平整，最快只需几分钟雨就可能落下来。接下来，我们来深入挖掘一下每条法则背后的科学原理和细节。首先，从认识云彩类别开始。

云彩类别

云有多少种？如果拿这个问题问联合国世界气象组织的官员，他们会丢一本《国际云图》给你，跟你说云有100多种。说完他们会不带雨伞径直走进雨里。我们敢这么说，是因为在学习天空之前，我们每个人都先学习了人类的行为。在人类智慧的每一个领域，都有那么一帮人喜欢起名字、做分类和列表格。他们这么做当然没问题，就算不让他们列表格他们就难受，我们也没理由怪他们。我一直反复强调一个基本观点，那就是：对于自然界中的东西，就算你叫不上它的名字，也不妨碍你去观察和理解它。

这里的“自然界”可以指一切——植物、动物、石头、天空……云的大小、形状、颜色和图案都能传递出很多信息，无论如何，这都是短短一个名字做不到的。早在云根本没有什么正式名字的几千年前，人类就已经开始收集云中蕴含的信息。自然界里事物的命名没有所谓的“正确”一说。有些文化里形成了某些约定俗成的叫法，有些则不然。在一些西方国家，拉丁名成了通用学名，但对地球另一端的一些原住民来说，这些字母可能毫无意义。所以，我们开始看云的时候，只要记住云的一般形状即可，没有人会考你云的拉丁名还是什么别的名。

刚上手的时候，我们只需要学会辨认三大主要云彩类别的形状和外观就可以了。

卷状云：纤细的高空云

在常见云里，卷状云是海拔最高的。因为海拔高，卷状云通常由冰晶组成，呈现出一种纯洁的白色。卷状云形状多变，但几乎总是由一组纤薄的线条组成。它们看起来可能像白色的棉花糖、羽毛、抓挠的痕迹或头发。卷状云离地面太远，看似静止不动或在非常缓慢地移动。但这只是看起来而已。实际上，它们移动得非常快。

七条黄金法则的最后一条说，云的位置越低，它所预示的天气状况就越是近在眼前。而卷状云正好相反，它蕴含的是一些未雨绸缪的天气变化预警。

高空中的卷状云分为好几种。任何名字里带“卷”（cirr-）的云，都属于高空中的冰晶云。

层状云：层状的云

“层”这个字对应的拉丁文stratus意思是“平坦”或“分层”，这正是层状云最典型的特征：宽阔、平坦的薄片。它们可能会带来降雨，也可能不会。无论层状云带来的天气是哪种情况，它都具有一定持续性。这就是层状云发出的第一个信号：短时间内的天气不会变。抬头看看天，如果风吹过来的那个方向布满了宽阔、平坦的层状云，那么接下来几个小时的天气不会出现太大的变化，如果要变，也会是渐进而不是突然的变化。

平坦的层状云预示着大气处在稳定状态。

积状云：堆在一起的云

积状云有好几种形状。它最小、最可爱的那种样子，看起来就像一只只毛蓬蓬的小白羊，预示着天气晴朗。有时它也会变得阴沉起来，长成高塔，令人警觉。不管积状云有多大，是什么形状，它都是一朵一朵的，底部比较平坦，顶部有清晰可见的凸起，仿佛有人把一袋子绵软的白球倒在了空中的一块玻璃上——这就是积状云的形状。在动画《辛普森一家》的片头，或者其他蓝天白云的动画背景里，你都可以看到积状云。

观察积状云的关键，就在于冒泡般的云顶。可这种形状意味着什么呢?

所有的积状云都有着相同的成因：来自下方地面的热量导致空气升温，热对流产生，暖空气上升。这一点对于积状云的形成绝对是个关键。不管你看到的积状云是一小片适合野餐的棉花糖云，还是看起来会惹麻烦的高大巨人云，它都意味着下

卷云
积云
层云

方的地面上有什么情况引起空气升温并急剧上升。蓬起来的云顶，就是空气还在上升的迹象。

在后面的章节中会讲到，层状云和卷状云也会发出自己独特的信号。但这一章里我们先继续讲积状云，并通过观察积状云来磨炼我们的注意力和技能。

云的线索

积状云很能说明大气的状态，也能反映天空和地面之间的联系。

每一片积状云都说明空气有一定湿度，积状云的大小反映了湿度的大小。但积状云中蕴含的最有用的信息，其实是云的高度，尤其是云底的高度。

空气越潮湿，云底就越低。也就是说，云底可以帮我们测量空气湿度，它就像一个“湿度计”。其实，这个说法的因和果应该反过来，先有空气湿度变大，然后才有云底高度下降。海面上的云比陆地上的云位置更低，就是因为海面上空气的湿度更大。

湿度上升即意味着天气变坏，可湿度是很难目测的。这时，就轮到云把这两个因素串起来了。云底降低意味着湿度变大，也就是说，这是坏天气要到来的征兆。

积状云的出现说明大气状态不稳定。如果大气处于绝对稳定的状态，云顶就不会这么蓬勃地向上生长。积状云的大小和形状可以充分反映大气的不稳定程度。所以说，如果云的高度远远大于宽度，那就是一个非常重要的征兆。云越高，大气越不稳定；大气越不稳定，天气变坏的概率越大。

积状云通常规模不大，它们是地方性天气条件的产物。通过观察积状云，我们可以推测，在自己的地盘里甚至是一小片树林里，天气将会怎样变化。但首先，在观察云彩时，我们要学会问对问题。地面产生热量，热气流上升，空中产生热对流，所有积状云都是因此形成，于是我们要问的第一个关键问题就是：导致这朵云形成的热气流是从哪儿来的？答案不难猜到。

在南极洲，斜射的阳光不足以温暖雪白的大地，产生不了热气流，所以南极洲很少有积状云，这是一种极端情况；在温暖、潮湿的热带，天空中从早到晚都飘满了积状云，这又是另一种极端情况。而在人口众多的温带，某朵积状云为什么会出现在某个特定的地点，则是一个非常有趣的问题。答案是，这通常是时间和地点共同造成的结果。

只有当地面从阳光中获得足够多的热量时，热气流才会形成，所以积状云更容易在正午到下午3点左右这段时间里产生。我们已知阳光的照射是不均匀的，所以冷暖差异越大的地方，

深色的地面和森林比浅色的地面和海洋升温速度更快。图中积云的位置说明了这一点

出现积状云的概率就越大，比如一片温暖、干燥区域和一片潮湿、凉爽区域的交界处。在没有风的日子，积状云更有可能出现在一片朝南的、长着树林的山坡上方，而不是山谷谷底的一片湖面上，或者朝北的山坡上。

师傅领进门以后，怎么精进这门艺术就看个人了。沙地和草地比林地更能反射阳光，所以升温更慢。但每一种地形的吸热效率都不一样。看到积状云的时候，我们首先要时刻牢记两个基本原则：

1. 积状云的产生不是随机的：它的成因客观存在，即积状云下方有局部热对流——热气流；

2. 通过观察太阳与地面的关系，我们可以找出局部热对流的成因。

你可以把积状云看作一块热气流蛋糕上撒的一层糖霜，所以，能否读懂积状云，就看我们能否发现热气流了。滑翔伞运动员鲍勃·德鲁里说过这么一段话：

> 发现热气流是一门禅修般的艺术，你得调动所有的感官，以及你关于流体力学、气象学的所有知识。弄懂阳光、空气和地形怎样联手创造出了上升气流，只是迈出了第一步。无死角地掌握滑翔伞的动作和它在空气中的位置，无论是水平方向上的还是垂直方向上的，才是关键，这样你脑中才能形成一幅画面，把周围的空气可视化。相比之下，仪表只是辅助，仅仅是为了确认我们的感觉是否准确而存在的。

午后观云

看云这件事，早上看和下午看是不一样的。

在晴朗的早晨，我们可以看到一朵积状云正在努力形成，不过顽强挣扎一番之后还是失败了，只留下一片片不均匀的、破碎的小云。上午10点左右，这些小云也开始消散。我们看到的是一个互相制衡的系统：地面辐射的热量恰巧够一股微弱的热气流形成，空气中的湿度刚好能让一朵云开始形成，但无论是对流还是湿度都不足以让这个过程进入下一个阶段。我们不妨研究一下，这种轻薄脆弱的云具体出现在什么位置。如果风不大，你可以连出一条线来，指向那块升温比周围更快的地方。

随着时间的推进，天平开始倾斜。太阳给了地面足够的热量，热气流开始产生。这时的空气湿度比起早晨也许没多大变化，但空气升到了更高的海拔，温度降得更低了。气温达到露点，一朵像样的积状云开始形成。初生的云中，水蒸气凝结，释放出热量，制造出更多升力，又把空气往上推了一小把。短短几个小时后，我们就来到了一个小小的临界点，从日出时没有积状云的状态，到脆弱的碎片云开始消散，再到天空中飘着朵朵圆滚滚的积状云。

这个过程证明了前面的说法：所有积状云都是大气不稳定的征兆。它们标示出了暖空气被加热，然后上升着穿过冷空气的位置。没有空气的上升，就不会有积状云。积状云越高，就说明大气越不稳定。

在这个过程中，太阳扮演着关键角色，它也是最规律、可靠、可预测的那个因素。而在变化多端的大气和地形中，我们能找到更有趣的线索。我们先来讨论一下大气。

如果空气极度干燥，那低云在一天中的任何时候都不会出现。太阳是天空中的王者。如果空气极度潮湿，那地面上就得不到太多光照。大多数一早起来还不错的天气，最后都会介于这两种极端情况之间。这时，预测天气的关键就在于，我们位于这个区间中的哪个位置。要做到这一点，我们就得仔细观察午后积状云的动向。

随着光照变强，积状云出现，并会变大一点点。但下午3点过后，阳光的威力迅速减弱，热气流也会开始力不从心。一个很关键但又很难回答的问题出现了：云也会随着太阳光的减弱而消散吗？假如热气流引起的热对流是云形成的唯一动力来源，那么太阳一落山，“发动机”关停了，云就无法继续保持清晰、圆润的边缘，开始扩散、破碎和消失。如果情况真是这样，夜里可能是晴天，再之后也有可能是晴天。如果云并没有随着太阳的落山而停止增长，那么接下来很有可能是坏天气。如果没了热气流，云依然在增大，说明大气极其不稳定，空气湿度极大，水蒸气凝结放出的潜热就足以驱动云的增长。不要看到一个晴朗的早晨就放松警惕，一定要特别留意下午3点左右的云：积状云能告诉我们，大气和天气会发生怎样的变化，但前提条件是你得看懂它们在说什么。

云的亲戚

上文中介绍了卷状云、层状云和积状云这三大类别，我们能见到的每一种云基本上都可以归到这三大类别里。下次再看云的时候，我们的目标是认出每一朵云属于哪一类别。再强调一遍，我们不是要给每朵云都贴上一个精准的标签，只要你脑中有“很高很纤细”“平平的一层”“向上鼓起”这样的印象就行。

有些云同时具有两大类别的属性——这是一道多选题。我把它们看作三大类别的亲戚。

卷层云

和所有“卷”字头的云一样，卷层云的海拔也很高。但它和卷云不一样，正如“层”这个字暗示的，它覆盖了空中的大片区域。普通的层云海拔较低，而且完全不透光；但卷层云就像高空中的一层乳白色面纱，轻轻地蒙在蓝天上，甚至薄得让人一下子难以察觉。

卷层云很少有不透明的，它通常不太能遮蔽阳光、月光甚至是星光。和各种卷状云一样，卷层云所在的海拔足够高，它全部由冰晶组成，能让阳光和月光发生奇妙的折射和反射，产生晕——以明亮的日面或月面为中心的大圆环。

先不说晕，至少卷层云又高又透明，是那种很少有人谈论甚至很少有人注意的云，除非你刻意寻找。不过，只要用心去寻找卷层云，它就会给你丰厚的回报。卷层云意味着高空中湿度较大，结合其他征兆一起考虑，你可以合理预测天气变化，而且通常是朝不好的方向变。

在各种天气征兆中，卷层云是最谦卑、最低调的一种云。对于愿意花时间了解和寻找它的人，它给予丰厚的回报；对于不愿花时间的大部分人，它只会默默地飘过。

高层云

看到高层云中的“层”字，你可能已经猜到它是一种平坦的层状云了。前缀“高”则意味着它是一种中等高度的云，介于高空的卷状云和低空柔和的积状云之间。高层云面积很大，通常也很厚，不透光。它可以覆盖一整个小国家的范围。

黎明或黄昏时，有的高层云能反射鲜艳的色彩，但人们印象中的高层云和美完全不沾边。我怀疑自从人们开始观察天气以来，就没有人能看高层云看得入迷，或者因为看到高层云而感叹大自然的神奇。但是，天气征兆的观察者们最接近这个境界，因为他们能把高层云和其他天气特征当成一个整体来看待。高层云比卷层云更厚、更低，所以卷层云之后如果出现高层云，就遵循了两条黄金法则：云的体积在增长，云的高度在下降。

坏天气就要来了。

雨层云

雨层云的英文名中有个词缀“nimbo-”，来自拉丁语中nimbus（雨）这个词，它是一种会带来降雨的层状云。它呈灰黑色、阴沉沉的，是人们最不想见到的那种云，像给天空盖了一层羽绒被。如果一场雨已经接连下了半个小时，那它的上方可能就有一片雨层云。雨层云是一种层状云，所以它当然可以绵延覆盖好几千米的范围。可想而知，即使再过半个小时，天气转好的希望也不大。

积雨云

积雨云是那种大家都不待见的云，但很少有人能及时发现积雨云的征兆。积雨云的“积”字说明，它是一种积状云；“雨”字表明，它会带来降雨。

积雨云是带来雷雨的云。当极其不稳定的大气开始“撒野”，会发生什么？如果这是一场实验，积雨云就是这番混乱过后的结果。潮湿的暖空气上升着穿过冷空气，许多水蒸气凝结，大量热量被释放，速度远远超过云水平扩散时损失温度的速度。热量加速器上升的动力，大大超过水平扩散和冷却带来的“刹车”效果。

云顶越来越高，终于达到了重力的极限。刹那间，一团团不断变大的冰、水和空气在这台麻烦制造机里上下翻涌。摩擦引起电荷转移，咔嚓声和轰隆隆声因此响起——这就是闪电和打雷。请先做好心理准备，后文中我们会把积雨云这个闹事的家伙拎出来，好好絮叨絮叨。

第四章　谁改变了空气？

几年前的某一天，我曾经一个人在英格兰西北部的湖区徒步，这一带山很多。那天天亮以后，气温就开始陡然上升。这是当地天气的常见路数。升起的太阳温暖了石头和空气，很快我就擦起了额头上的汗。一个小时后，我的后背和背包之间的那片T恤已经完全被汗水浸透了。

大概四个小时以后，我眯着眼走进了一片冰冷的雾，戴上了手套，不住地捋着胡子，好把上面的冰弄掉。我只不过爬高了大概几百米，海拔升高引起的降温应该只有4摄氏度左右。然而，这突如其来的降温还有另一个原因，那就是空气本身发生了改变。

这本书的大部分内容都旨在探究靠近地面的天气征兆，也就是我们说的“秘密世界”，但这些征兆都有一个大前提，那就是宏观天气的变化。有时，我们感受到的天气的大起大落，是空气的性质发生重大改变的结果。秘密世界里的一切，都要以空气的性质为大前提。

空气的主要性质有温度和湿度。一大团温度和湿度相同的气体叫作“气团”。气团可以又湿又热、又湿又冷、又干又热或者又干又冷。所有气团的性质都取决于它们的形成过程和形成原因。空气中90%的水蒸气都来自海洋，剩下的10%来自植物、河流、湖泊和其他陆地上的水源。因此，海上的气团更湿润。热带大洋上空形成的气团又湿又热，极地上空形成的气团又干又冷。气团的性质会随着时间的推移发生一点改变：当它经过陆地或海洋上空的时候，会变得更干或更湿，但也许你万万没想到，气团的混合竟然并不均匀。因此，我们才会经历天气的突然变化。

2019年10月，在美国科罗拉多州的丹佛，气温在一天之内就从28摄氏度降到了零下2摄氏度。不管丹佛的居民们对此有多么猝不及防，但从天气角度来说，这依然是一个再平常不过的现象：一个冷气团遇上了一个暖气团，并取代了暖气团的位置。

每个气团的温度都不一样，每个气团随着海拔变化而发生的温度变化也不一样，后者决定了大气的稳定程度。极地空气通常温度低且稳定，热带地区的空气通常温暖而不稳定。正是因为每个气团的湿度和稳定性不同，各种晴天才不尽相同。在巴布亚新几内亚的南部高地省，当地的原住民就很熟悉这种湿润且不稳定的空气，他们知道太阳一出来，热气流一产生，天上就会开始下暴雨。他们用Chay nat来称呼这种天气，这个词的字面意思是“雨阳天”，算是“温暖、潮湿且不稳定的气团”的简称。

在美国和英国，夏季高气压系统到来时，人们会经历一段稳定的干燥天气。这时的空气不湿不黏，只让人觉得干，这就是“干热天”。

无论在世界上的哪一片区域，上空经过的气团都有一定规律，这取决于当地周围是陆地还是海洋。在方圆几百千米都被陆地或海洋环绕着的地方，可以预见很长一段时间里的天气情况都差不多。在欧洲、亚洲、非洲、大洋洲和南北美洲的海岛及内陆区域，天气经常接连几个星期不出现什么大改变。在英国，这种长时间持续的天气要少得多，任何一个周边气团差异较大的地方也会是一样。

气团决定了夏季和冬季的极端温度。从陆地上空飘来的气团，意味着夏季的酷暑和冬季的严寒；而从大洋上方飘来的气团，则意味着一年四季都有更舒适的气温。我们可以根据风向判断气团从哪里来。你可以留意一下，夏季、冬季的极端温度和陆地（而不是海洋）上空飘来的气团有着多么惊人的同步性。在美国，最冷的冷空气通常来自北方，来自一个南下穿过加拿大的冷气团。在英国，寒风都是从东方吹来，这是来自欧亚大陆上空冷气团的问候。

一大早遇见晴天的时候，不妨感受一下空气是干还是湿：今天会是又湿又不稳定，还是又干又稳定？是“雨阳天”，还是“干热天”？现阶段我们只要能猜个大概就可以了。

在夏天，如果哪天空气又湿又黏，仿佛是个“雨阳天”，那我们就可以预见这天的天气会严重恶化。小云会不断变大，甚至会引起暴风雨。相比之下，“干热天”带来稳定天气的可能性更大，午饭后蓬松的积云会变大，但很快就又开始缩水了。

湿气调温

地面温度的波动比海洋温度的波动剧烈得多。海洋的温度很难改变，海水水温上升或下降几度，有时竟需要花上几个星期的时间；而地面温度发生同等程度的改变，可能只需要几小时。也就是说，岛屿和海岸同样会受到海洋调温效果的影响，温度更适宜，冬季和夏季更舒适。我把这种现象叫作“湿气调温”。你可以留意一下，在世界上的任何地方，只要有气团从海洋上空飘来，受“湿气调温”影响的区域都会更潮湿、更温和，哪怕是和一小时车程开外的陆地相比也是一样。如果海滩上都开始下雪了，那附近其他地方的雪应该已经积得很厚了。

海水升温很花时间，同样地，降温也很花时间。海水的储热能力很好。海洋就像一个巨大的热量储藏室，通过洋流把热量传送到世界各地。正因如此，世界上很多同纬度的地方却有着截然不同的气候，比如爱丁堡和莫斯科。洋流的“触角”能伸得很远，从秘鲁出发的洋流甚至可以影响到澳大利亚，我们把这种现象叫作“厄尔尼诺”。

锋

上星期的一天清晨，我把自己包得跟个粽子似的，走到户外去看天。当时的天气还不错，但空中传来的讯息非常聒噪，天气前景不太好。天空很干净，但不是一片纯蓝，高空中飘着卷云和卷层云。高空云和低空云在分别朝不同的方向移动。我心里有数了，今晚上床睡觉之前，天肯定会下雨。

那天晚些时候，我带了一队人前往萨塞克斯的原野和丘陵生活博物馆附近，进行自然观察活动。有两个人提了一句天气预报，但没有人发表任何看法。我心中暗暗地惊叹，在我们活动开始后的一个小时里，竟没有一个人提起天空这个话题。风和云变幻出一支谷仓舞，而我们却对头顶上发生的这一切视而不见。到活动接近尾声的时候，所有人都开始谈天了，因为它已经发生了让人很难不注意到的变化。下午晚些时候，活动结束时，几滴雨水落在了我们头上。

你会发现这已经形成了一种文化模式。人们谈论天气预报的时候，会抛出“很明显”“要来了”“似乎”之类的字眼儿，却很少有人真正注意到天气大幅波动的线索。

让我们把目光放在这些线索上，看看它们都说明了什么。这些线索不仅实用，而且还令人赏心悦目。预示降雨的天气征兆可比降雨本身美多了。寻找这些征兆的关键在于锋。

每当我们所处的气团被另一个气团取代时，我们就会经历天气的剧变。两个气团之间的分界就叫作“锋”。天气预报说“锋即将过境”的时候，意味着“我们现在所处的气团会被另一个气团挤开，天气即将发生显著的变化”。

一个锋是冷锋还是暖锋，取决于气团带来的空气温度。当暖气团取代冷气团时，它就是“暖锋”，反之就叫“冷锋”。

锋过境前、过境中和过境后，都会出现相应的征兆。天气预报最看重的是锋过境前的征兆，但锋过境后可能还会有另一个锋，所以观察锋过境后的天气征兆，可以预测接下来会发生什么。

对于这些到处走动的暖空气或冷空气团，大家可能更熟悉“低气压系统”和“低气压区”这些叫法，因为这个系统中心的气压会降低。低气压系统接近时，气压会明显下降，正因如此，几百年来航海的船只上才会都带着气压计。我们没法直接感知气压的变化，所以要把目光放在气团的交替——也就是锋上。

暖锋和冷锋依次过境的时候，通常意味着已经持续了一段时间的好天气会被打破。暖锋带来一片暖空气——这叫暖区，紧接着冷锋又带来一片冷空气。天气恶化的典型温度变化模式如下：先变暖，持续一段时间，然后变冷。

让我们来仔细看看这三个阶段：暖锋、暖区和冷锋。

暖　锋

即将过境的暖空气密度不如冷空气大，会被冷空气抬升，沿着冷空气的顶部平稳地移动很长一段时间。暖空气升高后冷却，水蒸气凝结并产生云。这个征兆很实用，因为它发生的时间远远早于显眼的天气变化，而且晴空中的云很容易观察。

一开始，蔚蓝的空中万里无云，要寻找暖锋将至的第一批征兆，就看看最高的高空中有没有那种极其纤细的卷云。这些细条纹经常能标示风向——通常是由西向东——这也是锋移动的方向。卷云位于一个新气团的最前线，预示着坏天气将在12到24个小时之间到来。只看这个线索，很难推断出更精确的天气变化时间，因为每个锋的移动速度都不一样。尽管如此，扮演前锋角色的卷云也不可小觑：暖锋的坡度很缓，锋的顶部和锋的底部的水平距离可长达1 500千米，相当于从伦敦到罗马这么远。很少有哪种天气征兆能让人预见到那么远距离之外的天气情况。

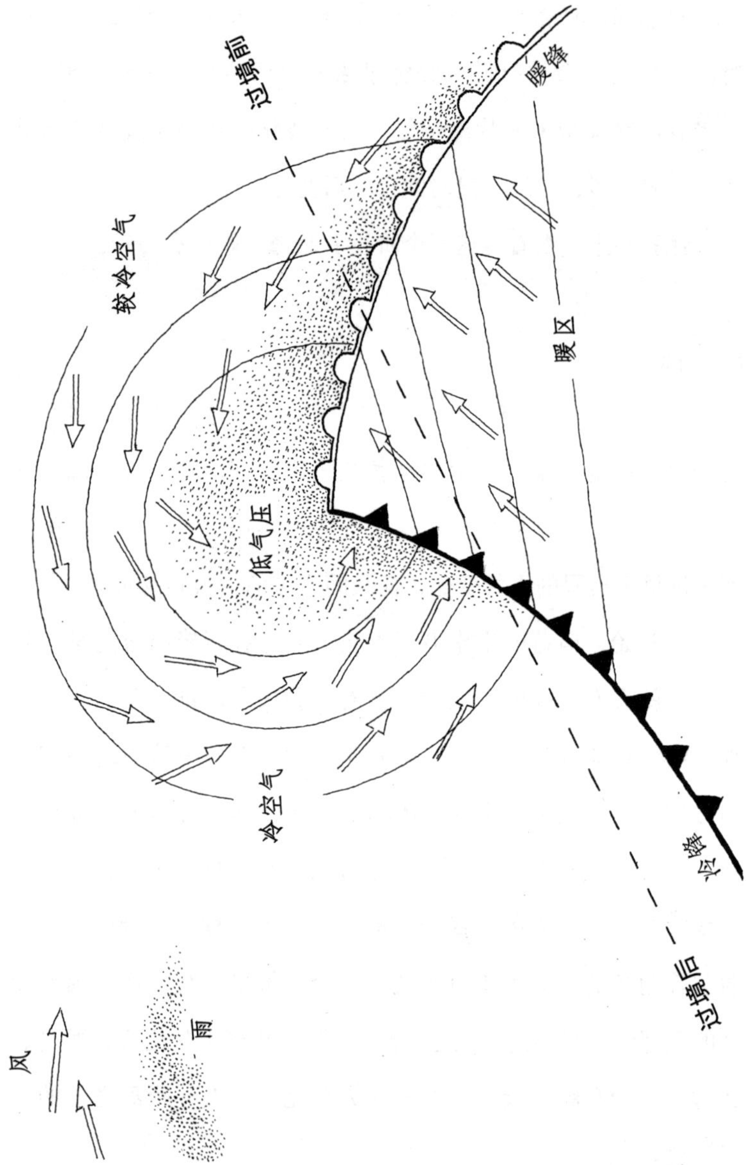
过境前
暖锋
较冷空气
暖区
低气压
冷空气
冷锋
过境后
风
雨

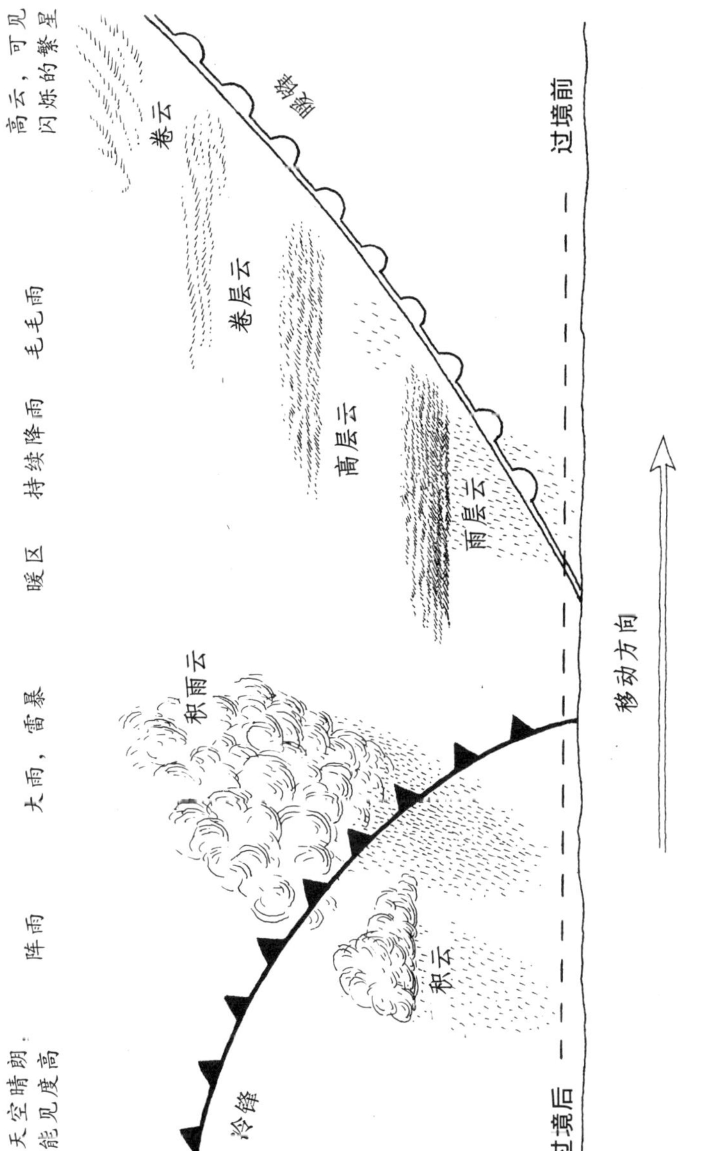
天空晴朗，能见度高
降雨
大雨，雷暴
暖区
持续降雨
毛毛雨
高云，可见闪烁的繁星
冷锋
积云
积雨云
雨层云
高层云
卷层云
卷云
暖锋
过境后
过境前
移动方向

前文中提到过，暖空气在上、冷空气在下的大气是非常稳定的，因为冷空气不会上升并穿过暖空气。如果潮湿的暖空气在上，冷空气在下，而暖空气开始下沉，情况就会发生反转，暖空气会盖住下方的冷空气。如果这时空中有比较高的积云，你会发现它们的顶部就像碰了壁，这就是因为暖空气压在了冷空气之上。

接下来，天空将会有条不紊地发生一系列变化。本来只是几条细线的卷云，变成了天空中的几道“抓痕”，然后变成了卷层云，就像给高空盖上了一层毛玻璃。太阳和月亮依然可见，不过雾蒙蒙的，周围很容易出现晕。这时，一团暖空气强势插入，徐徐下降，云变得越来越低、越来越厚。一片高层云出现，把太阳月亮统统遮住，天空变得不透明。坏天气越来越近了，4个小时内可能就会下雨。

风变大了，风开始沿着逆时针方向转动，如果之前的风以西风为主，那么它现在就变成了以南风为主。云的位置还是很低，颜色也越来越阴沉。雨层云带着雨飘来了。能见度持续下降。瓢泼大雨时下时停，中间穿插着零星的小雨或毛毛雨。

锋要过去了。雨还会继续下，风向再次改变，变成了沿着顺时针方向旋转。暖锋带来的降雨持续时间长、单调、稳定，而且沉闷。雨通常会连着下几个小时，不过这种天气没什么危险，只是会让人不愉快。如果用一句话来总结暖锋，那就是：

天气逐渐变坏，直至开始降雨。

刚开始学着辨认锋的人，不妨作个弊，大胆地投靠气象学家们的图表。等下次你遇上一段时间的好天气后，留意一下天气预报，直到你发现36个小时内暖锋即将过境的预报为止。在气象图上，代表暖锋的符号是一条黑线，凸起的那一侧画着几个红色的半圆形。

接下来，你就可以坐观变化的过程了。我总结一下，暖锋过境的时候，有以下几个特征值得注意：

- 作为“前锋”的卷云；
- 毛玻璃般的卷层云；
- 太阳或月亮的晕；
- “碰壁”的积云顶部；
- 高层云变厚，阳光被遮住；
- 风力变强，风向变化（通常是沿着逆时针方向改变）；
- 云下降；
- 云变得阴沉；
- 下大雨；
- 能见度下降。

暖　区

暖锋过境之后，我们就被两个锋夹在了中间。前有暖锋过境，身在暖区之中，后有冷锋逼近。天空中有很多云混在一起，通常是层云类的，空气比暖锋过境前更温暖。天可能会下小雨、毛毛雨，或者干脆不下雨。风向稳定，但能见度很差，空气中经常起雾。

暖区就像一个潮湿、温和的小插曲，两个锋的重头戏还在后面呢。

冷　锋

暖锋太惯着我们了，它会在来之前发出许多警告，并逐渐赶走好天气、降低能见度。而冷锋到来的时候，暖锋已经搅浑了天气和能见度，让我们很难追踪冷锋的痕迹。而且，这还不算冷锋观察的最大挑战。

冷空气钻进了前方的暖气团下面。所以当冷空气到来的时候，我们看不到暖锋那样的提前警告，它没有任何预兆，只会突如其来。这实在是很遗憾，因为冷锋带来的天气要比暖锋带来的更激烈。冷锋悄悄靠近我们的头顶，然后轰轰烈烈地吓我们一跳，有时候还伴随着“轰隆隆”的声响。

冷锋带来的天气比暖锋更恶劣，因为它像一个锋利的楔子，猛地插入了暖空气之下，迫使暖空气上升，引起剧烈的大气波动。这就意味着，地面上的天气变化将和高空中的天气变化同时发生，所以我们不能像发现暖锋那样，通过提前到来的高云来预测冷锋。

冷锋到来之前能见度很差，云彩很难观察，但至少能看出很多云的高度是大于宽度的，这一点在暖锋或暖区过境时都不太常见。锋接近时，风力的增强和风向的变化都会很明显，风向通常是先急剧沿着顺时针方向旋转，然后变成逆时针方向旋转。在锋过境的地方，气温会骤降。

暖锋带来的是懒洋洋、湿乎乎的温和云层，而冷锋带来的仿佛是一场动乱，有时会引发凶猛的天气和暴风雨。冷锋“大闹天宫”一番之后，也有唯一一点“手下留情”之处：因为混乱总是暂时的。最坏的天气很快就会过去，冷空气飘来，天空变得清爽多了，云间有些缝隙开始透光。大气依然不稳定，空中散布着积云和积雨云，还有些阵雨逗留，但能见度突然改善了很多。

如果你怀疑冷锋正在接近，请注意以下征兆：

- 风力增强，风会先顺时针旋转，然后逆时针旋转；
- 温度骤降；
- 天气状况极其不稳定，空中有高大的积云，可能会下暴风雨；
- 很快，空中会出现小块的晴朗区域，冷空气降临。

冷锋脚步匆匆，正如那句老话说的：“来得快，去得也快。”这句话出自查尔斯·卫斯理，他是18世纪基督教新教卫斯理宗创始人之一，也是一位著作等身的圣诗作家。

上面几个征兆标示出了理想情况下锋过境过程的主要节点。实际生活中见到的每一个锋，都能观察到几种上文中提到的要点，对锋的辨认来说足够了。但每个锋都会有自己的特点。锋会有地域趋势，世界各地的锋也会表现出各自的气质。例如，北美洲中部的冷锋过境前会刮南风，导致夜间出现蜿蜒的强风。

还有一种情况，如果没注意到可是会吃亏的。由于冷锋的移动速度比暖锋快，它最终会追上暖锋，并和暖锋融为一体，这会导致锢囚锋的产生。锢囚锋过境期间，上文中说到的所有天气现象和天气征兆都有可能同时出现。我们会经历各种坏天气的大乱炖，这时要解读天气征兆就很困难了。

现阶段大可不必在意细节：我们只要能认出暖锋、暖区和冷锋的广义特征就可以了。没必要记住所有的天气征兆——就比如一个彪形大汉突然破门而入，你不用记住他穿的是什么颜色的鞋，只要辨认出他宽大的体型就可以了。

晚霞行千里

傍晚红彤彤的晚霞传递着仅此一个确定的信号：西边的天空晴朗，太阳光才能照射过来。最美的晚霞，是东边的云反射着夕阳，这些云有可能已经飘过了我们的头顶。因为大部分天气是从西向东移动的，所以我们可以预见，短期内的天气情况还不错。

如果下午时分有冷锋过境，傍晚的天空中就可能出现晚霞，天气会变得更凉爽、更清朗。观察一下上文中提到的几种征兆，如果它们已经出现，那你就能预测接下来的天气了。

朝霞不出门

如果早晨天气晴好，但锋正在接近，你就有可能看到东边升起的太阳照亮了正从西方飘来的云。接下来的天气不容乐观。为了更进一步确认，你再看看云：如果空中先是出现卷层云，然后出现更低、更厚的高层云，那“不出门”就对了。

第五章　怎样感受风

小水坑里的水波总是能引起我的注意。一阵阵风吹乱了浅水的表面，在许多宁静的片刻，水面能映出一幅信息量巨大的图画。水倒映着风的地图。

天空几乎是一片湛蓝，零星飘有几朵积云。透过积云的缝隙，刚好可以看到它上方高空中的卷云。在水坑旁边，远远低于云彩的位置，有两棵叶子掉光了的垂枝桦。站在水坑旁，我可以感受到五个层面上的风。高空中的云从西北方被吹向了东南方。它下方的积云，正在由西向东移动。一阵差不多的风拂过了桦树的树冠。短短几分钟里，我就感受到微风从四面八方吹到我的脸上，其中偶尔夹杂着一阵强风，在水坑里荡起一圈圈波纹，风向有时和我感觉到的风或吹动云彩的风都不一样。那么，风到底是从什么方向来的呢？

我们来简化一下这个问题，只谈论三个层面的风：高空风、主风和地面风。

高空风位于陆地上方的高空中，比大部分我们所能感受到的天气现象更高。要感受这种风，就得抬头看看高空中的云，比如卷云。

主风会受地面地形的影响，但不完全受地形控制。海拔越高，主风越强，受地形影响发生风向改变的程度越小。这种风可以通过很多参照物来观察，比如树冠和各种除最高的云以外的云。

地面风受小范围地形的影响非常大。这就是我们平时感觉到的风。大多数气象学家对地面风没什么兴趣，因为它们范围太小、太多变，对地区天气预报来说用处不大。

几乎所有对风的测量和预报都着眼于主风，而忽略地面风。如果我们解读自身周围的天气征兆，那就得把感官切换成地面风模式，毕竟我们生活在最低的这一层。好在地面风很有特点，通常还有些叛逆。秘密世界中充满了地面风，接下来就让我们认识一下它。

平时我们说到风向，指的主要是主风的风向。在地面上可以感觉到的风，则是地面风。如果需要通过高空中的云判断风向，那指的就是高空风。

好了，让我们再次唤醒感官，从三个方面来寻找天气征兆：一是听觉，二是视觉，三是皮肤的触觉。

风的低语

奇怪的是，尽管空气本身不会发出声音，我们却可以听见风声。只有当移动中的空气和其他物体相互作用时，才会发出风声。每每听见风声的时候，不妨问问自己：风是在和什么东西纠缠，才发出了声响？找到声音的源头往往很容易，但请停下来再仔细想想。事实上，风的发声有三种颇具启发性的方式。

风能吹动物体，让它变形、上下翻飞或是互相碰撞、摩擦地面，比如落叶在石块上的摩擦和滑动。在强风中，柳树吱嘎作响，表明它的枝条正遭受狂风的肆虐。风还会引起物体折断或坠落。如果狂风持续升级，会出现一种比较罕见的情况，柳树再也承受不了风的重压，发出响亮的爆裂声。爆竹柳（原产于欧洲、亚洲中部和南部，但已经完全适应了美国的环境）的名字就是这么来的。

风声最常见的形式，是摩擦产生的震动。风吹过一个绝对光滑的表面，是不会发出声音的。但这种表面只存在于理想条件下，所以，只要具有一定速度的风吹过一个表面，它就会摩擦表面并发声。

只有在非常理想的条件下，我们才能听见像哨音或清脆的音符那样明显的声音，但我们不必等待这种罕见“音乐会”的出现。我们可以学会聆听风的“每日练习”。不管听到多么微弱的风声，都问问自己两个问题：那是什么“乐器”？它是怎么响的？这个小练习看上去很花哨且不切实际，但其实它真的有用。我们的感官会因此得到训练，直到能听出风的强度和方向为止，这可是一项好处多多的实用技能。风吹过植被和风吹过沙地时发出的声音有很大差别，因此，走在沙漠里的时候，可以靠听觉来寻找绿洲。

风吹过石头、山、溪谷、海岛、森林或街道时，如果风的强度和方向发生改变，发出的声音也会跟着改变。任何风向的改变，通常都明确意味着天气即将出现更大的波动。听听风的音调、音量或音色，只要它们之一出现任何偏差，就意味着天气发出了一些视觉尚不可及的信号，这就是“风的低语”。

风的舞蹈

我们平时很少留意风的强度。狂风和风暴确实会引起我们的注意，但微妙的风力变化却几乎无人察觉。

当空气的状态从无风变成极其轻微的微风时，人脸是感觉不到的，但我们周围的一切已经开始发生变化，有些东西已经在随风舞蹈。烟雾弯了，蚜虫飞了，蜘蛛起飞了。风再强一点，刚好够我们能感觉到它吹拂面庞时，几片叶子就会开始沙沙作响，最轻的种子飘到了空中。风力再强一点，尘土开始飞扬，小树枝开始摇动，带翅的种子开始飘散，热气流收敛了，盘旋的鸟儿不见了踪影。这时，蚜虫和蜘蛛已经落了地。

风力再上一级，我们的衣服被吹得直响，树枝摇摆，蚊子和小虫不再叮人了。风再强一点，叶子落了，苍蝇歇息了。如果大树枝都被吹晃，蜜蜂和蛾子就不飞了。如果风大得连小树枝都吹断了，风就会开始卷起小颗粒，人在风中已经很不容易走路，会飞的小动物们早就找地方躲了起来……但不知为什么，蜻蜓还在飞。当风足够吹断一些粗树枝，吹倒小孩，昆虫们都动弹不得的时候，还有雨燕能驾驭这么大的风。

上文中的内容或许信息量太大。我总结一下：首先，要留意树叶在风中的状态。看看树上的叶子怎么动，低处植物上的叶子怎么动，地上的落叶怎么动，飘到空中的叶子又是怎么动的；然后，看看草丛是怎样高低起伏的，观察草丛每分每秒的起伏规律是否有变化。

凉爽、舒适的微风

一阵风吹到你的脸上，如果它给你的感觉比预想中凉快，那它就反映出了空气的温度和风的速度。它还可以指示湿度。天冷的时候，风速对体感的影响比湿度大；但天热的时候，风越是干燥，人的体感就越凉爽。这是因为空气越干燥，水就越容易蒸发，水分蒸发则能帮助人体降温，所以我们热的时候会流汗。湿度的降低通常伴随着天气的转好，因此它所预兆的天气和很多人的想当然正好相反：在炎炎夏日，一阵凉爽、平稳的风意味着好天气要来了。

指针与仪表

在差不多25岁的时候，我有一段非常难忘的经历。那时我开着一辆便宜的破车，前往伯克郡梅登黑德附近的一家机场进行飞行训练。飞行员需要对T和P进行日常检查，即检查发动机上的温度（temperature）计和压力（pressure）计。我过于习惯成自然，以至于一上车就不由自主地检查了车上的温度计。我真的不是故意的。

离机场还有几千米时，车行驶得很平稳，但温度计示数却开始飙升，最后干脆爆表了。我赶紧靠边停车，下一秒气缸垫就被炸飞了，引擎盖下面顿时冒出一股股蒸汽和油烟。车子的发动机报废了，多亏温度计提醒了我，让我能及时靠边停下。

无论什么仪表，只要它的指针开始大幅转动，都说明有某种条件在发生变化。风向就是天气发动机的指针。只要我们多多留意，就能得到提醒，提前准备应对天气变化。

亚里士多德的传人——埃雷索斯的泰奥弗拉斯托斯（前371年—前287年）写了一本书，书名居然叫《论天气信号》。书中描述了80个降雨的征兆和45个风的征兆。就像很多古人写的书一样，这本书有的地方令人拍案叫绝，有的地方又写得莫名其妙。虽然有些观点属于联想过度，但书中有一个观点表达得很准确：风向和天气变化之间存在紧密的联系。

对风向的敏感度，是一项被大多数人低估了的天气预测技能。它为什么有用，又是什么原理呢？要回答这个问题，我们得先了解大规模的天气系统和天气变化，就像我们讲解气团时那样。

空气是不断流动的。它总是从高气压区域流向低气压区域，趋向某种平衡。当我们撒开一个充满气的气球，里面的高压空气就会跑出来，迅速流向房间中气压更低的地方。

风是空气的水平运动，它的驱动力来自气压趋于均衡的趋势。短距离的风很好理解，就是一团高气压的空气冲向了一片低气压的区域。长距离的风受科里奥利效应的影响，轨迹更曲折。地球的自转导致北半球的风向右倾斜，南半球的风向左倾斜。

太阳的辐射并不均匀，热带比北极所接受的辐射量更大，陆地比海洋所接受的辐射量更大。这就导致了地球表面的受热不均匀。热空气上升并膨胀，导致气压降低。冷空气下沉并凝结，导致气压升高。结果就是，空中形成了高压区和低压区：赤道上空温暖、气压低；南极上空寒冷、气压高。

空气从高压区流向低压区，但受科里奥利效应的影响发生偏转。因此，高气压系统的空气呈顺时针旋转，低气压系统的空气呈逆时针旋转。所以在北半球，背对主风，就会有低气压系统位于我们的左手边，或者有高气压系统位于我们的右手边，又或者两者都有。

于是，任何风向的明显改变，都会引起我们周围高气压和低气压系统的布局发生变化。气压系统决定了气团的运动，因此风向的剧变意味着天气的剧变。这是一条基本原则，再概括一遍就是：主风方向改变=气压系统运动=附近的气团移动=天气大概率很快就会剧变。

著名的印度季风会带来一个意义重大的强降雨季节。一开始，随着太阳向北发生季节性移动，高气压和低气压的平衡被打破，印度洋上方飘来的湿气取代了印度东北部内陆地区的干燥空气。这个时期的降雨对印度很重要，不过季风是一种季节性的风，5月到9月刮西南风，10月到次年4月刮东北风。风向和天气两个因素可以当成一个整体现象来看待：其中一个变化，另一个当然也会变化。

对于像美国西南部这类干旱多发的地区来说，当地人自古以来就把风向的变化看作旱季结束的征兆。前文中已经讲解过，风的变化如何和其他征兆一起预示着即将过境的锋。每一次风向的改变，都意味着另一个气团正在接近，规模可大可小。

这个征兆背后的原理比现象本身要复杂得多。现在这两个方面你都弄明白了，就请放心大胆地根据这个征兆来判断天气吧：

> 风向剧变，意味着天气马上也会剧变。

认识指针与仪表

有心观察风的人，能得到幸运女神的眷顾，历史上时不时就会出现这样的例子。乔治·华盛顿有个习惯，他详细地记录了一份天气日志，我们甚至可以说，这个习惯改变了历史。1777年1月的冬天，华盛顿的军队被英国军队困在了福吉谷。华盛顿注意到，当天下午吹的是西北风，于是他预测晚上会降温，地面会被冻硬。如果天气保持温暖，地面太软太泥泞，华盛顿就没法冒险突出重围。

无论在世界上哪个角落，天气都是大风刮来的，但每片区域的地理环境对天气也有一定的影响。就像英国哲学家弗朗西斯·培根说的那样："每阵风都会带来不同的天气。"我们可以把风想象成一封信，有可辨识的信封和邮戳。我敢说，大家拿到一封信的时候，都不会马上打开，而是会观察一下信封上的线索，试图猜一猜这是封什么信。信封外面的标记可以说明里面的东西来自哪里，以及我们可能会看到什么。国家或市级机构的信封说明里面可能是税单或罚单，但一枚你喜爱的邮戳和下面的手写字会让人充满欢欣和期盼。（我17岁时上的是一所寄宿制男子学校，那时我的第一位正式女友给我写的信，我在几百米开外都能认出来。而现在，这个人只会用邮件给我发任务清单。这是另外一回事了，请允许我稍微离一下题。）关于风将会带来什么，风向给了我们很明显的提示。

在北半球各种不同的文化体系中，都不难找到类似“北风吹天气冷”的说法，但世界各地的传统都各不相同。《圣经》里就有数不清的关于风的警示，《旧约》中的《约伯记》《以赛亚书》《撒迦利亚书》都警告人们，南边吹来的风会带来噩耗：“暴风出于南宫。”（《约伯记》37：9）

因此在很多地区，人们不仅密切关注风向的变化，还关注风到底转向了哪个特定的方向。要理解这一点，就得把风与地块、高地和海洋之间的关系考虑在内。

在地中海地区，这种思维习惯的历史最悠久，因为这里四面环绕着不同的地形，风也得到了它应受的重视。地中海人给风起了很多名字，名字的含义通常关乎风吹来的方向上有什么显眼或好记的特征。屈拉蒙塔那风（tramontana）的名字来自拉丁语trans montanus，意为“翻山而来”，指的是从北边的阿尔卑斯山脉上吹来的风。在没有明显的陆地特征可以为风命名的地方，天体填补了空白。地中海地区的东风被称为黎凡特风，它的名字与太阳联系起来，源于西班牙语动词“上升”。

一阵风从南风变成北风，意味着两个事实：一是风向发生了显著转变，二是风现在来自北方。但这幅拼图还缺两块，那就是风向变化的方式和时间。就像菲茨罗伊强调的，风向转变的**方式**意义重大：“风力最强的风，是那种从南风变成西风再变成北风的风。”在这个例子中，他注意到风向是顺时针旋转的，先往北吹，再往东吹，最后往南吹，这和转向途中会往西吹的逆时针旋转不一样，哪怕风向变化的起始和结束状态并没有什么差别。回想一下前文中讲过的锋，你就会明白：顺时针旋转的风和逆时针旋转的风预示着不一样的天气[1]。

所以，风向的改变被写进了很多地方谚语，比如有句古老的谚语就说道：

顺时针风，天气变好；
逆时针风，天气变坏。

---

1 对于很多人来说，尽管他们平时忙的事情要比这复杂得多，但本书使用的“顺时针”和“逆时针”还是会让人乍一看一头雾水。逆时针旋转指的是风向沿着逆时针方向变化，有些人可能会觉得这样更好记。希望这条说明能有所帮助。如果没有，请忽略这条。

普鲁士气象学家海因里希·威廉·多芬有句话指出了第二个要素。他认为，风向改变发生的季节也很重要：“风由南风变成西风再变成北风，如果这发生在冬天，天会下雪；如果发生在春天，会下冰雹；如果发生在夏天，会下雷雨，雨后天气会变凉爽。”

现在我们知道了，风向的明显变化包含四个因素：变化之前的风向、当前的风向、风向变化的方式（顺时针还是逆时针旋转），还有当前所处的季节。

刚开始观察风向的时候，目标尽可能定得简单一些。仅仅是察觉到风向发生了变化，你就可以以高阶天气观察者自居了，因为现在很少有人能做到这一点。好在这个习惯很快就能养成，而且还有好几种捷径。我再声明一次，你完全可以作弊。

当你听到天气预报说天气要出现较大波动时，留意一下当前的风向，然后在接下来的几个小时里监测风向的变化。就算你平时已经习惯并能比较熟练地识别基本风向——比如留意到风朝东吹之类的——我还是强烈建议你给风找一个可视化参照物，看看远处有什么东西能标示出风从哪儿来。如果恰好能找到这样的参照物，比如翻飞的旗帜或升起的烟，不妨心怀感激地把它们利用起来。

可视化参照物有两方面的作用：第一，辅助记忆。刚开始观察风向的时候，我们的大脑一不小心就会搞混什么西南风和东南风，而一个可视化的实体可以帮助我们确认风向；第二，视觉参照物的存在提醒我们持续注意风向。如果把风向和一栋高楼或一片山上的小树林挂钩，你就很难不注意到风向的改变。

找一个你熟悉的地点，持续进行风向观察，你很快就能体会到风向和天气之间的联系。举例来说，如果风的来向从一个地标转移到了另一个地标，比如从教堂的尖顶变成了远处的山顶，再过4个小时天就会下雨。农民和护林员这类通常会在某一地区连续工作好几年的人，都能认得这种征兆。

等我们能察觉到周边区域的风向变化以后，就可以进一步明确风向变化的方向。不要再觉得风是从山顶或者教堂尖顶那边吹来的，而是要明确识别它是西南风还是西北风。这样一来，就算换个地方，也不耽误你继续观察和识别风向变化，无论去哪里，都能使用这一技能。

要想进一步提高解读风向的能力，我建议你闭上眼睛。视力自有它的用处，但在观察风向的时候，它过于敏锐，会影响我们的其他感官。我有一个技巧，就是在附近找一片位置最高的开阔地，闭上眼睛，向左右转头，找到两边脸颊能感受到同等风量的位置，如果风够强，再听听看，两只耳朵听到的风声大小是否一致。然后举起手，非常缓慢地做出用手劈开空气的动作，转动手掌，找到手心手背能感受到同等风量的位置。然后，睁开眼睛，选一个远处的地标作为参照物。

这个技巧可以防止你的目光只停留在大致方向上。粗略的方向判断很方便，但不太可靠。实际应用起来，你总是会觉得风来自一个显眼地标的某一侧。这种情况下，我会握紧一只拳头，大声说："距离山顶右侧三个指关节的方向。"说这话的时候，我通常会露出充满自豪的奇怪表情。

这种意识非常有助于观测大范围的风和天气趋势。接下来，让我们把着眼点放低一些。

缓缓偏转的风

抬头看天的时候，我们经常能看见高度稍有不同的云运动方向差不多，但又有所区别。这听起来很让人困惑，不过等你熟悉风绕着低气压系统旋转的方式，以及这种旋转如何随海拔变化之后，你就会理解了。

在1 500米以上的高空中，主风基本上不受地面的影响。但在这个高度以下，摩擦会引起风向逆时针旋转并减速。主风的海拔越低，速度越慢，风向的逆时针转向就越明显。

你可以把这个原理想象成水槽里的一个塞子。水槽放水的时候，水流绕着排水口快速旋转，但如果有什么东西减缓了水流，水流流向排水口的角度就会更陡。风沿逆时针方向围绕着低气压系统的中心旋转，一旦发生任何摩擦，风就会"流向排水口”，进入更低的位置。风向会发生弯曲、左转、向气压系统的中心靠近。风发生了逆时针旋转。

这就是为什么低空和中等高空中的云移动方向类似，但又稍有些不同。低空中的云被风吹着，速度减缓，因摩擦力而发生了更明显的旋转。

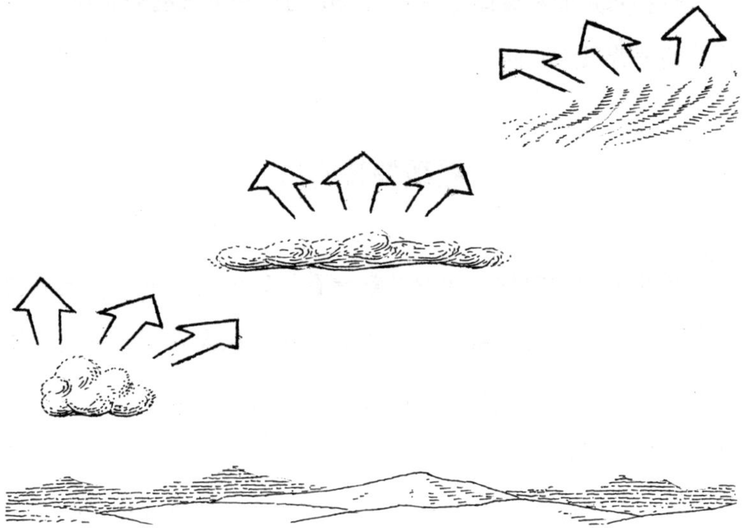

层流还是湍流?

海浪拍上沙滩，变成破碎的水流，平坦、顺滑地冲上岸。但你有没有观察过，如果碰到了卵石之类的障碍，水流就不再平滑，而是变得汹涌混乱。

研究气体和液体流动的科学家把流动状态分成了两大类：层流和湍流。流速平缓、方向恒定的流体，叫作层流。开始旋转并形成漩涡的流体，叫作湍流。你可以想象一下，风也存在这两种状态。在树顶上方的高空，或建筑物的屋顶位置，风的流动是由气压系统引起的，风的路径形成了简单的层流。然而在这个高度之下，风开始扭曲、转弯，表现出湍流具有的各种特征。主风通常是层流，地面风更有可能是湍流。

上文中说了一大堆有点抽象和难以消化的理论，让我们先把这些放在一边，回到我们的主要目的，那就是辨识我们要找的天气征兆。下次去小镇或去周围树很多的地方，如果看到头顶上正飘过几朵云，不妨默记下云飘来的方向，过好几分钟以后再看看，这个方向是不是没发生明显的变化。接下来在附近走走，在镇上就环绕一个街区走，在郊区就环绕一片树走，感受一下风速和你在地面上感觉到的风向是不是出现了很大变化。上文中的两个行为，一个是在观察云层中层流形成的风，另一个是在观察地面障碍物附近湍流形成的风。

积云代表阵风

接下来我们来看看，风碰上看不见的障碍时，会怎样弹开。

找一个晌晴的早晨，空中吹着平稳的轻风，来到一块空地，附近不能有乱七八糟的树或建筑物。请用前文中提到的技巧，仔细感受风的方向，估测风的强度和特点。试着去感受风的平稳程度。这阵微风的速度基本上是恒定的，还是不稳定、存在波动的？下午3点左右，再重复一遍以上过程。你发现什么不同了吗？

下午的微风是不是变强了些？风力的整体大小可能没怎么变化，但风远远不如早上那会儿稳定了。究其原理，还得说回对流这个现象。

早晨的太阳还没来得及晒热大地，所以在空旷的野外，风向主要取决于气压的差异。但到了下午，太阳晒热了地面，制造出热气流，这些上升的气柱和建筑物一样，会给风带来类似的影响。风没法保持在一条直线上，因为它被上升的气柱挤开了。这会导致风速和风向出现波动，风变得一阵强一阵弱。

风的观察和云的观察是相关联的，把它们放到一起看，就会发现它们互为彼此的征兆。热气流制造出层层叠叠的积云，也导致风时强时弱。因此，晴天的积云意味着阵风更多，反之亦然，晴天里的阵风也意味着你一抬头就能找到积云。

云形成于热气流之上，所以它们能平稳地从我们头上直线飘过。不过在地面上，我们会感觉每过一会儿，风就会发生一点儿变化。

沙子与三明治

学会辨别风的阵风性之后，就该寻找另一个有用的征兆了。风吹过沙子、尘土、雪或干叶子碎片等小颗粒时，有时会把它们卷进来，有时却会让它们留在地上纹丝不动。当然，风速是造成这种差异的一个主要因素，如果风很小，肯定什么东西都吹不起来。除此之外，风的阵风性是另一个重要因素。一阵微弱的阵风和一阵平稳的强风相比，前者能卷起更多地上的小颗粒。我曾经观察过城镇里的尘土、森林里的树叶和夏天沙滩上的沙粒，都印证了这个结论。在沙滩玩耍时，害得你在三明治里吃到沙子的，不太经常是强有力的轻风，而更有可能是风力较弱的阵风。

如果你要在沙滩上选一个地方晒太阳，这个知识就能派上用场了。大多数人会觉得，风里有没有沙子取决于当天的风速，这不是我们能控制的。但其实这主要和湍流有关，稍微移动一小段，风里的沙子可能就会少很多。上风口处的沙滩形状很重要：有时候，你只需挪动几步，就会发现尽管风速差不多，但风里已经不再有沙子了。我不敢保证你的三明治中一定不会进沙子，但我敢说，只要你能找到风更平稳的位置，就算吃到沙子，也是比较细软的那种。

夏季城市里的阵风

现在，除了风力、风向、气温和声音，我们又多了一个新的观察对象：湍流，或者说阵风。

你有没有注意过，在炎炎夏日的城市里，风明明不强，但似乎忽强忽弱？这是因为城市里的建筑物叠加上对流现象，为湍流的轻风创造了非常理想的环境，因此形成的阵风风速甚至可以达到城里平均风速的2倍多。夏天的阵风是城市特有的，别的任何环境里都不会给人这种感觉。

地面风

几个星期前，我注意到主风的风向发生了改变。那种远远高于树顶、能吹动云彩的风，风向几乎逆时针旋转了90度。这个信号意味着锋即将过境，要下雨了。

注意到这个重大变化后不久，我和英国国家名胜古迹信托的护林员汉娜·汤普森见了一面。我们出门散步，汉娜指给我看，在西萨塞克斯郡我居住的这片地方，一个名为“诺斯伍德崛起”的大规模造林项目正在进行。他们新种下了13 000多棵树苗，我和汉娜经过了其中几棵，看到小树苗外面都包着保护罩，还用木棍撑着。汉娜指出一个十分合理但之前被我忽略的细节：支撑棍的位置全都位于盛行风的下风处，英国盛行的是西南风。指南针啊指南针，真是无处不在！

我们走过两片树龄更大的树林之间，看到路边的地面上有一对黑喉石䳭——这是一种小型鸣禽。风本来从我们背后吹来，但到了这里突然无常多变，我感到阵风扑面而来。汉娜打开了防鹿的铁丝网门，我们钻进了造林项目的核心区域。一只红隼俯冲下来，转弯，正忙着把一只鸶驱赶出去。这里的树种下去还没几年，长得还不错，只有一块地除外。

我们爬上一个小山坡，发现这里的小树苗没能存活下来，满地都是枯萎的树枝，保护罩和支撑棍还留在原地，看起来很凄惨。汉娜说，有些环境树苗没法适应，比如石头特别多、特别潮湿的地块或沼泽。可这块地方并不潮湿，石头也不是很多。和那些树苗能活下来的区域相比，这里并没什么太大不同，但偏偏这里的树苗枯萎了。我们又往前走了几步，一阵冷风突然扼住了我的后颈，也吹散了我刚才的疑惑。

我和汉娜所在的位置，正好位于两片树林中间。风从一片树林顶上吹下来，涌进了这片空地，扫荡一番地面，然后升起来，翻过北面的另一片树林吹走了。我弯下腰，检查那些夭折的树苗，发现它们饱经摧残的小叶子指出了凶手的方向。那一刻，吹来的风、地面的形状、新种的树和原有的树，都融为了

一体。

我强烈推荐你下次也做一个这样的小实验：选一个有风的日子，找两片树林之间的一处开阔空地。先站在其中一片树林的下风处，不要站太远，树林要触手可及，这时你会发现你基本上感觉不到什么风。接着，面朝另一片树林的方向，走进空地，边走边试着去估测风速。开始走以后，你会发现风向出现一些有趣的小波动，不过这一点我们晚点再说，现在咱们先只观察风速。感受一下，你走到两片树林的正中间时，风力和风的稳定程度是不是都达到了最大值。接着，在朝另一片树林靠近的过程中，风力减弱，最后干脆消失了。此时，你又走进了一片无风区，只不过这次是位于树林的上风处。这种现象遍布各种地形，是一种很重要的天气体验，只不过很少有人注意到它，它的存在甚至超乎大多数人的想象。

在那一天剩下的时间里，我一边散步，观察着云的飘动和变化，一边思考着“诺斯伍德崛起”项目带给我的疑惑。我走上了一条路，只见路边伸出去一条田间小路，和我走的这条路交叉。路口位于田地的一角，田边树篱的一角缺了一块，露出了里面的留茬地。

树篱的缺口像一个漏斗，风从缺口处灌进来，吹得我直往后仰。我往左挪了几步，风向就变了，风速也弱了，变成了从田间小路吹来的风。我往右边挪几步，风也会减弱，汇入主路，沿着路两侧的树篱中间吹走了。然后我走进树篱缺口，走上留茬地，风同样也会减弱和转向。

地形造就了我们感觉到的风。风也会改变地形，就像那片枯萎的“诺斯伍德崛起”的小树苗一样。而所有这些地面风又是由更高空中的风掌舵。风越高，越是能忠实地反映出未来天气的重大变化，我们做判断的时候也能更有信心。但是，多观察我们周围的小变化，会带来更丰富的体验。

第六章　露与霜

露

多年以来，我一直对露水抱有复杂的感情。我敢说你也会有类似的感受。想象一下，你刚度过一个满天繁星的晴朗夜晚，在帐篷里醒来时，发现帐篷已经被阳光照亮。你伸了个懒腰，打开帐篷，满心欢喜地想拥抱野外露营的双重乐趣——温暖和干燥的天气。然而，摆在你面前的却是一片湿漉漉的、被露水浸透的地面。那景象很美，也很潮湿。所有放在地上的东西都湿透了，这么说或许不够准确，因为有些东西还干着，真是怪了。直到我学会如何解读露水后，我对它的复杂感情才转变为了喜悦。

大家都知道露水，却不了解它。谁都认得出露水，但很少有人试图去解读它所包含的信息。对于科学家来说，预测每一滴露水形成的时间和地点是一大难题，但要弄清一大片露水为什么会出现，那就容易多了。在一片结露的地面上，存在着露水的几种模式，这些模式里就蕴含着我们要寻找的信息。

还记得前文中提过的“露点”吗？它是使空气达到饱和、水蒸气凝结成液态水的温度。低层大气中始终含有水蒸气，所以只要地面温度降得足够低，结露就有可能发生。

当气温达到露点时，小水珠悬浮在空中，形成了雾。可在这之前，地面会比空气先冷却，任何接触地面的水蒸气都会凝结，留下我们熟悉的那种小水珠。因此，露水的出现说明天就要起雾了，但先一步到来的肯定会是露水。天有可能只结露不起雾，但不会只起雾不结露。

结露的理想条件是极其湿润的空气和冰冷的地面。在晴朗的夜晚，地面会失去它的大部分热量。这是第一个反常之处，也是一个线索，而且它还是季节性的。结露需要地面附近的空气极其潮湿，但晴朗的夜空却意味着干燥的大气。其实，情况经常是这样的：地面温度很低，最底层的空气很潮湿，而高层的空气是干燥的。这种情况最常出现在秋季。

地面湿度越大，露水越有可能出现。很久没下雨的干燥地区很少会出现这种情况。秋天一到，夏日的干燥魔咒就会失效，随着这个季节的雨一场又一场地降下，地面也越来越湿润。白天依然很暖和，足够大量的水蒸发成水蒸气。天气也足够晴朗，地面的热量到了夜里会大量散失。这就是露水的完美配方：晴空、湿润的低层大气、潮湿的土壤、迅速失温的暖空气，以及冰冷的地面。

露水的形成和稳定的夜间天气条件有关。光是地面降温这个条件，在有风的夜晚就不那么容易实现了。风会搅乱地面附近的空气。而要形成露水，最靠近地面的那层空气得把它的热量辐射到太空中去，所以，这层薄薄的冷空气不能受到干扰。如果有风，冷空气会被吹向还没接触地面的更温暖的空气。

在结露的清晨，我喜欢垂下手，紧靠结露的位置，感受一下低处的气温，然后再把手高高举过头顶。就是这么短短的一段距离，也足以让我感受到气温由低到高的变化。

太阳升起，地面升温，可露水一蒸发，就相当于给地面又降了温。因此，结露地面附近的空气能比干燥地面附近的空气更持久地保持更低气温。有时候到了正午，贴着地面的空气还是很凉爽。

你一定见过挂满露水的蜘蛛网，清晨的阳光斜射在上面，那景象实在是美极了。仔细想想，你会发现这个场景完美集齐了露水产生的各项条件：一个阳光明媚的早晨，意味着天气会持续晴朗；天气状况稳定，蜘蛛网才能完好无损；蜘蛛网上挂着露珠，更是说明最近显然没吹过阵风。

仔细观察一颗露珠，你会发现它有好几种明亮的色彩。走近露珠，再退远，看看它的颜色会不会发生改变——它会从蓝色依次变成绿色、黄色、橘色和红色，正是彩虹从内圈到外圈的颜色。露水变色的原理也和彩虹一样：白色的阳光射入小水珠，发生折射，导致不同颜色、不同波长的光分散开来。当我们慢慢地朝一颗露珠走近，就是在通过一条又一条的光路，所以会依次看到不同的颜色。

露水还会带来另一种令人震撼的光效。清晨的阳光和露水是一对好伙伴，下次你观察到自己的影子投在结露的草坪上时，仔细看看头部的影子周围的光，你会感受到什么叫“圣光降临”。在阳光明媚、地上结露的早晨，头部的影子周围经常出现光环，这个现象叫“露面宝光”。背对着太阳时，不管你往哪儿看，露水反射的阳光都会从四面八方射入你的眼睛，尤其是往阳光的反方向看时，效果更强烈。我们看向自己头部的影子时，就是在看向和阳光相反的方向。

阳光中的漫步

让我们先暂时转移一下话题，因为上文中我们偶然发现了一个鲜为人知的自然法则，至少我是这么认为的。这个法则和太阳有关，而我们寻找天气征兆的时候，从来都不会忽略太阳。当我们背对太阳，几乎总是可以发现一片特别亮的地方，无论你的观察范围是大是小，无论看的是脚下的露水还是空中的月亮。我第一次注意到这个现象，是在研究如何识别满月的时候。满月位于太阳的正对面，它的关键特征是亮度远远大于其他时间的月亮，因为它反射的阳光要强烈得多。在满月这天，月亮会比前一天亮，也比后一天亮。除了露水和月亮，这个现象还会出现在很多意想不到的地方，将光亮带到各种不同的地形中。

几周前，靠着大自然的导航，我正在穿越苏格兰高地上的一片无人之境，发现一个我以前从未注意的现象。当时我站在一座小山的北坡上，山顶的影子笼罩着我。我朝北望去，试图根据群山的影子来判断方向。突然，对面山上一块特别亮的树林引起了我的注意。一开始，我还以为这是因为树种不一样。可是，在一片同样的松树里，有一条窄窄的横带区明显比其他部分明亮。下一分钟我才反应过来，那条光带位于太阳的正对面，所以才这么亮。哪怕再高一点或再低一点，树冠就不再有那么明亮的光彩。从那以后，我开始反复验证这个猜想，发现只要太阳的位置足够低，太阳对面又有树墙之类的陡坡面时，这个现象就会出现。如此简单的记号就在我们的鼻子底下，我们却过了大半辈子都没注意到。每次发现这样的记号，我的喜悦之情都难以言表。

就连太阳正对面的空气，看起来也会更亮，因为空气一样会反射太阳光。晴天的日出或日落时分，看看你的影子指向的地平线附近，你就能发现天空中的亮块——空气光。

基甸的羊毛

露水的形成需要足够低的地面温度，而要实现这一条件，需要地面的热量能无障碍地向空中辐射。天空中不能有云，地面附近也不能有任何遮挡，否则热量就没法散失。只有热量从地面到太空畅通无阻时，地上才会凝结大量露水。只要有遮挡，结露的可能性就会降低，哪怕是几根树枝也不行。找一片露水很重的草地，然后朝一棵树或地面上方有遮挡的地方前进，你会发现露水越来越少，最后完全不见了。在没有结露的位置，地面和空气要比周围暖和几度。找一个无风的清晨，按照我上面说的方法走走，你就能感受到这种温差。

晴空之下有露水，遮挡之下无露水。那么，在没有遮挡的地面上，也是有的位置有露水，有的位置没有，这又该怎么解释呢？这是另一个摆在我们面前的谜题。其实，这种现象在很多人家的院子里就挺常见：草坪上的每一片草叶都均匀地沾上了露水，可到了花圃边缘，露水的形成仿佛戛然而止。野外也有类似的情况：一丛低矮的植物上，每片叶子都挂着露水，可旁边的土壤和石头却是干的。这到底是为什么呢？

这是露水在告诉我们周围地面的状况，要理解露水的语言，我们不妨想想“基甸的羊毛”的故事。

> 基甸对神说：“你若果照着所说的话，借我手拯救

以色列人，我就把一团羊毛放在禾场上。若单是羊毛上有露水，别的地方都是干的，我就知道你必照着所说的话，借我手拯救以色列人。”次日早晨基甸起来，见果然是这样；将羊毛挤一挤，从羊毛中拧出满盆的露水来。(《士师记》6：36—38)

基甸的羊毛被露水浸透了，可周围的地面都是干的。他到底是在请求神的启示，还是事先就知道露水会出现呢？这个问题我们先放在一边，至少基甸的羊毛揭示出一幅由露水组成的地面地图。我们知道，地面温度要降到露点以下，露水才会形成，而降温取决于两方面因素：一方面是热量散失到空中的速度，另一方面是地下的热量传导上来的效率。

地面的热量总是向上散失，地下的热量也会向上传导。从地下传导到地面的热量多少，取决于地面的热传导性。土质和沙质表面的热传导性不错，植物叶片的热传导性较差。只要是空地，都会向太空中辐射热量，但有些空地的热量得到了源源不断的补充，有的空地则没有。土地一边降温，一边从地下吸收热量，刚好能保持温度平衡，让露水没法形成。而草地散失了大量热量，又得不到地下热量的补充，因为植物的导热性很差。结果，长满植物的地表要比旁边的土壤温度低得多。于是，草地达到露点，开始结露，而土地依然干燥。

在基甸的故事中，羊毛和羊毛周围的地面都在夜间散失了热量。地面的热量从地下得到了补充，而羊毛是一种很管用的天然隔热材料。我们用羊毛做衣服，就是因为它的热传导性极差，能锁住热量不散失，从而给我们的身体保暖。在基甸的实验里，羊毛阻止了地面的热量往上升。于是，露水先在温度低的羊毛表面形成，渐渐浸入羊毛内部，直到湿透了整团羊毛。

说起实验，我的儿子们在院子里玩耍的时候，也经历过类似的现象。每次聊到这个话题，他们总要把这个故事再讲一遍：那天他们在院子里玩得热火朝天，脱掉了上衣，但结束以后忘记把衣服拿回来了。第二天一早，尽管头天夜里一滴雨也没下，我们还是在草地上捡到了他们湿漉漉的上衣。

浪漫的传说

坊间流传着一个说法，说是水坑可以聚集露水，从而像雨水那样浇灌植物。可是，最底层大气的含水量太少了，这个说法并不可能实现。只有一些特别的生物、几种沙漠植物、地衣和几种松树，才能靠露水的恩泽生存下去。而对于温带植物来说，露水聊胜于无。

在南部丘陵，我经常看到所谓的“露水池”。过去的农民经常在地上挖个坑，然后在坑边砌一圈黏土，用来收集露水，好让白垩地山坡上的绵羊们有水喝。这个想法挺浪漫的，但不切实际。这样的坑收集不了露水，只能收集雨水。

湿度与谋杀

无论何种生物，走过一片结满露水的草地，都必定会留下某种痕迹。我赌1 000科威特第纳尔，这事儿没有例外。你大可试试看，肯定做不到不留痕迹！如果草地是一处犯罪现场，露水便是大自然在凶手行动之前就撒下的指纹粉。

动物会在几种地面上留下细节丰富的印痕，比如从雪地上起飞的鸟。最近，我曾经花了一刻钟时间，辨认一只苍鹭在潮湿的沙地上留下的脚印，推测它在这里做了什么，度过了一段愉快的时光。不过，露水可就粗糙多了，它就像圣诞夜喝多了雪利酒的七大姑八大姨一样，什么事都记得，但什么细节都记不清。初升的太阳斜射在成千上万的小水珠上，揭露出草地被碰过的所有痕迹，但出乎意料的是，关于留下这些痕迹的当事人，露水却几乎提供不了任何有用的信息。露水的讯息让人干着急，它有时能耍得人团团转，但偶尔也能侦破谋杀案。

1986年8月的一天早晨，宾夕法尼亚州的警察接到一名苦恼的男子格伦·沃尔西弗打来的报警电话。随后，警察赶到了沃尔西弗夫妇家，发现妻子贝蒂倒在主卧，已经被人殴打致死。格伦说，有人闯进他们家，从背后袭击了他，他因此受了伤。

警察发现屋外有个梯子，格伦声称，那个神秘的入侵者肯定是爬上了梯子，然后从二楼的某扇窗户爬进了屋内。警察注意到了几个细节，开始怀疑格伦的说法，其中两个细节和露水有关。头天晚上是个寒冷的晴天，格伦家的屋顶结满了露水。入侵者要是爬上梯子，得经过屋顶才能来到二楼房间的窗旁，可屋顶上却没有脚印。警察还注意到，路边停着两辆车，格伦一辆，贝蒂一辆，可只有其中一辆车上盖着一层露水。

警察知道，贝蒂的车整夜停在路边没动过，所以上面结露了。而格伦说，他晚上出去玩，凌晨2点半才回来，之后就再也没出去过。格伦的车上没有露水。经司法气象学家确认，在车子表面结露以后，格伦又出去过一趟，时间肯定在过了凌晨2点半以后很久。发动机的热量和气流蒸干了车上的露水。

原来，格伦长期对妻子不忠，在外面同时与好几位情人交往，这些都让格伦声称自己无辜的说法显得更苍白。后来，他因谋杀罪被判入狱。这是一个真实的案件，还被拍成了纪录片，片名叫《露水疑案》(*Dew Process*)。

霜

露有个温度更低的亲戚，叫霜。我们见到的大多数霜都和露的形成过程差不多，当空气温度降至一定的低温，水蒸气就凝华成了冰晶。这种霜叫作白霜。

白霜是冻结的露水，不过冻结发生的时间点很讲究。如果冻结发生在水蒸气凝结的过程中，那么霜就会覆盖树叶或其他东西的表面，形成我们熟悉的白色冰晶层，凑近看还能看出很多尖刺。然而，如果水蒸气先凝结成露水，然后温度骤降，露水再冻结，形成的霜就会有点不一样。后者的冰晶不那么白亮，有时甚至不太容易看出来。正是这种缓慢形成的霜创造出了蕨类植物般的美丽图案，遍布窗户和其他平坦物体的表面上。

白霜和露水的形成过程差不多，形成条件也差不多，要有晴朗的夜空，要几乎没什么风。结霜的位置要开阔，地面热传导性要差。在有树或有其他任何遮挡的地方，霜无法形成。从一棵树下出发，走过土地，走上草地，你会注意到结霜情况的变化：树下没有霜，土地上有小块的霜，草地上有大片的霜，而蓟丛上会结厚厚的一层霜。

雾 凇

还有一种常见的结冰类型经常被叫作霜，但形成过程却和一般的霜不一样。当空气中温度很低的小水珠碰上温度很低的表面，开始结冰，就形成了雾凇。雾凇的形成和风有关，所以不对称的雾凇暴露了风的方向：在形成雾凇的物体上，上风方向的雾凇要更厚更重。有时候，雾凇能在物体的上风一侧形成精致的冰雕、冰刺和羽状冰。雾凇能形成很厚很重的冰层，给物体造成一定损害。博物学家W. P. 霍奇金森就记录过发生在1946年的一场雾凇：

> 树叶、草叶和小树枝都被包成了冰棍，哪怕一阵最轻最轻的微风吹过，树木也会开始摇摆，发出叮叮当当的轻响，像许多盏玻璃枝形吊灯在摇晃一样。那个场景如此神奇，令人难忘。很多树因此变得头重脚轻，树枝受不住重压，被冰压断，掉落在地上。[1]

雾凇是风吹动又湿又冷的空气形成的，因此，雾凇的形成通常伴随着雾。雾凇的冰晶可以用来指示方向，而且，它们指示出的方向能在相当大的范围内保持一致。有几次我散步的时候能见度很差，就是雾凇帮了我的忙。沉甸甸的枝头上，白色的冰晶就像成百上千根手指，为我指明了前进的方向。

雨 凇

过冷却的水接触地面，可能会形成一片薄薄的半透明的冰，名叫“雨凇”，有时不易察觉。有人将路面上的雨凇称作“黑

1 此处应指雨凇而非雾凇，疑原文有误。——编注

冰”，但这种黑色来自路面，而不是雨凇本身，因为冰几乎是透明的。雨凇有时候也被叫作“冰凌”。

白霜地图

不只是雾凇能呈现出漂亮的图案，其实所有类型的霜都是伟大的艺术家。这一节让我们来集中讨论一下白霜，它蕴含着最有趣的天气征兆。我们知道，露和霜形成的条件，多是没有云的晴空和无风的大气，这种条件常出现在高气压系统中，也就是仲夏早已过去的时候。

白霜地图和露水地图类似。只有当热量不能自由地从地面散失时，白霜才会形成。在一个2月的早晨，我在苏格兰一座叫因弗内斯的小镇散步，突然发现地上有一片粗糙的白霜。我沿着尼斯河走到小镇边缘，小心地穿过了几片运动场，只为了获得更好的视野，好好看看河对面一家工厂里冒出来的一缕蒸汽柱。

上升的蒸汽仿佛被一片玻璃天花板挡住，然后沿着天花板横向扩散了几百米，最后消散了。这是典型的逆温层。暖空气位于冷空气之上，上升的蒸汽碰到了冷暖交界处后便扩散开来。地面整夜都在散热，地面附近的空气温度很低，比高处的空气温度低很多。在寒冷、晴朗的早晨，如果你感受到逆温层形成的条件成熟，不妨把手贴近地面，然后再把手举高感觉一下。这两个位置的温差有时能高达10摄氏度！

令人哭笑不得的是，结霜很严重的时候，逆温层的效果也很强，有时它甚至被果农当成天然温室来利用。他们给树装上小型加热器，热空气上升，但很快就碰上了逆温层。天最冷的时候，逆温层可能会压到十几米高的地方。热量被困在这层看不见的天花板下面，保证水果四周的空气不冻结。

我走到一家养老院门前，在人行道的一角发现一片草地和苔藓，里面铺着密密麻麻的鹅卵石。植物上结了一层霜，但石头吸收了地下的热量，表面干燥清爽。

我走到几片运动场中间，发现一堆刚熄灭的火（在这里生火可能是违法的）。灰烬里清晰可见一堆烧焦的木材和熏得漆黑的金属紧固件。我花了点时间，试图从这堆黑乎乎的废物和灰烬里扒拉出什么东西来，可惜我鉴定工业用品的水平限制了我的想象力。不过，时间没有白费。为了琢磨金属件的谜题，我待了很久，注意到周围满是霜的草地蕴含着很多信息。

裸露的黑土上没有结霜，因为地底的热量很容易传导上来。至于地上那些树叶和木头的碎屑，都是顶面有一层霜，贴地的那一面没有。就连梣树的翅果（就像搭载种子的小直升机一样）顶上都结了霜，而金属上面却几乎没有霜。熄灭的篝火让我的感官变得敏锐起来，我看了看周围，眼中仿佛浮现出很多小图案。我身旁有片卷曲的榛子树叶，已经变成褐色，顶上也结了霜。但在这片叶子底下，有一块亮绿色的草，看起来很温暖，没有结霜。是树叶给这一小片温床盖上了被子。

只要我们唤醒感官，之前被忽略的细节就会蹦出来。前人向我们展示了自然的神奇，而我们一旦开始留意无处不在的细节，就意味着跟上了前人的脚步，加入了观察大师团，其中有很多已经过世很久的前辈。比如，吉尔伯特·怀特就在他的经典作品《塞尔伯恩博物志》里写道：

> 老人们告诉我，某个冬日上午，他们通过冰霜的长度发现了这些树，因为沼泽表面的冰霜长度，底下有树的地方要比周围的其他地方长。这似乎并非主观臆断，而是有根据的。黑尔斯博士说："与天气变暖一样，地下一定深度处的热量会加快地表的解冻。今天（1731年11月29日）的观测结果证实了这点。夜里下了场小雪，但到早上十一点，地上的积雪大多融化了，只有布希公园的几处地方例外。那几处地方挖了下水道，而不管下水道里有没有水，下水道上方的地面上，积雪仍然存在。地下埋有榆树苗的地方也是一样。这足以证明，那些下水道隔断了从地底深处上升的热量，因为地下超过4英尺处挖有下水道的地面上，积雪并未融化。茅屋顶、瓦片和墙头上的积雪也没有融化。"这种方法能否用来寻找自家周围废弃的下水道和水井呢？

能否用来在罗马时代的基地和军营寻找道路、浴池和墓穴呢？能否用来寻找其他的古代遗迹呢？[1]

太阳底下无新事，但很少有人花时间去看它一眼。

每种地形都有自己的霜冻属性。草地比旷野更容易降温和结霜，但灌木丛、干枯的芦苇丛和干涸的泥炭沼泽夜间降温更夸张，短短的距离内常出现超过5摄氏度的温差。

停下来仔细观察，你就会发现霜对高度非常敏感。证据比比皆是：一株植物的基生叶结满了一层白霜，可它离地面几英尺高的部分通常没有霜。此外，叶片的角度也是一个重要因素。找一片高草丛，你会发现其中水平方向上的叶子结了霜，竖直方向上的叶子却没有，因为平坦的叶面向上散失热量的效率更高。此外，太阳出来以后，那些挺着腰杆的叶子早早地迎来了第一缕阳光，叶子上的霜开始融化，冰晶变成了露水。低处的叶子则保持着结霜状态，直到太阳升到更高的位置。要更精细地解读霜冻地图，你还得学会观察叶子的“霜冻反弹”状态：草叶和树叶被冰霜压得动弹不得，等温暖的阳光融化了冰霜，它们的腰杆就会重新直起来。

1 引自《塞尔伯恩博物志》第一卷第六封，梅静译，九州出版社2016年版。——译注

白色的轮廓

在小范围内观察，露和霜偏好同样的地方，但如果后退一步，扩大一下视野范围，你就会发现霜有一套自己的游戏规则。秋天结露很严重的地方，到了冬天，有些位置会结厚厚的一层霜，而旁边其他位置却从来不结霜。两片相邻的区域条件也差不多一样——上方天空晴朗，下方土壤和植被相同——尽管如此，为什么结霜的情况却大相径庭？这其中的原因，就在于地面的形状。

地面不是完全平坦的，而任何起伏都会对结霜产生巨大的影响。凸出的地形很不利于结霜，比如丘陵；而凹陷的地形很容易结霜，比如山谷。这一差异的产生主要有两个原因：第一，丘陵比较招风，地面被吹干，高层的暖空气和低层的冷空气也在风的作用下混合了，这样的条件不太可能结霜；第二个更重要的原因在于，冷空气的密度比暖空气更大，会往山下沉降，就像往水里倒糖浆一样。

想象一下，在一个满天繁星的寒冷夜晚，有一座小山，旁边有片山谷。小山和山谷都散发出了差不多的热量，山顶上和山谷里都出现了一层温度很低的空气。在重力的作用下，密度大的冷空气向山下沉去，而山谷里的冷空气没什么别的地方可沉，于是待在原地。山上降下来的冷空气也沉积在山谷里。这就造成了两个结果：第一，山顶上的空气更温暖；第二，山谷里的冷空气之上，又叠加了一层冷空气。因此，这样的地方会出现很严重的霜冻灾害，称为“成霜洼地”，又名“霜袋”或“霜洼”。同理，晴夜过后，太阳刚出来时，山顶通常比山谷底部暖和很多。请需要野外生存的人注意，你可能没想到，山谷底部会比3 000多米处的高空更冷。

如果不涉及什么生死存亡的关头，我们大可以在一个寒冷的晴夜过后，慢悠悠地爬上山去，感受海拔越高、温度也越高的反常乐趣。

前面讲到的都是些霜的极端特例，接下来让我们再看看不结霜的区域。海岛和海岸极少结霜，因为大海给空气提供了很多热量。小环境里也可以见到类似的现象，比如河边会有一条不结霜的带状区域。我在因弗内斯散步那次，就在尼斯河边看到一块几米见方的绿草地，上面结了一层露水，和周围地面上闪耀的白霜形成了鲜明的对比。

每个区域内都有极易结霜的霜洼，这里应该可以记录到该区域的最低温。这类地方有几个共同点：都位于内陆地区，都处在山谷底部。在伦敦西北方向大约一小时车程处，有一片连绵的丘陵，叫作奇尔特恩，那里有一处著名的霜洼。这些山里的最高峰海拔远不足1 000英尺[1]，一般人很难想象这里会出现什么极端天气。然而，出乎意料的极端天气也能教会我们很多东西。

1　1英尺=30.48厘米。——编注

奇尔特恩山霜洼位于里克曼斯沃思。这个地方在内陆深处，霜洼位于一处谷底，不过不是当地海拔最低的地方。当地地形的特殊之处在于，从山上朝洼地下降的冷空气，半路上被一道铁路路堤拦住，导致山和铁路路堤之间形成了一处山谷。想象冷空气是倒入水中的糖浆，你就能明白为什么一个小小的障碍物就能阻断它的流动了。

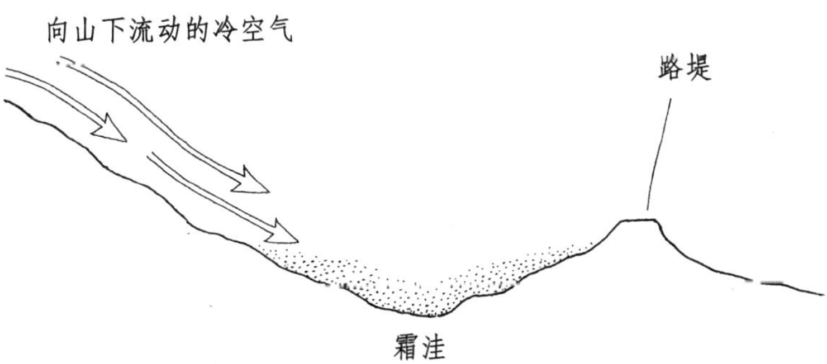

这个原则在很小范围的环境内依然适用。我会到森林里的一座小木屋中来写这本书，今早我来的路上，发现地上结了霜，就停下来仔细观察。农田里稍微低洼点的位置比其他位置结霜更严重，我脚下这块地的结霜规律则更加微妙。一株繁茂的蓟丛上结了厚厚一层霜，但我很开心地发现，这株带刺的植物和基甸的羊毛有着同样的效果。几片紧贴着地面的叶子隔绝了地下的热量，植株旁边的泥土上只结了星星点点的霜。

我们家的那一小片草坪也有点高低不平，凸起来的部分完全不结霜，而草坪边缘的矮草更受霜的青睐。草坪的跨度大约20米，起伏的高度差不超过1米，但这点差别也足以让霜冻展现出它的偏好。草坪和屋子之间有条没找平的路，前阵子下过雨，石板的凹陷处积成了一个浅浅的水坑，过了一夜，水就冻上了。那块冰几乎完全透明，所以我一开始还以为它是液态的浅水坑。我用脚踩上去一试，发现脚底打滑，才意识到这是透明的固态雨凇。

很小范围的环境里到底会不会出现这样的差异，你可能会对此持保留态度，这我完全理解。人只有亲眼见到才会相信。着眼观察微小的、条件受限的例子，会培养你变得对大环境观察充满信心。有科学实验表明，用一个1米乘1米的聚苯乙烯盒子，就能让小气候发生巨大变化。通过10天的监测，实验发现盒子内的平均气温比外面的平均气温低6.7摄氏度。盒子就像一处微型的山谷，且隔绝了地热。用季节打个比方来说，黎明时分从盒子外爬进盒子内，就像在1米的距离内经历了从6月到11月的气温变化。正因如此，气象学家才有个规矩，绝不能把仪器放在洼地里。这个做法绝对合理，可惜它隐去了天气文化中重要的一部分，那就是我们身边天气丰富的多样性。

霜冻有时会给作物带来毁灭性打击，所以农民会很快摸清它的脾气。在某些地区，霜是个很有争议性的话题。巴布亚新几内亚南部高地省的原住民时不时会和周边的其他部落发生冲突，形成了一种极度推崇竞争的文化。敌人的不幸就是他们的节庆，如果一个敌对部落被逼到成霜洼地生活，他们就会唱歌庆贺。这种和霜有关的幸灾乐祸行为甚至还有一个专门的名字，叫作liywakay。这看似和我们的文化大相径庭，但其实不然。我能想象得到，在英国乡村，如果哪位菜农被霜大哥害得损失了作物，这事儿要是被他那个种菜得过奖的死对头知道，对方肯定高兴得非跳一支舞不可。

长在小山顶上的植物，有时会比更低位海拔的植物更早长叶子，这就是霜洼在作怪。这些乍看起来不合常理的现象，是因为高处的植物能免于夜间霜冻的伤害。在霜冻严重的霜洼，植物的新芽甚至会被冻死。露营时，如果碰上寒冷、晴朗的夜晚，可以避开洼地，向上移动几英尺，去更高的地方扎营睡觉，就不会饱受苦寒的折磨了。

解　冻

有霜就会有阳光。晴夜让大地散尽热量，也意味着太阳很快就会照耀雪白的冰霜，这时，我们就可以寻找地面上的一类新规律，它们当中有些可预测且靠得住，有些则不然。当然了，庇荫处的霜会更持久。当太阳光笼罩了大部分地面，山、树和建筑物西面的霜，还能在早上持续一会儿；北面的霜甚至能维持一整天。

不同的表面反射温暖的阳光，反射的方式不同，反射量也不一样。霜反光很厉害，所以能形成惊人的日出景观。颜色更深的地块升温更快，导致附近的霜融化，这时，霜的图案每分每秒都在发生变化。

这里不再一一分析每一种具体情况，但我希望大家可以去观察，看看哪个位置的霜消失得最快，哪个位置的霜停留得最久，并且在不同尺度的环境下观察这两个极端。山谷底部的霜顽固不化，而在更高一点的地方，只有树和石头北面的霜能坚持到下午晚些时候。再凑近些观察，看看那些只剩一小块的霜，每一块都在向我们传递着信息：海拔、太阳的轨迹、阳光的方向和风，还有这一小块地的颜色和轮廓。

第七章　雨

很少有书以雨为主角，不过在这本书里，雨也不是大反派。如果你懂得看雨，它就不再是打湿你脖子的烦人东西，而是勾起你好奇心的有趣之物。雨水有很多微妙的小特征，也有两个明显的特征。让我们唤醒感官，去一个一个地认识这些特征。

我们所看到的雨，只是一段长长的旅程的终点形态。很多雨在高空中形成的时候，是雪或冰。高空水在下降的过程中，会夹带上各种小颗粒，因此尝起来也会是不同的味道，这就像雨水的个性签名一样。古希腊哲学家泰奥弗拉斯托斯发现，希腊沿海地区的雨是咸的，从南边吹来的雨咸味更明显。遗憾的是，一项关于美国科罗拉多州落基山脉的研究表明，90%的雨水样本里含有塑料微粒，这种微小的污染物到处都是，连高山上也不可避免。在经过很长一段时间的干燥天气后，雨水落下，跟地面上的油脂和土壤中的细菌混合，会散发出一种独特又令人熟悉的气味，我们通常把它叫作“雨后的泥土香”。

雨水落地会发出声音，不同材质的地面发出的声音不同。苔藓上和石头上的雨声不同，但和水潭里的雨声相比，前两者的声音要安静得多。软质岩石（如白垩岩）上的雨声比硬质岩石（如花岗岩）上的雨声轻。地表的坡度也会影响雨声：坡越陡，雨声越柔和；等雨水汇成了小溪流，音量就会渐渐大起来。只要雨继续下，雨声就在时刻发生着变化。仔细听雨水落在干燥地面上的声响，再过几分钟，大雨开始冲刷，雨声也很快开始变化。

不同树上的雨声不一样，即使在同一种树上，不同时间的雨声也不一样。落叶树的雨声在一年四季里各不相同，雨刚开始下和快下完时的声音也不一样。雨刚开始下的时候，针叶树上的雨声较小，而阔叶树上的雨声更大。

我最喜欢的雨声图谱位于那种单独的树附近。我喜欢站在开展、茂密的针叶树下，比如一棵欧洲红豆杉，从雨刚开始下的时候听。头顶的树充当了雨伞和集音器的双重角色，这样一来，我周围落雨的噼里啪啦声就清楚多了，有了树冠的遮蔽，就不会再有雨水落在肩膀和衣服上的杂音。在我家附近一片树林的林下，铺满了水青冈树破破烂烂的褐色落叶，与绿油油的欧洲蕨、悬钩子和常春藤叶混在一起。大雨滴落在干枯的落叶上，这种雨声最吵闹，像电子说唱音乐。而落在蕨叶上的雨声，就像窃窃私语。

树叶的倾斜度和地面的坡度一样，也会导致雨声的变化。悬钩子的叶子向下垂，软软地挂着，所以这种叶子上的雨声也很微弱，就像人轻轻吹出一口气时，两片嘴唇张开发出的那种最轻微的声音一样。至于遍地都是的常春藤叶，叶片方向近乎水平，质地更结实，支撑也更稳，这上面的雨声介于水青冈的枯叶和悬钩子的叶片之间。雨点打在水青冈的枯叶上，就像有人拿着削尖的铅笔划拉旧报纸（必须是那种皱巴巴的报纸，不能是崭新的）。林下的常春藤叶在雨中发出的声响，就像指尖拂过一本书光滑的表面一样。

我喜欢找一块混合了不同材质的地方（具体的材质组合每次都不一样），然后闭上眼睛听雨声，再睁开眼睛，重复几次，直到我的耳朵能辨别出不同材质发出的不同雨声为止。然后我走开，找一片能充当雨伞和集音器的针叶树，重复上面的练习。只不过这次，我会迅速闭上眼睛，先靠耳朵识别不同的雨声，然后再睁开眼睛确认。

报雨鸟

雨后在森林里散步时，头顶总会有阵阵雨水的“余波”落下。风吹过时，树顶兜住的雨水会被抖落下来。说那是风，是因为树顶上有沙沙响。还有一种雨水“余波”更轻微，它发出的声音和给人的感觉都不太一样，引得我们想要抬头看。

雨停以后，树冠层上积攒的雨水已经达到了临界点。这时，树叶承载的雨水量刚刚好，有的雨水积在叶片表面，有的挂在叶尖。如果不受干扰，这些雨水就会慢慢蒸干。这个平衡非常微妙，只要有一点动静，雨水就会被抖落。

因此，当有鸟儿从树枝上起飞时，便会震落一些雨水。我最开始注意到这个现象，是因为有一次，一只斑尾林鸽扑啦啦地扇动翅膀飞走了，紧接着几大滴雨点就落在了我头上，让我把这两件事联系了起来。自从我发现笨拙的鸟一扑腾就会抖落大雨滴，我就开始留意那些不知为何落下的更小的雨滴，它们规模太小、太轻柔，不像是被风吹落的。于是我抬头去看，发现它们有时候是啄木鸟，有时候是鸦，有时候甚至是更小的鸣禽起飞或降落引起的。

形状、图案与时间

在树林里散步时，观察一下那些尖头的宽大叶子。你知不知道，先端越尖的叶片下面，落雨就越多？因为植物演化出尖锐的叶尖，就是为了更高效地导流雨水，让叶片上的雨水沿着中脉迅速流向叶尖。热带雨林里到处都是尖头的叶子。

雨滴能雕刻柔软的地表，常在泥地、沙地、渣土地和雪地上留下很多小坑。它们揭示了雨水的特点：轻还是重，持续时间长还是短。小坑越稀疏，雨的持续时间越短。在软泥和软沙地里，请试着区分更均匀、更浅的雨水痕迹和更深、更不规则的“余波”痕迹。更乱、更粗糙的雨点痕迹说明，有风吹过或有鸟儿起落，抖落了大滴的雨水。一只乌鸦从我们头顶十几米高的树枝上起飞，哪怕一小时过去了，它留下的雨水痕迹，依然可以鲜活地出现在我们脚边。

在某些情况下，雨滴痕迹还可以充当判断时间的参照物。掌握了近期的降雨情况，你就能把雨痕当作人和动物经过时的“打卡”记录。如果雨痕位于动物脚印之上，说明动物在下雨之前经过这里，反之则说明动物在下雨之后经过了这里。

追踪动物痕迹的时候，很容易跟丢，让人觉得想放弃。但不要忘了，我们身在茂密的树冠之下。动用你的聪明才智猜一猜，就有可能找到动物离开树冠雨伞的位置，它们的脚印会重新出现在树冠边缘之下更软、布满了雨痕的泥地上。

雨的痕迹往往短暂且转瞬即逝，但也有一个特例，能让我沉浸在穿越时空的恍惚感之中。什罗普郡的什鲁斯伯里博物馆收藏了许多上面有大量凹坑的石质小化石，展示了2亿多年前的雨痕。平时我主要用雨痕来推测几分钟前的天气，没想到它竟然能诉说几亿年前的故事。这可足够我的大脑来个急转弯的。

锯齿状的云底

天会下雨吗？这是大家都关心的一个问题。要想进行比较有前瞻性的降雨预测，就得看前几章提到的云和锋。但在日常生活中，我们经常只会盯着一朵云，试图判断它会不会把雨水浇到我们头上。

小朵的积云很少会下雨，如果积云的宽度大于高度，那它就更不可能带来降雨了。不过，我们可以进一步鉴定下云底的形状。前文中提到过，云底的位置就是气温下降并达到露点的地方，这样大气中的水蒸气可以凝结。如果这层大气很稳定，云底就是平坦的。如果云底呈锯齿状，那就是另外一种情况了。

我们会习惯性地认为天上有云就是要下雨，却很少有人知道雨可以形成云。雨从云中落下时，会导致云下方的空气降温，更多水蒸气凝结，造成一朵云的下方开始形成另一朵参差不齐的新云。这样一来，云底看起来就变得凌乱和粗糙。因此，平坦的积云云底意味着晴天，而锯齿状的云底预示着降雨。这些嶙峋的、不平坦的碎片云有一个正式名字：破片云，是一种附属云。破片云是雨在空中留下的脚印，在任何一朵下雨的云下方都可以看到破片云。

因此，哪怕一朵云看起来黑压压的，但只要它的云底整齐平坦，下方空气能见度良好，那么它就不太可能把雨下到你的头上。

幽灵雨

有时我们能看到云底有细长的条状云延伸下来，这就是幡状云。幡状云是没能落地就蒸发掉了的雨，一种我们看得见却摸不着的雨。幡状云由雨滴或冰晶组成，它所含的水分足够形成降水，但不够雨水一路穿过更干燥的空气到达地面。如果云所在的高度有强风，那么水分下降到云下方风更缓的地方，就形成了拖在云屁股后面的一条小尾巴。拖着尾巴的幡状云在世界各地都能看到，但在炎热干旱的地方最常见。

幡状云是一种中间状态：天气差不多满足了降雨的条件，但大气中的水分又不够。和很多天气征兆一样，幡状云最适合用来判断趋势。大雨过后常常可以见到幡状云，这意味着天气情况即将改善；晴天里出现幡状云，就意味着天要下雨。

拖在母云身后的雨让我联想到卡通幽灵飘在空中的样子，它们都拖着一条小尾巴。幡状云介于降雨和不降雨这两种状态之间，因此我觉得它们就像一个个雨水的小幽灵。

淫雨和阵雨

毛毛雨、蒙蒙雨、苏格兰霭……人类发明了很多词来形容雨，但只是对雨点的大小和能见度做了微妙的区分。有些人认为，毛毛雨是指雨点直径小于0.51毫米的雨，根据能见度不同，毛毛雨还可以分为轻度、中度和重度毛毛雨。

除非你要写技术报告或者以琢磨晦涩难懂的词为乐，否则这类定义可能派不上什么用场。我们看到了什么、眼前的一切意味着什么，并不会因为词汇的定义而改变。解读天气征兆可以随意一些，不必纠结于命名。我们只需关注那些关键事实：雨只有两种，一种是淫雨，一种是阵雨[1]。这两个词听起来不太精确，但请注意它们之间有个重要区别：淫雨范围很大，持续时间相对较长；阵雨则比较短。

这两个词都没有体现出雨的强度。我们平时说的“阵雨”指的是小雨，但这里的“阵雨”指向更明确。阵雨可以是很大的瓢泼大雨，也可以是蒙在挡风玻璃上的最小最小的雨珠，不管雨水强度如何，它们的共同点是持续时间短。一场阵雨不会持续一个小时以上。

1　此处的阵雨指对流性降水。——编注

区分淫雨和阵雨为什么如此重要？还记不记得，前面的章节讲过层状的云（层状云）和成团的对流云（积状云）？可想而知，我们经历的两种类型的雨，背后就是这两种类型的云在作怪。只要我们认出雨的类型和产生降雨的母云，就能获得很多关于云形成过程的信息，从而立刻推断和预测出更多情况。

简单地把雨分成淫雨和阵雨两类，就像认识和辨别两个不同的物种一样。让我来打一个挺巧妙的比方。一个人来到我家附近的树林，他不熟悉这里的鹿，所以当他看到一只棕色的四足动物蹦跳着跑远时，他会说："你看，有只鹿。待会儿还能不能见到别的鹿呀？"但是，如果一个人知道这片树林里有獐子和黇鹿，并且掌握了一些辨识这两种鹿的小技巧，他就会说："你看，有只黇鹿。它的同伴呢？附近肯定有别的黇鹿。"一旦我们明白黇鹿是一种社会性很强的鹿，很少单独行动，你就会知道，一只黇鹿的出现意味着其他很多黇鹿就在附近。观察雨云也是同样的道理。

只要我们看到、感觉到、怀疑或知道天要下雨，你就可以判断一下它会是淫雨还是阵雨。如果是淫雨，雨会持续很久，但雨量为小到中雨。如果是阵雨，那它不会下很久，但从小雨到暴雨都有可能。如果天上有层状云，那很有可能要下淫雨；如果天上有一团团积状云和一片片蓝天，那很有可能要下阵雨。无论面临哪种雨，你都可以通过观察云的纵深和颜色来完善你的判断。

如果你怀疑天要下阵雨，那就请定期查看天上的积状云。积状云的数量、尺寸和形状时刻在变化，但你只需记住一个大原则：如果积状云的面积大于蓝天的面积，那就有可能下阵雨。

再来说说层状云的情况，带来降雨的那一层云会飘过来，稳步下降，然后遮住天空和其他类型的云。这时，请观察云层中颜色和质感的差异，时刻留意风向，结合锋的移动去理解更大范围的天气情况和变化进程。

前几天，我带着一小支摄影团队上山，拍摄一系列网络课程，好让我在新冠疫情封控时期也能继续上课。我注意到积云的顶部正在爬升，便一直在留意它的变化，知道它为下午的到来留了一手。我们爬到一座小山山顶时，一场瓢泼大雨落下，我一点儿都不意外。干涸的小水坑又积起了水，雨声每分每秒都在发生变化。

摄影师开始担心他的设备，对此我完全理解。我们撑起一把伞，尽力保护相机，可是雨势越发凶猛，还起风了，阵阵狂风卷起雨水，不停抽打着雨伞。雨伞被吹变形了，摄影师的脸色也变得很难看。不过，越是遇上凶猛的阵雨，就越是要提醒自己，它们的覆盖范围很小。

我做出了反常的举动，让大家跟着我走。不到1分钟，我们就走出了这场雨。我们站在阳光下，目视着暴雨肆虐我们刚才停留的那块地方。雨的边界非常分明，我甚至可以张开双臂，一只手放在太阳底下，另一只手放在雨里。

地形雨

等我们习惯了把雨分为淫雨和阵雨，并乐于据此推断雨的时长和强度以后，让我们再来看一看另一个重要的因素，那就是地形对这两类雨的影响。

地形对降雨影响最大的一个方面，就在于地面的形状。潮湿的气团遇到海拔更高的地面后会抬升，从而膨胀、冷却，其中的水蒸气因此凝结并形成液滴。这个过程形成的雨就叫“地形雨”。

接近饱和的空气，哪怕是遇上地面的一块小凸起，也能形成云；很干燥的空气可能要碰上一座高山，才会形成云。不过，任何气团都含有一定量的水蒸气，所以高地上空总是有可能形成雨云。

这个原理在全球通用，它出现的模式在各地都差不多。大山的山顶和上风处总是会比下风处降雨更多。在苏格兰高地的某些地区，上风处（西面）的降雨量能达到下风处（东面）的6倍。

昨天下午我花了一个小时，愉快地观察小朵的积云变鼓胀大，乘着风飞跃萨塞克斯的群山，然后在下风处逐渐消散。云的生长止步于地面最高点之上，接着云就会开始缩水。这种变化有时发生在短短几分钟内。这种情况下，如果空气湿度不够，或者地面隆起幅度不够，降雨还不足以产生，但已经非常接近降雨的条件了。只要山丘再高个100多米，或者空气再潮湿一点点，降雨就会形成。

高科技作弊

还有一种作弊手段，那就是借助科技来更好地理解地形雨。世界各地都不难在网上搜到在线气象雷达图。这类网站上有动态地图，每5分钟左右更新一次，能显示出很多天气现象，其中就包括雨。雨反射雷达能量的效果很好，地图上用不同的颜色来表示雨的强度。

我查询的一个气象雷达系统是这样标的：每小时降水量小于0.5毫米的小雨，用蓝色的像素点来表示；每小时降水量在2到8毫米之间的雨，用黄色或橙色来表示；每小时降水量在16到32毫米之间的，用洋红色来表示。当雨云穿越山区，来到山脊附近时，你会发现地图上标示的颜色发生变化，雨会从小雨变成大雨，然后又变回小得多的雨。待在干燥温暖的地方，观察别的地方下雨也是一件有趣的事情。就在我写下这段话时，我所在的小屋周围没有下雨，但我刚才眼睁睁看着门迪普丘陵位于萨默塞特郡境内的部分实实在在地淋了一场雨。在雷达图上可以看到，丘陵上风处的西南面是橙色的，而东北方向上只有几个小蓝点。

如果你养成习惯，坚持在几个月的时间里进行几次上述练习，你就会发现，高地对雨水分布的影响有时很大，有时却几乎无法察觉。显然，大山比小丘陵的影响更大，但只要空气足够潮湿，地形的起伏就会产生降雨。

两种雨和山的关系

好了，现在主要线索已经凑齐了，让我们说回淫雨和阵雨这两种雨。层状云和它们带来的降雨是由大规模的大气条件和跨度非常大的锋造成的，覆盖范围可达几百千米。而积状云是一种地方性现象，由小范围内的气象条件差异造成，几百米范围内的地形变化，就能在积状云中体现出来。

淫雨大片大片地出现，从地面上空扫荡而过，对于这样一个巨大的系统来说，几百米的高差产生的影响并不大。高地上风处的雨量确实会多一点，但和下风处的差别微乎其微，充其量雨大一点或持续时间长一点，除此之外不会有更大差别。

如果下的是阵雨，高地的影响则会更明显和更关键。积状云的出现总是意味着大气处于不稳定状态。它就像一支离弦的箭，一触即发。前文中说过，一些局部受热差异会导致积状云云顶爬高，其实当气团跨越高地的时候，也会有同样的效果。

本来就比较高的云飘向一座山时，高度会进一步突然增加，这时的高地上更容易降下强阵雨或雷阵雨。任何地形都会给阵雨造成可察觉的影响，但只有山脉这类大规模地形才会对淫雨产生重大影响。

找一块地方，定期观察雨云飘过同一片丘陵，你很快就能学会欣赏阵雨和淫雨经过时出现的不同变化。阵雨云飘向丘陵时，几乎总是能发生肉眼可见的变化；而层状云发生的变化则低调得多。

多多观察，你还会注意到，层状云飘过小丘陵时，它们的颜色甚至是质感、形状都会改变。在此之前，你肯定已经观察到了阵雨云更激烈的变化，哪怕它们飘过最平缓的小丘陵，位于上风处时也会变多、变大。仔细观察，你还会发现云底在接近山顶的时候颜色最深，尤其是在山顶有树林的情况下。这是观察云底特征的好时机，比如锯齿状的云底和随之而来的破片云、幡状云和降雨。

雨影与焚风

一座山的上风处比下风处降雨更多，就会产生一些其他副作用。这种差异造成了“雨影”，指在下风处的一个特定区域中，因为降雨量比上风处少太多，自然环境也受到了影响。很多山脉的雨影都位于东侧，比如英国的奔宁山脉、欧洲的阿尔卑斯山脉、北美洲的落基山脉和内华达山脉。

这一章的主题是雨，但有一种风和地形雨关系密切，不得不提，它就是焚风。山上下过雨之后，空气变得干燥多了，并开始向下风处下沉。气团一边下降，一边受到高气压压缩，温度升高。这股温暖、干燥的空气洒下来，在低地上形成了雨影。这股位于下风处的温暖、干燥的空气就叫作“焚风”。有些地方的焚风效果显著，被冠以颇具当地特色的名字。比如落基山脉以东就有奇努克风（或称“噬雪风”），利比亚有基布利风，安第斯山脉有佐达风。坎布里亚郡的焚风叫作“船舵风”，这是英国唯一一种有地方俗名的风。

焚风的空气比上风处山坡上的空气干燥很多，以至于云遇上焚风会消散，哪怕在多云天也是如此。这就导致山顶旁下风处的地方，灰蒙蒙的天空被凿开了一个湛蓝的洞，这就是“焚风洞”。

如果地形雨形成的条件具备，降雨却没有如约而至，那看看你的上风方向有没有大山。如果有，那么这个区域可能有温暖、干燥的焚风来袭，在“焚风洞”之下，天不太可能会下阵雨。

焚风听起来很安全，但有时会造成相当大的影响。欧洲大陆的很多山火和美国的24小时内最大的气温波动记录，背后都有焚风作祟。1972年1月15日，蒙大拿州一天之内的温度就从零下48摄氏度上升到了9摄氏度!

陆地与海洋

局部雨云的形成有两个契机，一是太阳光照射不均匀，二是地面迫使潮湿空气上升。陆地高于海平面，因此总是比海洋升温更快。这就催生了最普遍也是最简单的一个天气征兆：陆地上的降雨比海洋上多。

地中海地区很少下阵雨，但周边陆地的降雨要频繁得多。在萨塞克斯郡的沙滩上，就经常出现这样的现象：海上的游艇沐浴在阳光之中，同时阵雨却洒落在怀特岛、海灵岛和我们的烧烤架上。

关于季节的考量

雨是有季节性的。的确，大部分地区冬季的降雨比夏季多一点点，但夏季的阵雨比冬季多，不仅因为夏季日照强烈，也因为冬季空气更冷，冷空气中的水蒸气含量更少。冬天的阵雨云更淡，含水量更低，而夏季的阵雨云更浓，云顶更高。

在很多地方，阵雨和淫雨的区别是由雨的季节特性造成的。也就是说，不要只看一个地区的月度降雨数据，就得出任何关于雨水特性的结论。举例来说，A地8月的降雨量是B地的一半，可能会让人觉得A地更适合度假。可是，如果B地的降雨天数比A地少一半呢？要知道，毛毛雨下几个小时才能达成的降雨量，一场倾盆大雨5分钟就能搞定。一些高原、山林和沿海城市的小雨尤其喜欢下个没完，但如果你只看总降雨量的数值，就可能被误导。迈阿密的降雨量比西雅图多50%，同时，迈阿密的晴天时长也比西雅图多将近50%。

热带地区的这种反差更明显，从事旅游行业的人都知道，很多游客喜欢趁雨季来旅游。一天里只需经历一两个小时的降雨，剩下的时间都是大晴天，这可真是捡了大便宜。光看降雨量数值，你会觉得很吓人，但实际体验完全会是另外一回事。

雨水解剖学

层云和积云带来的雨量越大，云体颜色就越深。雨水在不同云中的形成方式也不同。就拿层云来说，其中雨的形成是一个“暖雨”过程：成千上万的小水珠发生碰撞，形成了正常大小的雨滴。所以只有足够浓厚的层云，才能形成大滴的雨水。对积雨云等较高的积状云来说，降雨是一个水滴冻结的“冷雨”

过程：冰粒周围迅速凝结了大量小水滴，形成了雨水。

大雨通常是积雨云降下的。积雨云的云顶足够高，水分在高空中冻成冰，大滴的雨水就以冰粒为核心形成了。在这个过程中，冰粒扮演的角色叫“凝结核”。那些最大最重的雨水打在身上意外地冰冷，正是因为它们不久前还是冰。在热带以外的地区，基本上只有云体很高、云顶结冰的云才能形成很强的降雨。

世界各地的雨滴大小都有一个上限。科学家有一套复杂得吓人但对我们来说完全没必要的公式，通过计算可以得出，任何雨滴的半径都不会超过6.2毫米，否则雨滴就会破裂。对此我有一个更接地气的方法，我把雨滴大小按照从“额头微凉”到“顺鼻而下”这个区间来划分。

大雨确实打人更狠。按照物理定律，质量和摩擦力之比越大，物体的终端速度就越大。说得通俗一点就是，假如你站在楼顶上，同时扔下一个大理石球和一个泡沫塑料球，那么大理石球将会加速到一个比泡沫塑料球更快的速度。同理，雨滴越大，它的质量和摩擦力之比就越大，下落速度就越快。质量大一倍的雨，打在你的脸上肯定更疼。你会以为它是什么更大更重的东西，其实它只是一滴更大更重的雨水，但更快的下降速度带来了加成。从各方面来说，更大的雨滴的确更能“重拳出击”。

城镇、森林和悬崖上的阵雨：技巧精进

辨认两大类雨，能发现它们与高地的关系，并从中获得乐趣之后，那就继续观察小环境里发生的阵雨吧。比起开阔的乡村，城镇和林地的上空或下风处会有更多阵雨。

如果空气潮湿且不稳定，那么城镇和林地受太阳光照射不均，足以引发阵雨云的形成。不怎么有风的时候，雨会下在城市和林地里，但哪怕有一点微风，雨就会被吹到下风处去。

城镇和林地里的阵雨有相似之处，也有不同之处。城镇里的沥青比周边的乡村土地更吸热，再加上城镇生活产生的热量，更是加强了热量集中的效果，形成一种“热岛效应”，导致城镇的温度比周边区域更高，这已经超出了太阳辐射所能控制的范围。在本书第十七章《城市》里，我们会展开介绍这个问题。

方位也是影响城镇和林地里阵雨的一个重要因素。阵雨云的形成需要温暖、上升的对流空气，需要给太阳足够长的时间让地面升温，所以阵雨云出现在下午的概率更大。山区的阵雨云通常出现在西南方向的上空，因为西南坡一整个下午都沐浴在阳光之中。无论是在城镇还是在林地里，你都能观察到以下现象：原本存在的云缩小消散，而新的云又在原地形成。

悬崖上有时也会下阵雨。风遇上平缓的山坡，会平缓上升；而遇见悬崖时，风会被剧烈抬升，卷进一个竖直方向的涡旋中，从而在悬崖顶部形成云和阵雨。有时，风会被挤压成漏斗状，从悬崖或其他缝隙中穿过，比如穿过拱门和大烟囱之间。每条海岸线都有自己独特的形状，都会在特定的地点造成云和阵雨。

掌握了这个技巧，哪怕是去一个完全陌生的地方，你也可以对阵雨进行有效预测。预测结果不总是准确的，因为可变因素过多，预测结果会受到影响，其中像湿度这样的因素还没法准确感知。你可以花些时间，在同一个地方持续观察天气变化的过程，进一步提高自己的预测水平。

养成这个习惯以后，你就会想找一块便于前往的高地做观

阳光使机场跑道升温，产生一股强烈的热气流和一大朵积云。云底的形状表明空气很潮湿，而云体的形状说明大气很不稳定。很快，一场阵雨就下了起来察练习。四周的视野越好，练习效果就越好。在萨塞克斯郡，汉尔内克风车塔周围的视野就非常开阔，我能把周围方圆20千米范围内的景象尽收眼底，包括山峰、城镇、海岛和海岸。光是这一个地方，就教会了我很多关于云和阵雨的知识，比许多其他地方教会我的加起来还要多。

做判断之前，先观察地面的形状、特性，感受风、温度和空气，然后就等着看接下来会发生什么吧。你会发现，在某个特定的季节，有些地方只要刮过一阵足够潮湿的微风，就一定会下起阵雨。而有些地方雨更少，更变幻无常。有些阵雨还会告密：如果一些特定的地点下起阵雨，另外一些地方很大概率也会下。

第八章　森林侦探

我在一座山的山脚下遇到了追踪专家约翰·莱德。他这次来，是想比较一下树林里不同的风。他有一个谜题想要解开。

我们来到南部丘陵，走进一片茂密的山林。约翰平时在这里追踪动物，他解释说，他知道黇鹿就在两条山脊的其中之一上过夜，知道黇鹿偏好的区域，但想搞清楚它们选择过夜地点的逻辑。他认为，这一定和风有关系。

阴沉沉的灰色层云笼罩着天空，有轻风吹过。无论身在何处，灰蒙蒙的天空、轻风和林地的组合都会让野外导航难以进行。所以，我们只能把目光投向更细微的线索。我停下来辨认方向。树的颜色就是一个很好的指南针。我们站在沟谷里，周围是一片水青冈小树，树龄大概50多岁，还不够茂密，光照进树冠，制造出对比鲜明的视觉效果：朝南看和朝北看时，树的颜色不一样。

朝南看，树的颜色显得更绿；朝北看，树林更敞亮。这是因为正午时分，树干遮住了南面的阳光，北面的树林得以多保存了一点湿气，更利于藻类生长。因此，北面的树林多沾染了一分绿色。而南面的树林更敞亮，零星点缀着颜色苍白的地衣。[1]

既然找到了靠谱的天然指南针，我便通过树冠层的一个开口抬头观察云。乍一看一片灰色的均匀天空，只要仔细观察，也能发现其中的层次。云层中总是存在微妙的差异、色调的变化、不同灰度之间模糊的分界线，以及云低处和稍高处的颜色区别。这些规律足够为我们提供线索，揭示出云移动的方向。

我发现那天有很多云的边缘呈锯齿状，这说明云底破碎且不平整，天有可能下雨。四面八方的云都是浅灰色，这意味着就算天下雨，顶多只会下毛毛雨。我试图估测云的高度，好观察它们的变化趋势。在树林里看云很难，但我们钻进树林深处之前，我看到云底刚从远山平缓的轮廓线后露出来。

我们沿着一条林间小路走进树林深处，翻过一棵被暴风雨刮倒的树。这棵树是被最近的狂风吹倒的，又是个指明方向的好工具。这片区域里大部分倾倒的树都有一个特点——倒向东北方向，因为英国的大部分暴风都是从西南朝东北方向刮的。

---

1 为避免歧义，请注意：我们朝南看时，看到的是树林北面；朝北看时，看到的是树林南面。

林间小路转了个弯，然后岔开了，我边走边时不时回头看。路转弯的时候，最好多回头看看，这样能让你从另一个角度观察同一条路，有助于我们把脑袋里的各种线索整合起来。我不知道这其中有什么科学道理，或者说它可能确实没什么科学道理，但是我敢说，回头看这个习惯似乎能激活大脑的另一个区域，让你有机会从不同的角度把握现状。眼前的路和身后的路，过去和未来，它们之间的区别也许只是大脑认知的差别。在人生的漫漫旅途中，智者更愿意讨论当下和未来。但对自然导航来说，别忽略过去，才会有更美好的未来。

野生真理之家

我们离开小路，走上一片陡峭的山坡。不久我们到达了一个地方，我喜欢会心一笑地把这种地方叫作“野生真理之家”。我打量着四周，只为寻找一种线索，那就是树枝的形状。我热切地盯着水青冈树看，观察树枝形状的反差：上层的树枝朝南侧下弯，但下层的树枝没有。我愉快地发现，这是光照受地形影响的痕迹。我们站在陡坡的北面，周围都是高树。树顶能照到南面的阳光，于是树枝对此做出反应，向下弯折，并朝树南面水平伸展出去。在同一棵树上，低处的树枝被遮住，接受不到日照，也就没有做出反应。

我的目光在高枝上跳来跳去，像只猩猩似的，但约翰的目光却始终集中于我们脚边的地面。他指出一处獾扒开树叶、在淤泥里翻找食物的痕迹。这处痕迹很糙，它旁边还有一些更精致清晰的痕迹。约翰弯下腰，指了指一块地，它的颜色和林下的地表稍微有点不一样。地上的水青冈落叶大都是浅棕色的，只有李子大小的那么一小块颜色更深。这是鹿的脚印，它旁边还有更多脚印，显示出了鹿的下山路线。

很多征兆都是这样，一旦你意识到它，它就变得很明显。但我要是一个人路过这里，沉迷昂首扫视高枝和云彩，肯定会错过这些鹿脚印。烂泥里的鹿脚印很显眼，不是多难找，但在约翰指给我看之前，我从没注意到这些脚印。鹿这样的动物体重相对较重，脚底表面积相对较小，踩上落叶时，一定会导致落叶向上弯折。它们会留下一串朝天的树叶，这是一个不寻常的信号，因为重力做不到这一点。自然状态下的落叶绝不会立在地上。结合上文中的几种线索来看，事实清晰明了，绝不会有错。现在再看我周围的落叶层，我感觉鹿的脚印一下子凸显了出来，仿佛它们脚上沾着粉色颜料似的。

短短几分钟里，我和约翰各自观察着自己熟悉的现象，这两类现象完全不同，但同样有用。和其他领域的专业人士一起散步，我经常会产生这种令人陶醉的复杂感觉。一想到这世界上还有那么多东西等着我们去感知、去发掘其中的意义，我就觉得好兴奋啊！可是一想到我以前可能错过了多少东西，我又会觉得，太可惜了吧！

为了协调这两种情绪，我发明了一个脑内假想实验，名叫“野生真理之家”。假设有一栋大别墅，里面摆着一张大桌子，上面摊开摆放来自大自然的各种智慧和真理。我们没法进到房子里面，只能站在外面，试图看清桌子上放着什么东西。我们蹑手蹑脚地走近房子，找到一扇窗，朝里面张望。桌子离窗户挺远，我们只能看到靠近窗户的这一边放了些什么。我们退回来，蹑手蹑脚地围着房子转，朝另一扇窗户里面张望。这回我们看见的东西里头，有的是刚才从另一个角度看过的，有的是刚才没见过的。没有哪扇窗户能看到整张桌子，但我们通过每个不同的视角都能获得不同的信息，从而渐渐意识到桌子上的东西都是互相关联的。它就像一组巨大的立体拼图，运气够好的话，我们就能逐渐把碎片拼凑起来，从中得出一些事物的全貌。

无论是光、风、云，还是树的形状、树叶的角度，抑或是獾和鹿的行为……都是我们透过不同的窗户看到的局部线索。

树冠风

我们走到山脚下，位于山的下风处。空气安静了一会儿，我们连一丝微风都感受不到。这并不是说空气没有流动，而是我们无法感知到风。我们也可以再专业点，像热带草原上的猎人一样，往空中撒一把粉末或灰，捕捉最最微弱的空气流动。这会说明一个真理：空气无时无刻不在流动。

我们开始爬山，穿过一片黑压压的古老欧洲红豆杉林，仿佛充满了危险。这时，我突然感觉到一阵微弱的风。这种时刻总是令人愉悦：顶着厚厚的云走在树林里，一阵风吹来，就像一只手友好地搭上了自然导航者的肩头。这是在提醒你停下，用心去感受。只要你照做了，就会有另一只友好的手伸出来，一根修长的手指将为你指明方向。

我问约翰他感觉到那阵风没有，他的感觉和我一样。我们俩都对风很敏感，风在我们各自脑中的地图上都占据着重要地位。我在上上下下的山坡上走了一会儿，估测着风的方向、特点和强度，然后终于找到了风的源头。

按理说，我们越是往高处走，风遇到的摩擦力越小，风力就会越强。但我感觉到的那阵微风是突然出现的，它的成因肯定不仅是海拔高度那么简单。我们脚下的地形里一定隐藏着这阵风的线索。我找出风出现的精确位置，向山下望去，一幅地图就呈现在了我的眼前。我们在半山腰，森林的主体部分位于山下。风从东北方向吹来，我便朝东北方向望去，发现尽管我们身边还有很多欧洲红豆杉和水青冈树，但我们所在的位置要高于森林主体部分的树冠。所以，风才能吹到我们身上。自然中的一切必有其理由，这阵风就是一个强烈的信号，标志着我们进入了一片全新的风的领域。

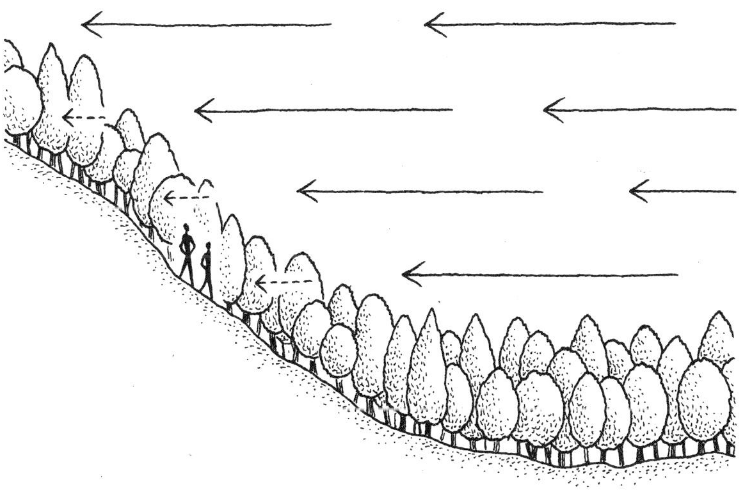

树冠风

没过多久，我们就遇上了这天的第一只鹿，后面还跟着一大群。我们先是听见了它们的声音：它们穿过林下的灌丛时，蹄子踩在小树枝上，发出嘎巴的声响。我们刚记下发现鹿的时间，几十只黇鹿就陆续出现在我们面前。一只高大的雄鹿停下脚步，盯着我们看，就这么维持了几分钟。我们活动了一下僵硬的身子，它便消失在欧洲红豆杉树下。

我们来到刚才鹿吃草的地方，试图寻找一些小线索，弄明白鹿为什么选择这条山脊上的这个位置。这里有它们很爱吃的悬钩子，遍地都是它们啃剩的叶柄。这片悬钩子长在林间的一片开阔地里，照得到阳光。这里还有几十株欧洲对开蕨——这一带唯一的单叶蕨类，而其他的蕨类植物（比如欧洲蕨）都长着裂成上百片的羽状复叶。这里的欧洲对开蕨出现在白垩岩山坡上，周围还有一片水青冈树，这很奇怪。因为欧洲对开蕨喜欢潮湿的土壤，它们通常出现在原始树林里。而眼下这片地方不满足以上任何一个条件。我很困惑，但发现这个线索可以用来导航，于是又感到了一丝安慰。背阴处的欧洲对开蕨颜色更深，而阳光下的欧洲对开蕨更接近苍白的黄绿色。也就是说，朝北的欧洲对开蕨颜色更深，朝南的颜色更浅。

只听又是嘎巴一声，我们看到空地另一头又出现了六只黇鹿。我们的插足似乎害得它们跟大部队走散了。当然，这群黇鹿肯定能绕过我们，追上自己的同伴。但问题是，它们要从哪边走呢？它们顺着风的方向跑开了。

我们站在蕨类和悬钩子丛中，试图把碎片拼凑起来，弄清鹿群选择这里的原因。几个关键信息都已就位：这里是山顶的一片开阔地，有充足的食物，周围也有一定的树木遮挡。可是，这些都是约翰在出发前就已经掌握的事实。鹿群为什么选这座山，而不是另一座呢？我脑中能想出的唯一合理解释，就是我们的上风处有一个停车场，这就意味着大部分人和狗都在那里活动。这个位置足够高，风能把停车场的气味吹到这片空地来。鹿群可以占据制高点，同时通过气味掌握周围的威胁：人类和狗。但我和约翰都不敢确定。毕竟一个“野生真理之家”总是会有很多扇窗户。

搜血犬

我们一路聊着天，从鹿能嗅到人和狗的气味，说到了搜救人员的技术和他们出色的气味追踪犬。约翰提到一些在我听来熟悉又陌生的情形。我发现，警犬训练和天气征兆之间有很多共通之处。

专业的搜救犬驯导员需要捕捉每一个微小的风和天气征兆，因为对云和哪怕最轻微的风的解读，都可能关乎人命。一旦花点时间去辨认动物们的隐秘踪迹，你再观察微风或烟的时候，就会有完全不一样的感觉。

警犬驯导员对地形的理解，也是基于前文中探讨过的那些因素：热辐射、升温、降温、逆温层、层流、湍流、热气流、涡旋。然而，狗的感官敏感度和感知能力远超人类，人要达到狗那样的追踪水平是不可能的。但我们可以学习一些基本技能，让我们这些鼻子迟钝的人类在某些情况下也能赶上搜救犬。

我们来假设山坡上出了个事故，有人晕倒了。如果风向稳定，狗需要位于这个人的下风处，才能捕捉到他的气味。到哪里去找这个位置呢？狗也好，驯导员也好，都不可能事先知道准确答案，那他们该怎么找呢？顺着风走肯定没用，但迎着风走希望也不大，因为风的路线可能和遇难者气味飘散的路线平行，导致搜救犬错过气味。正确的做法是，穿风而过，也就是说沿着和风向垂直的方向走。

沙漠环境干燥贫瘠，意味着在沙漠里搜寻气味的门槛很低。任何强烈的气味都会变得很明显，人类的鼻子也能闻出来。不管你身处哪一片沙漠，只要你沿着和风向垂直的方向走，早晚都能闻到烟火气。接下来迎着风朝烟火气的方向走，你就能找到生起篝火的人。

上文中的例子还算好理解的。有时候，搜救犬恰好位于合适的位置，能很快嗅到人的气味，但有时根本闻不到。据我所知，人类身上每分钟都会掉落40 000块微型碎屑，这些碎屑有的会落在地上，有的会飘到空中。如果你有搜救犬那样的嗅觉，你就能闻出来，它们有一股臭味儿。通过这种独特的气味，鼻子很灵的狗能分辨出长得一模一样的双胞胎，还能闻出人要生病的迹象，甚至比病人自己还要更早地察觉。

如果携带遇难者气味的空气飘进了狗鼻子，狗就会马上进入状态。它的大脑里就像亮起了一盏霓虹灯，指示出了遇难者的方向。但如果气味飘不过来，狗一点办法也没有。所以，狗要做的就是沿着和风向垂直的方向走，直到它捕捉到气味为止。

对了，还有一点不得不提。有时气味贴着地面飘，然后被狗闻到；但有时气味会随着空气被抬升，直接越过狗飘远了。有时候，狗捕捉到了气味，也很准确地追踪了过去，却发现气味消失了，然后气味又重新出现，让狗陷入死循环。驯导员要能预测即将发生的情况，分析它的原因，然后做出判断，引导搜救犬前进。

问题的答案就在太阳、大地、云和风里，它们的组合就像艺术一样精妙。我们要理解和应用它们，必须从狗的嗅觉模式切换到人最擅长的感官模式——视觉。幸好烟雾和人类皮肤碎屑在空中飘浮的方式差不多，我们才能找到一个看得见的记号，用眼睛去捕捉微弱的气流。

烟的6种形状

让我们从最简单、最易懂的一种形状开始。如果空中只有很轻微的风，大气中没什么明显的变化，那么烟就会顺风飘散，边飘边稳定地向四周扩散，这种模式叫作“锥形烟”。锥形烟意味着什么呢？只有稳定的大气中才能出现锥形烟，也就是说，空中没有热气流，地面没有受热不均。到了夜晚，地面也不会因为辐射出热量而发生明显降温。锥形烟多出现于天上有层云覆盖的时候，白天和黑夜都有可能。出现锥形烟的天气条件非常适合搜救犬工作。

接下来让我们想象一下，云开雾散，阳光照了进来。可想而知接下来会发生什么：局部地面会升温，产生热气流，大气状态变得不稳定。局部空气上升，附近其他空气下降。这种条件下的烟就像是坐上了过山车，变成了“环形烟”。

有时，大气的状态极其稳定，暖空气压在冷空气上方，形成了逆温层。这种状态下的烟既不会上升也不会下沉，而是在同一个平面上呈三角形延伸开来，就像锥形烟的横截面一样。这种烟叫作“扇形烟”。晴夜过后的清晨最有可能出现扇形烟。如果搜救犬遇上扇形烟，那只要它的位置低于烟的源头，它就没法捕捉到气味。

破晓时分的逆温状态通常不会持续太久。太阳一出来温暖大地，热对流就开始产生，空中就会起风，不同的空气层由此混合，通常导致烟变成环形。但日出之后，烟可能会出现一种介于扇形烟和环形烟之间的状态，非常有趣。太阳位置还比较低的时候，大地只能吸收到微弱的热量，地面附近的空气会稍显不稳定，但更高层的空气不会受到影响。这种情况下，只有最底层的空气会出现局部流动。烟没法上升，但可以下降，并和地面附近的空气混合。烟被夹在上方的逆温层“玻璃天花板”和地面之间，在这个夹层中下沉，并均匀地散开。这种形状的烟叫“熏蒸烟”。这种烟扩散均匀，搜救犬更容易闻到气味，但扩散和混合的范围过大，导致搜救犬很难明确气味的源头。

晴天的日落之后，地面辐射出热量，在地面附近形成了一片低温、稳定的气层，但更上方的上升暖空气不受影响。这种情况下的烟是“屋脊烟”，可以认为是和熏蒸烟相反的一种形态。烟可以向上散成一大片，但向下触及某个特定的“玻璃地板”层之后，就不会继续扩散。在这种情况下，除非搜救犬的位置高于烟的底部，否则它就无法捕捉到气味。

少云的天气里，大气踩着太阳打出来的热气流鼓点，开始了一段从极其稳定到紊乱的变化过程。我们完全可以预见这个过程，因为烟的形状能反映大气的变化：先出现扇形烟，然后是熏蒸烟、环形烟，最后是屋脊烟。

如果大气的状态近乎无风，烟会沉降到局部地形的最低点，形成“沉积烟”。这种烟对气味追踪很不友好。搜救犬能找到沉积烟，但因为空中没有风，气味的线索断了，搜救犬没法追溯源头。

不光大气的整体情况会影响烟的形状，局部的小气候也有影响。当风吹过障碍物，附近的烟也会打转；遇到树和建筑物这样的障碍，烟就会翻越过去；被卷入强热气流时，烟也会直冲云霄。

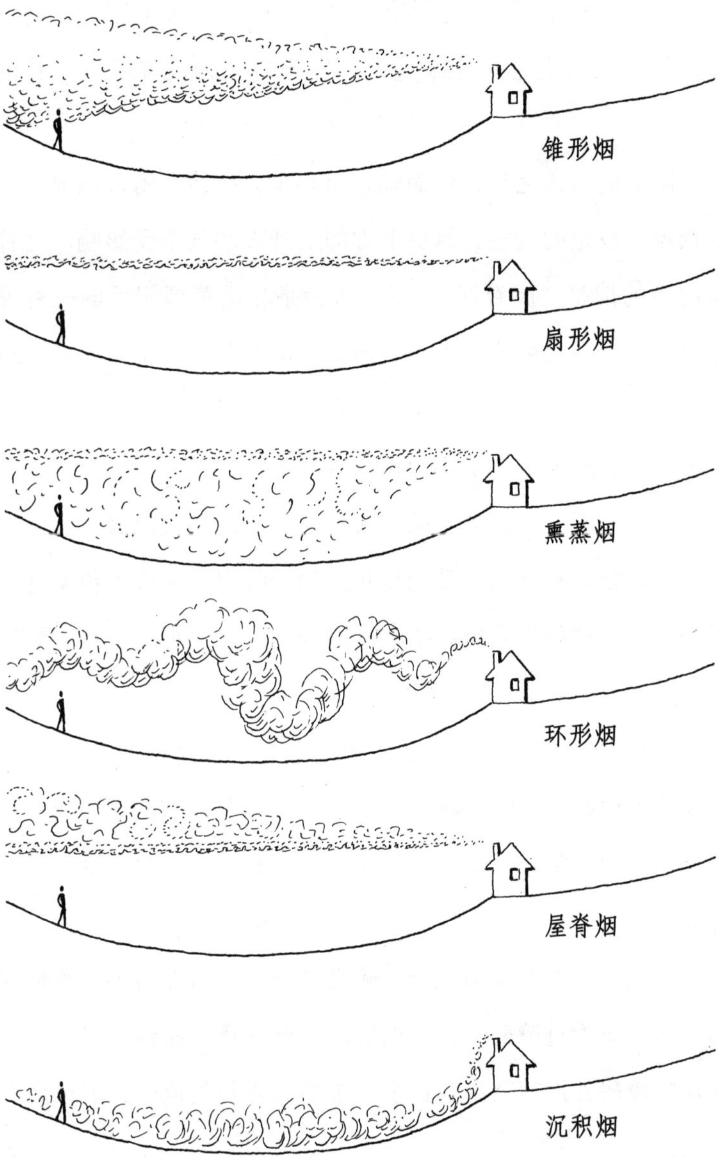
锥形烟
扇形烟
熏蒸烟
环形烟
屋脊烟
沉积烟

那天我们在森林里散步的时候，大气应该是适合锥形烟形成的条件。鹿肯定可以轻松捕捉到我们的气味，这也解释了它们为什么选择位于停车场下风处的那条山脊。有些日子里，我们位于鹿的下风处，鹿很难捕捉到我们的气味，这种时候我总是很开心，因为我们可以非常接近它们，近到触手可及。

风吹着我们的右脸颊，我们摸出一条路下山，回到我们停车的地方。从今往后，无论嗅到什么气味，看见哪种烟雾，请唤醒你心中的那只搜血犬吧。

第九章　冰雹与雪

天上下雨、下雪、下雨夹雪和下冰雹的时候，都是在向我们传递信息。冰雹的信号最明了：所有冰雹都来自积雨云——带来暴风雨的云。当你看见或淋到冰雹的时候，都说明有积雨云在你头顶上，大气状况极其不稳定，还可能出现闪电。

小水滴被抬升到足够结冰的低温层内时，就会形成冰雹。小冰粒形成后变重，在重力作用下下坠。如果一路上畅通无阻，它们就会缓缓向地面坠落，并在这个过程中融化，重新变成水。但如果这个过程发生在积雨云里，小冰粒在下降过程中遭遇上升气流，被重新送入更高层，变成大一点的冰粒，一颗年轻的小冰雹就诞生了。它比之前重一些，再次因重力作用而下坠。如果积雨云中的上升气流不够强，它会以一粒很小的冰雹形态落地；如果积雨云中的上升气流够强，它就有可能再次被抬升，变大，重复之前的循环。

在这个过程中，冰雹的大小是个重点。冰雹越大，说明积雨云中的上升气流越强，大气条件越不稳定，下暴风雨的可能性越大。冰雹最大可重达约1千克，直径可达约20厘米。能产生这种大冰雹的云，是破坏性极强的暴风雨云。看到这么大的冰雹，如果你还没被吓跑，也没有赶紧找地方躲起来（这不太可能），那即将到来的暴风雨肯定会给你点颜色看看。

冰雹的颜色也很能说明问题。冰雹在积雨云里上上下下，从云顶部温度极低的区域下降，来到更靠近云底的温暖区域，然后再上升。在云顶附近，冰雹周围形成的冰会封进去一小部分空气，所以这一层冰看起来是不透明的白色。在靠近云底的地方，水在冰雹周围聚集，并迅速结冰。这层冻结的水颜色更接近透明。水层和冰层就这样一层层地交错累积，像洋葱皮一样，只要冰雹够大，你就能看出这种结构。层状的结构记录了冰雹形成的过程。

单颗的冰雹形状基本上比较规则，但观察地上的冰雹堆，你会注意到其中有些冰雹形状非常奇怪。凑近观察，你会发现那是两颗或更多颗冰雹融合在了一起，变成了非常独特，甚至是诡异的形状。

来得猛，去得快

最近我参与组织了一场亲子板球赛，两支参赛队伍分别是我的小儿子和他的朋友们，以及我和其他孩子的爸爸们。比赛时间是8月末。那天的天气预报很不乐观，很多人觉得比赛应该取消。后来，我们改变了计划，放弃了订好的球场，转而在海滩上举行比赛。

我们迎着寒冷的风和一阵阵凶猛的冰雹，玩了三个小时的板球。每次有冰雹噼里啪啦地落在沙滩上时，孩子们和爸爸们就会你看看我、我看看你，期待某人站出来示意大家中止比赛。但是每次我都说："过一会儿就好了。"

倒是闪电的情况让我有点儿担心，所以我一直保持警觉。但有一点我敢肯定，那就是冰雹不会下太久，我们不用躲起来。

还好我们坚持了下来，完成了比赛。那天我们玩得很开心，并没有受到冰雹的影响。更重要的是，孩子们已经13岁了，我们都知道，这一定是爸爸们最后一次还能赢过他们的机会。

所有冰雹都是在积状云中形成的，而积状云又是一朵朵分散开的，所以雹暴不会下很久。层状云不会带来冰雹。你可能有过这样的经历：眼看着冰雹落在地上，你这边刚开始感慨呢，它那边就下完了。冰雹可能不止一阵，但下一片积雨云的到来需要时间。如果你躲在安全的地方，纠结着是要冲进冰雹里，还是等几分钟看看天气会不会好转，那我建议你再等一等。

下冰雹的积雨云会给天气情况带来极大波动。当高耸的、阴沉沉的云从我们头顶飘过，天空变暗，风变得断断续续，能见度骤降。20分钟后，地上落满了小冰球，头顶上却是大太阳。

那只孤独的黑色巨兽，已经把它冷冰冰的魔爪伸到下风处去了。冰雹的出场和谢幕就是这么夸张。

下完冰雹的积雨云飘远之后，最好朝另外一个方向看看。一片带冰雹的积雨云在前，很有可能意味着后面还有更多带冰雹的积雨云。在上一片云和下一片云的间隙，我们才能窥见接下来的天气状况。在保证安全的前提下，趁云和云还没衔接上的空当，好好调查一下周围的情况。要预测接下来还有没有狂暴的天气，这是你唯一的机会。

晴天下雪

也许你有过这样令人困惑的经历：头顶上明明是蓝天，空中却飘起了雪花。你瞪大眼睛抬头看，会发现天上有云，但不在正上方，可此刻你身边却正在飘落星星点点的雪花。

大滴的雨水比小滴的雨水下落速度快，因为前者的终端速度更快，质量和摩擦力之比也更大。雪花的质量和摩擦力之比则很小，它们很轻，下落时的摩擦力很大。它们像羽毛般缓缓飘落，等落了地、落在我们身上时，产生雪花的云本身可能已经飘走了。

风更是能把雪花吹到离云很远的地方。在山区，位置很高的风能把雪吹出好几千米远。有些云没等雪花落地，自己就先消散了。晴天绝不会下雪，但雪落到我们身上时，我们头顶的确有可能是晴天。云只不过是不在现场罢了。

雪　花

雪和雨有点类似。层状云下的是持续性的雪，而积状云下的是阵雪。下阵雪的积状云基本上都是积雨云。所以如果你遇上了阵雪，雪确实可能下得很大，但中间会穿插着现出蓝天。

雪花的大小和温度有关。它们之间的关系大致是这样：雪花越大，空气越温暖。其中的物理原理很简单：雪花在非常寒冷的空气中形成时，基本上完全由冰晶构成，表面比较光滑，没有黏性；如果冰晶外面有一层薄薄的液态水，那黏性就大多了。如果雪花形成时空气够暖，雪花边缘还有液态水存在，那就相当于冰晶外面涂了一层胶水，一层又一层的冰晶粘上去，雪花也就越来越大。

雪花越来越小，说明气温在下降。雪花越来越大，说明气温上升，也意味着雪可能很快就停了。这条原则适用于大部分层状云带来的降雪，但套用在阵雪上时会有个例外。从同一朵积雨云上降下的雪花，在下降过程中，会因质量不同而彼此分开。雪花也和雨滴一样，更大的雪花，质量和摩擦力之比更大，下降速度更快。在一场阵雪的过程中，经常可以见到雪花越变越小，最后干脆雪停了的情况。

人很难靠裸眼看清雪花的形状，但用心观察的人就能收获它的美。下文中会对雪花的形状做一个简单描述，因为无论多大或多小的环境和事物，我们都能从中发现规律与意义，甚至在微观世界里也是如此。

雪花的形状能精确反映出空气温度和湿度的变化。温度和湿度不同，冰晶结晶的方式也不同，最终产生的雪花形状也会大有不同。举例来说，如果温度不变，随着湿度增加，产生的雪花形状可能依次是：六角形柱状、空心柱状和针状。如果湿度不变，随着温度下降，产生的雪花形状可能分别是针状和树枝状。

那种很复杂、很精致、很漂亮的冰晶，只有在很苛刻的湿度和温度条件下才会形成。通常情况是这样：一个形状简单的冰晶在云里的某个位置形成，然后转移去了另一个位置，新位置的湿度和温度条件改变，冰晶上“长”出了一个新的形状——细细的冰柱一头“长”出了一顶宽大的“帽子”。理论上来说，在一间很冷的房间，通过一台不错的显微镜，我们就可以研究雪花中各种不同形状的冰晶，还原出它在云里形成的过程。

雪的准确预报

显然，冬天比夏天更有可能下雪。但是在很多地方，早春比隆冬更容易下雪。原因有两点：第一，在冬末和春初，海洋和陆地上空的气温都比仲冬时候要低；第二，雪的产生还受到气团的影响，在很多地区，经历了漫长旅途的气团，更容易在早春时节出现在冰封的大陆之上。只要冷气团降临，6月也能飞雪。但无论在哪个季节，暖气团都不会带来降雪。

预测是否降雪以及降雪的准确时间，是一件很有挑战性的事情。预测降雪和预测降雨所要关注的因素差不多，但预测降雪还需要掌握确切的气温。雪对温度特别敏感，几度之差就可以导致降雪的可能性、雪量和雪的形状发生改变。也就是说，几百英尺的海拔差异，会造成降雪的情况天差地别。说实话，在某些情况下，我们能分清楚天上是层状云降雪还是阵雪，就已经很不错了。可想而知，层状云带来的降雪可能会持续几个小时；而阵雪是间歇性的，且雪可能会下得很大。两种雪在翻越山脉的时候都会受到较大影响，变化方式和雨差不多。

我们还可以从另一个方面来看看雪对温度的敏感性。对很多地方来说，要判断一个确切地点到底会不会下雪，是一件很难的事情。因为哪怕温度高了或者低了一度，雪就有可能下不下来。但在山里，情况就简单多了。因为在连绵的山脉里，温度随着海拔的变化而变化。假如你所在的位置气温刚好不够下雪，下的是雨，那么再高几百英尺的位置一定会下雪，反之亦然。在低地，得考虑全所有的因素，才能判断天会不会下雪。

但在山里，只要我们判断出会有降水，就一定会有某个位置下雪：这只是海拔高低的问题。

天气转暖的信号

最冷的日子里，很少会下雪。如前文所述，最低气温往往出现在晴天，尤其是高气压系统降临的晴夜。一片完全晴朗的天空是不会下雪的。

冬天下雪的规律往往是这样：一段短暂的寒冷天气过后，气温开始回升，天就有可能下雪。就像一句老话说的："寒风转暖，小心雪暴。"（When the icy wind warms, expect snow storms.）这句话乍一听起来有点违背常理，但其中的逻辑很扎实：陆地上空有云，气温开始回升；晴空被云取代，意味着锋过境；锋会带来降水；在寒冷的冬日里，降水意味着降雪出现的概率增加。锋出现的时候，注意观测云类型的变化和风向的改变，这有助于你掌握天气的整体状况。

积雪的规律

雪一旦堆积起来，就开始了一段新生，我们又能从中找出许多规律。为什么一个地方积雪了，另一个地方却没有？雪要堆积下来，首先需要地面的温度足够低。前文中已经说过几种地面获得热量的方式，主要有两种：一是从地下，二是从天上。雪对温度变化做出的反应，很多时候和霜非常类似，但前者也有几个独特之处。

草地比土地更容易积雪，因为土地的热传导性更好，能吸收更多来自地下的热量。铺装路面的热传导性更胜一筹，所以也就更不利于积雪。你也许留意过，桥梁和高架路会比它们下方的道路先开始积雪，因为桥梁是悬空的，地面的热量传导不上来。所以有的道路标志牌才会提醒驾驶员们，桥梁会比道路先结冰。陆上的高架路通常比水上的桥梁更容易积雪，因为水面上的空气能从水中获得热量并上升。

深色的路面能吸收更多太阳辐射能（即便在阴天也是如此），比草地和土地的温度都要高。来来往往的汽车更是能给路面的温度火上浇油。所以采用浅色铺装的人行道会比深色的车道更早开始积雪，桥梁上的人行道就更容易积雪了。总之，积雪是有先后顺序的，等车行道刚开始积雪时，路两旁的土地上早就积了一层厚厚的雪了。

不同大小的雪花落地之后，也会发生不同的变化。大片的雪花黏性更强（因为边缘有液态水），落地之后会和其他雪花粘在一起，如果地面温度足够低，它们就会粘得结结实实的。小片的雪花更干燥，彼此之间也不会粘连，落地之后还会被风再次卷走。你可能见过这种干雪，它们就像泡沫塑料颗粒，哪怕一小阵微风吹过，它们也会翩翩起舞。

反向雪堆

在干雪足够多的有风天气，地面上就又能发现新规律了。风卷起干雪，带着它一起移动，然后被某种障碍物拦住，雪落下来，积成雪堆。

雪堆的观察是有技巧的，认识几种雪堆的形状，更有助于你对它们的解读。读过我其他作品的读者，可能已经知道其中一种雪堆的形状。风对浪、沙丘和雪堆的塑造方式很相似，它堆出来的形状，都是一侧平缓一侧陡峭。平缓的那一面迎着风，陡峭的那一面背风。沙丘和雪堆的高度差异很大，有的只有几厘米高，有的高达几百米甚至几千米。

见识过几堆雪以后，就该擦亮眼睛，留心一下那些反常的雪堆形状了。我把它们叫作“反向雪堆”，通常出现在一段竖直、矮小的挡风物体旁边，比如栅栏和篱笆旁。

风从地面吹过，吹出的雪堆遵循同样的规律：迎风那一侧比较平缓，背风那一侧比较陡峭。但是，如果风吹上一片篱笆之类的屏障，被突然绊倒，屏障的下风处就会形成涡旋，风开始向下转并“逆行”起来，扭头朝着屏障的方向吹回去了，和主风向完全对着干。这阵叛逆的风卷起地上一些松散的雪，渐渐地也推出了自己的雪堆，只不过这是一个反向雪堆，它的缓坡面和陡坡面是反过来的。明白这个规律以后，你会先注意到一些比较大的反向雪堆例子。但随着观察经验越来越丰富，你就会注意到，在更小的环境里，也会出现反向雪堆的现象。哪怕是小石子、车辙印，甚至是冻结的马粪这类东西，我在它们的下风处，都见到过微型的反向雪堆。

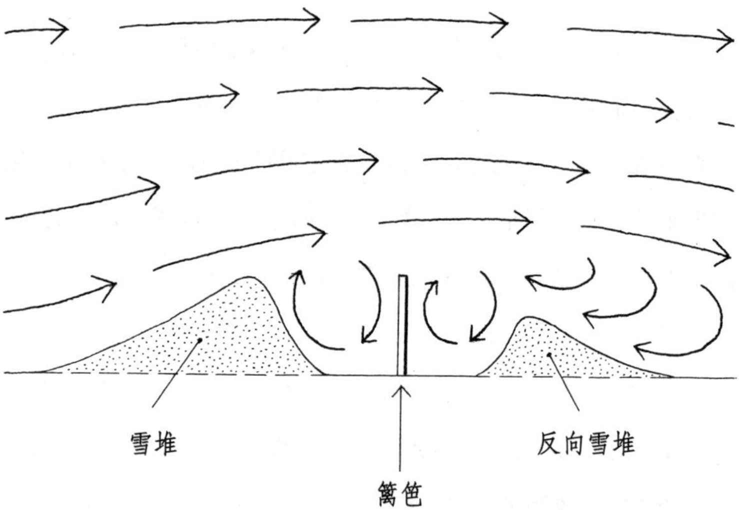

山上的雪总是在移动。在山和谷交错的地方，陡坡上会交替出现无遮挡和有遮挡的环境。风吹到无遮挡的环境里，卷起了一些雪，然后吹到有遮挡的环境里，再把它们卸下。雪的移动趋势是下坡式的。在这个过程中，雪有可能会融化，然后重新冻结成冰，冰有可能紧贴在山谷上，形成了冰川。但总之，它在移动。

冬天，在暴露的山区，石头、山脊和灌丛的下风处都会积起雪堆。春天到来，雪堆融化，润湿了地面。很多山区气候干旱，而这些潮湿的小水洼就成了春季野花和其他植物的天堂。没有雪化成的水，这些植物就很难生存。

雪　线

雪线是积雪的边界线，雪线以下是更裸露的地面。每座山所处的方位、季节、气候不同，雪线的位置也就不一样。山的南坡比北坡雪线位置更高，而热带的雪线又可能比温带的雪线高个几千英尺。在南极，海边就能看到积雪；而在热带地区，可能要爬好几天的山才能见到雪。小气候对雪线也有影响。小范围的暖风会在高地的上空和周围汇集，所到之处积雪融化，在雪线附近留下了一条条参差不齐的裸露地面。

在气候多雪、环境无遮挡的地方，树枝的生长会遵循一定规律，反映出它们和雪的关系，芬兰拉普兰地区的松林就是一个很好的例子。在那里，冬天被雪埋住的树枝会比更高处的树枝长得更好，因为高处的树枝要承受寒风的肆虐和冰晶的蹂躏。长此以往，树枝的生长就有了分层。到了夏天，观察那些茁壮生长的低处树枝，你就能知道冬天的雪积得有多高。

在很多地区，树皮和石头上的生物也能揭示冬天的积雪高度。早在几百年前，山里人就发现，在雪线以上，地衣在树干上生长的高度绝不会超过冬天的积雪高度。有一种很有名的梅衣科地衣光伊氏叶（*Melanelixia fuliginosa*），它长在毛桦树的树皮上，可以指示积雪的高度。科学家发现和利用它的历史已经有将近一个世纪，但山民们和它打交道的时间可要长得多。

很多山区植物要靠雪毯过活，它能防止热量向空中散失，保持积雪表面之下的温暖。俄罗斯人有句俗话说："庄稼盖上了雪被子，就像老汉戴上了皮帽子。"在芬兰的比亚沃维耶扎，有一大片茂盛、荒蛮的原始森林，树干上长着常春藤，标示出了积雪的最高位置。松鸡和野兔之类的动物以及有些胆大的人类，都要靠温暖的雪毯才能活下来。

意外的是，雪毯有时也会带来危险。如果池塘和湖面上结了厚厚一层冰，人走上去都没问题，那就一定要小心冰面上积雪的部分。在雪的覆盖之下，冰很容易融化。因此，有积雪的冰面比周围裸露的冰面更危险。

植物都是专家，而每种高山上的植物都能反映出它们和雪的不同关系。在最低处的山坡上，有些植物哪怕碰到一丁点雪都会死；在海拔高些的地方，有些苔藓必须确保一年内有三周无雪期才能活下去。而有些植物，如冰冻毛茛，皮实得超乎想象，演化出了穿过积雪向上生长的本领。

在裸露区域，每一株植物都是一条线索，从中可以看出当地的雪季有多长。因为每种植物的生长，都需要确保一段特定时长的无雪期。比如，矮柳的存在，就意味着该地每年至少有两个月不会下雪。

第十章　雾

1990年12月11日，一个高速公路巡逻队员行驶在美国田纳西州卡尔霍恩附近的75号州际公路上。这段路出了名的多雾，但这位巡逻员见当天没雾，就没有打开警示灯来提醒驾驶员能见度不好。

一个多小时后，一场车祸发生了。一辆车遇到了大雾并开始减速，但它后面的另一辆车没有刹车，便一头撞了上去。神奇的是，这两辆车的驾驶员都没有受伤，而是从车里爬了出来，开始定损。几秒钟后，第三辆车冲过来，撞上了第二辆车的车尾。事故现场蹿起了一团火，把三辆车都吞没了。

在这条路的对向车道，也有一辆车开进浓雾，开始减速。这辆车的后车没有减速，便和前车发生了追尾。接着，又有另外三辆车（包括一辆小型载货卡车）接连撞了上去。

那天早晨的田纳西州，共有99辆车发生连环追尾，造成12

人死亡，50人受伤。这场骇人的事故得到了积极的处理。伤亡人数如此之多，一场刨根问底的调查势在必行。有关部门得弄清楚事故的原因，才能防止今后有更多人失去生命。那天的事故究竟为什么会出现那么多伤亡?

调查人员明白，问题的核心和雾有关。可是，这段路一直很多雾，但此前从未发生过如此大规模的事故。有人怀疑附近的一家造纸厂和这事脱不了干系。工厂内有几个废水池，其中一个水池贯穿事故发生的高速公路路段。

一番彻查后，人们掌握了所有可观察到的结果和可获得的数据。专家们用电脑建立数字模型，运用最新的科学技术，评估这种特别的、棉花糖状雾的成因。后来在法庭上，造纸厂被判负有责任，一个蓄水池被关停。不过，其中一位调查员表示，造纸厂“没有明显促进雾的产生”。

所有天气都很复杂，雾也是如此。不过在上述案件的报告中，至少有一点是明确的：那段州际公路平时就经常起雾，此前也曾于1974年和1979年发生过6起严重的事故，造成3人死亡。这7起事故有一个共同点：它们都发生在宁静、凉爽的清晨，事故前几日天气温暖，事故前一天晚上是个晴夜，造成事故的雾都是在日出后不久出现的，事故地点附近有很多水。这正是那个熟悉的配方：空气、水、气温，按照某种特定方式混合在了一起。

近处和远处的视觉敏感度

一旦身处浓雾之中，每个人都能察觉雾的存在。但是，介于能见度极好和视野一片白茫茫这两个状态之间，还有许多种微妙的差别。要提高自己对雾的敏感度，可以先学着定期寻找前文中介绍过的几个特征。它们有的远在天边，有的近在眼前。

找一块视野开阔的地方，锁定几个远近不同的地标，记住它们看起来清晰、看起来发白和看不见时的样子。在城市里，高楼顶和桥中间的视野就不错。如果视野开阔的地方实在很难找，那就锁定一个距离中等、细节丰富的物体。找一条长长的街道，朝尽头望去，你看得清人脸或者人们穿的衣服吗？能见度不同，这个问题的答案就不一样。

当然，这个练习也可以作弊。如果天气预报说，持续了一段时间的响晴天即将结束，那你就可以锁定一个地标建筑物，密切观察。你会发现，你能看清的细节将变得越来越少。

雾的两大类型

空气里再也容不下更多水蒸气的状态，就是饱和状态。这种情况下，如果水分继续增加或温度下降，水蒸气就会凝结，空气中会挂满小水珠。它们会导致光发生散射，降低四面八方的能见度，让空气看起来白花花的。空气发白、能见度降低的状态，有两个大家熟知的名字：雾和霭。

雾和霭其实是同一种现象，只不过雾更极端。换句话说，霭是没有百分百发挥出实力的雾。出于对这两者一视同仁的想法，下文中我会把它们统称为雾。

像降雨一样，雾也有很多不同的名字，彼此间存在着细微的差别和微妙的地方差异。但只要你记住以下两大类型，对雾的了解就差不多了。这两大类型就是辐射雾和平流雾。用最简单的话来说就是，辐射雾是在陆地上形成的，而平流雾是在海面上形成的。我来告诉大家一个实用的判断方法：如果是一大早起的雾，那你应该把矛头指向辐射雾；如果雾是在白天形成的，那可能就是平流雾。对雾的类型大概有数以后，就可以结合整个场景，得出更多有用的结论。

寻找露水

我们最常见到的雾是辐射雾。一方面因为它是最常出现的雾，另一方面因为它在我们大部分人生活的陆地上形成。辐射雾形成的条件和方式都和露水差不多，而这就是我们要观察的第一批线索。

辐射雾出现的时候，地上总会有露水。辐射雾和露水一样，是在地面向外辐射出热量时形成的。紧贴着地面的那层空气被地面冷却，温度降到了露点以下。这个现象通常发生在一夜之间，在空中的风很小或无风的晴夜，也就是典型的高气压状态下产生。这种状态最常出现在秋天。上文中说的露水和辐射雾的形成原理相同，但雾需要空气中有更多的水分。当然，它也就需要非常潮湿的空气。所以当我们遇到雾天时，要问的第一个问题是："空气中哪儿来的这么多水？"

湿气有且只有两个来源，要么是被风从别的地方吹来，要么是从地底下冒出来的。但前面我们已经判断出这场雾是辐射雾，所以空中无风，湿气不可能是风吹来的。也就是说，湿气肯定是从地底下冒出来的。

水的地图

地面异常潮湿的时候，辐射雾更容易出现。尤其是大雨过后、地面被浇透的时候。比如锋过境时，雨下了几个小时，然后一整夜都是晴天，这就为辐射雾搭好了完美的舞台。可是，如果雾的来源不是雨水浸透的土地，事情就更有意思了，这说明水是从别的地方来的。辐射雾的出现，可以为我们指示河流、湖泊以及河漫滩。如果你正在穿过一片好几天没下雨的地方，但某天清晨突然有雾，这说明不远处可能有大面积水体。

我经常坐火车从萨塞克斯的小镇阿伦德尔出发前往伦敦。和大部分铁路线一样，这趟列车走的也是一条折中路线。它没法翻越高原，只能穿过山谷；它不能靠河流太近，以免铁路被洪水冲垮。铁轨沿着堤岸，蜿蜒曲折地向前延伸，有那么几个地方几乎就要碰到河水了。清晨，辐射雾出现的时候，河面上就会盘旋着一条宽厚的白色雾带，暴露出雾气之下有水的事实。坐在火车上，我喜欢看着火车在蜿蜒的雾层里钻进钻出，车窗外的雾帘开开合合。

雾的征兆

雾看起来很湿，摸起来很湿，它确实也很湿，所以你可能下意识地觉得它是坏天气的征兆。但雾是晴天里形成的，所以它其实预示着好天气。我们的老朋友，古希腊哲学家泰奥弗拉斯托斯写道:“只要天起雾，就不会下雨或只会下很少的雨。”

当我们身在一片晨雾里，可能很难想象温暖明亮的太阳就挂在空中。在我们头顶上再往上几十米的地方，说不定就能见到晴朗的天空。太阳正在持续不断地蒸干雾里的水分。雾的消散是由外而内的，就像一张从边缘开始燃烧的纸。太阳出来以后，雾层也会开始变薄。所以，一定要记得多抬头看看。

雾气消散的初期迹象之一，是你头顶正上方出现的蓝天。如果你有机会俯视一条飘满浓雾的山谷，停下来想象一下，假设你就在那片雾里。感受一下照在你的脸和脖子上的温暖阳光，再想想下面山谷里的人正在瑟瑟发抖，他们看不到彼此，在雾里磕磕绊绊地前进。

季节对辐射雾的变化也有很大影响。太阳能够驱散雾气，因此夏天的雾很快就会消散，而冬天的雾更持久，因为冬天太阳的位置更低，热辐射也更弱。有两句谚语说得好：其中一句是，“夏天起雾天气好”（A summer fog is for fair weather.）；另一句更冷也更有意思，“冬天起雾冻死狗”（A winter fog will freeze a dog.）。

在阳光的照射下，雾层开始变薄，更多温暖的阳光洒向地面，因此地面开始升温。紧贴着地面的空气开始变暖，膨胀，然后上升，把雾托了起来。雾气上升是一个好兆头，这说明你马上就会完全沐浴在阳光之中了。

有些人会用“谷雾”的说法，这其实是辐射雾的一种。想想我们前面提到过的“霜洼”：冷空气沉降在山谷中，露、霜和雾的形成条件就成熟了。

下次碰见晨雾的时候，希望你能从两个方面去理解它：它的出现表明，无论是在不久之前的过去，还是不久之后的将来，天气都不错。回望前一天晚上的晴夜，展望接下来这一天的晴天。然后，看看你能不能找到雾的来源。最近这一带下过大雨吗？如果没下过，找找附近有没有水体。

平流雾

如果白天起雾，且空中有风，那你的首要怀疑对象应该是平流雾（平流是指热量的水平移动）。平流雾的成因和辐射雾一样，都是因为气温降到了露点。但辐射雾是在静止的空气中产生的，而平流雾是在非常潮湿的空气被吹过低温表面时形成的。

想想两股洋流的交汇点：一股是暖流，另一股是寒流。一阵风吹来，把暖流上方的空气吹向寒流上方，那么温暖和极度潮湿的空气就会被吹到寒流的低温表面之上。水蒸气开始凝结，形成了一大片厚厚的雾层。在日本东海岸，有寒冷的亲潮与温暖得多的黑潮交汇；在纽芬兰沿海，墨西哥湾暖流与拉布拉多寒流互相交融。这些地方都会有规律地出现浓雾。

当一个温暖的海洋气团被吹到冷水上方时，也会出现一模一样的现象。在法国沿海的海峡群岛海域，我就亲身经历过一次这样的情况。时值8月，我们正在海上航行，一个异常温暖和潮湿的气团飘过并被海水冷却，导致我们不得不迎着强风穿越浓雾。这种条件对我们来说是极大的考验，其间我的朋友弄掉了他的图章戒指，戒指沉入海中，再也找不回来了。在当时的情况下，我顾不上多想，更何况我还要安慰这位朋友。几年后，回想起这段往事，我怀疑这是不是天气之神在向我们索要供奉，才把戒指收了去。当时那片海域能见度极差，附近有危险的礁石，我们还乘着急流、迎着强风——换句话说，我们和死亡擦肩而过。如果没有失去那枚戒指，大海又会要我们付出什么代价呢？

如果有向岸风，海上的雾会被吹到陆地上，这种雾在世界多地都很出名，比如英格兰东北部的哈雾或者美国太平洋海岸的雾。海雾不会飘到陆地深处，但对于一些干旱的沿海地区来说，它们带来了大地急需的水分，为这些干旱带的物种提供了生存保障。在一些极端情况下，极度潮湿的空气飘到极度干旱的土地之上，形成了一种独特的生态系统，叫作“雾漠”。纳米布沙漠、阿塔卡玛沙漠和下加利福尼亚半岛的沙漠里都有这样的干旱带。

即便是在温带地区，雾的到来也给大地带来极大的滋养。你也许听说过“雾滴”，它指的就是雾气形成的水滴聚集在树叶上，然后滴入森林地表。

树对雾也有影响，树林可以挡住雾。在日本的沿海地区，海雾常常引发问题，所以人们就种植了拦雾的森林。森林截获了雾气中的一部分水，比如通过上面说的“雾滴”形式，除此之外，森林还能拦截一部分促使水蒸气凝结的悬浮小颗粒。如果空中有微风，且风向合适，那么在森林的下风处，你就可以找到一块没有雾的区域。但如果没有风，凉爽的森林里的雾会比外面散得慢。

上坡雾

如果一阵风把潮湿的空气吹上了山，只要空气上升得足够高，水蒸气就会凝结，形成雾。只要条件合适，任何一座山的上风处都能起这样的雾。在湿度大的晴天里，看起来毫无危险的天空也会起雾，常常让徒步者猝不及防。就像童话故事里的怪兽一样，雾不知道从哪儿冒出来，爬上了山坡，把你一口吞掉。

前文中说到，山的上风处和峰顶会出现云，上坡雾的形成过程几乎和云一模一样，只不过观察角度不一样罢了。如果你爬上高山，一阵风吹来，裹挟着一层白毯把你包围，你会把这种现象叫作雾。如果身处这层白毯之下，你可能会叫它云。如果身处白毯之上，你既可以叫它雾，也可以叫它云。

爬山的时候，请时刻留意我们前面讲过的所有天气征兆，包括云的七条黄金法则。如果云变低、湿度上升，那起雾的风险就会变大。不等高空中的云落在你头上，下方升起的雾就会先把你吞没。

蒸汽雾

寒冷、干燥的空气飘到温暖的洋面上时，海水中蒸发出来的水蒸气和上方的冷空气混合，顿时凝结成了蒸汽。蒸汽蜿蜒上升的样子很像烟雾，因此得了个昵称叫“北冰洋烟雾”。如果冷空气不是干燥而是潮湿的，平流雾就会出现。但如果空气干燥，雾很快就会消散。

在海上漂泊时被浓雾重重围住，听起来是一件很可怕的事情。好在就算不出海，也能见到类似蒸汽雾的现象：池塘、湖泊和河流上也会有蒸汽蜿蜒升起，尤其是秋天空气散热比水面更快的时候。大冬天里泡杯茶，杯子里升起股股蒸汽，也是同样的原理。

霾

“霾”这个词的含义和它的形态一样模糊不清，不同的人对它有不同的理解。霾最普遍的含义是：空气中悬浮着干燥的小颗粒，造成视野模糊不清。霾的来源多种多样，可以是烟、收割庄稼造成的扬尘和树木等。霾能够弱化和改变风景的颜色，通常会让空气看起来带点棕色、蓝色或黄色色调。悬浮颗粒的性质、背景景物及视线方向与太阳的相对方向不同，霾造成的视觉效果也不同。霾多发在夏季温暖、有微风的日子里，它的出现可能意味着空中有逆温层。

锋与能见度

当有暖锋接近时，云底稳步下降，雨水落入下方的空气中。要是空气达到饱和状态，地上的人们就会经历雨、雾和风。

锋过境前，就算不起雾，也一定会导致一段过山车式的能见度变化。标准的变化过程如下表所示：

阶段	能见度
暖锋接近	一开始良好，然后逐步恶化
暖锋过境	差
暖区过境	非常差，甚至雾蒙蒙的
冷锋过境	差
冷锋过境后	极好

冷锋过境后，澄澈的空气让人心情大好，我们还能远观高耸的云和雷雨云朝下风处逼去。

只要天下雨，能见度就会下降。但雨过天晴之后，能见度通常会得到改善。雨水冲刷掉了大气中的尘土、污染物和其他小颗粒。这种现象在夏天的末尾最明显：原本又闷又热的天气，突降一阵瓢泼大雨，热浪被压了下去，空气也被洗刷了个干净。如果雨后能见度还是很差，这说明接下来还会继续下雨。

上述的几种过程同时发生，天就会起雾。很多雾就是这样形成的。在山谷里形成的一片辐射雾，有可能被轻风抬升，冷不丁地爬上山脊来。在萨塞克斯的乡下，人们曾把这种雾叫作“催场员”，但我给这种雾起的诨名叫“X光雾”。在我家附近那座山上，这种突然出现的雾就像一块路标，指向高地另一端的山谷。

下次遇上天起雾的时候，试着去辨别一下它是辐射雾、平流雾，还是锋产生的雾。然后结合季节、风、地形和当地海拔仔细考量，增加自己预测天气的经验。

雾的体感取决于人在雾中的移动速度。如果你静止不动，雾气就像一个友好的谜团，等着你运用技巧去把它解开。如果你正在爬山或开车，那就要小心点了。每一团雾都是一个好借口，让我们能够停下来，唤醒自己的感官，去解开一个个小小的谜题。

第十一章　云的秘密

2019年6月，我很荣幸来到诺丁汉郡的伊斯特里克，受邀参观新建的国防和国家康复中心。这座特别设施内设备齐全，有虚拟现实模拟器和最新的高科技设备，用来辅助受伤的军人康复。

从外面看，这座巨大的红砖建筑令人望而生畏。卢克·魏格曼负责带领我参观，他曾是英国皇家空军军人，5年前在阿富汗踩到一颗炸弹，失去了一条腿。说实话，那些创伤故事、恢复过程和科技手段一股脑儿扑面而来，让我有些吃不消。这座设施很宏伟，里面的军人们勇敢奉献，对此我没有丝毫怀疑，但医疗机构就是会让我感觉不习惯。我去医院看望别人的时候，一进去就会觉得反胃。

走出建筑后，我离开铺装路面，走上了草坪。我问卢克，开阔的绿地是否对精神健康和疾病恢复很重要？我对这个问题很好奇，同时也很高兴能找块地方散散步，回到我所熟悉的领域。卢克一一解释这座设施选址在乡下的好处，我在一旁听着。接着，我发现远处有一朵云。我放松了下来，嘴角露出一丝微笑。我问卢克，那个方向是不是有一座城镇？

“那边是拉夫伯勒。”他看上去有一点困惑。我解释说，那里有单独一大朵积云，停在一个地方不动，而其他更小的云都在随风飘动，这说明大云下面有一个巨大的热源。那天是夏天，时间是下午早些时候，我们位于一个人口极度稠密的区域，四周却都是绿地，所以云产生的原因显而易见。

卢克很礼貌，表现出了一些兴趣，但我不指望他在意这个问题，我也不在意他是否在意。我只是想在室外尽量多待一会儿，而聊云是我能想到的唯一办法。

发现卷云

我们已经熟悉了云的形状，知道云的外观特征要么是堆成一团（积状云），要么是层状的（层状云），要么很纤细（卷状云）。所有云都具有其中一种或两种特征。

层状云是一个天气征兆。它们的层状特点决定了它们所携带的信息：或是接下来一段时间的天气不会变化，或是天气变化的进程极其缓慢。

只有充分了解积状云和卷状云，才能体会到赏云的真正乐趣。前文中我们已经花了不少篇幅介绍积云，后文中它们还会出现好几次。这一章里的主要篇幅则留给卷状云。

假设有三个人刚散完步，正在回家的路上。他们走的是同一条路，却有着完全不同的体验。第一个人心情愉悦地走过了河边蜿蜒的小路。第二个人看着波涛汹涌的急流涌进一处深潭，水面突然安静下来，在阳光下闪闪发光，他心想，下回天热的时候可以来游个泳。

第三个人看见一朵云从太阳前面飘过，心想天上的小飞虫要降落到水面上了。小飞虫跟随着河水，先是湍急地淌过岩石，然后在水潭处减速，再转了个弯，不紧不慢地绕过了凸出的石头。最后，水面上泛起了一团团泡沫，小飞虫们在这里聚集。鳟鱼们也浮出水面寻找美餐——没错，你看它浮上来了！一圈圈小小的环形涟漪，像水面上一个轻轻的“吻”，是鳟鱼用嘴吞下飞虫的痕迹。人和人看到的东西是不一样的。

我们都仰望着同一片蓝天。但只有一部分人会注意到在空中留下抓痕的纤细云彩。我们要做第三种人。卷云是天空中的“鳟鱼之吻”，它有着复杂的痕迹，背后有说不完的故事。

逗号形卷云

卷云就像水面上的涟漪，有很多形状和图案，让人下意识地觉得它们是随机出现的，只不过是一种视觉噪声罢了。然而，它们并非随机出现，每一缕卷云、每一种形状背后都有其逻辑。

和大部分云一样，卷云在陆地上空比海面上空更常见。从逻辑上来说，这只能说明，这些纤细的发丝般的条状云虽然飘浮在20 000英尺的高空中，但某种程度上确实是由地形塑造而成的。然而，卷云比积云高得多，我们很难把一片特定的卷云和地面上某个特定的地形特征对应起来。山区上空更常出现卷云，但用卷云指示地面特征实在太难了，所以让我们转移一下重点，不如用这些高空云来收集线索，判断空气湿度和风向。要做到这一点，我们必须认识到，每一束、每一条卷云都是一句“对白”。要读懂卷云的整个“剧本”，得先从最简单的一种形状开始——逗号形卷云。

卷云由冰晶组成。它所处的位置海拔太高，气温太低，水无法维持液态。一开始，卷云只有一个“头”，那里是云的源头，是上百万冰晶诞生的地方。冰晶形成之后，就开始下降，拖出一条尾巴。“头”和“尾巴”组合在一起，看起来就像天上挂了一个白白细细的“逗号”。这个逗号可以是扁的、扭曲的，或者是反着的，云才不管这个逗号写得标不标准呢!

这种云的拉丁学名是Cirrus uncinus，意为“钩卷云”。它的关键识别特征在于，其中有一簇较厚较密集的云，拖着较细的“发丝”。花几个星期研究一下卷云，你肯定就能发现和识别

"逗号云"了。一旦掌握了要领，钩卷云就变得随处可见，且很难被认错。

找到天空中的"逗号"以后，就可以发掘其中的天气征兆了。"头部"的冰晶下降，还没落到地面，就早早蒸发掉了。但它们消失之前，留下来一条条肉眼可见的痕迹。这些白色的痕迹叫作"幡"。

如果卷云"头部"以下的空气运动速度和方式同"头部"完全一样，就会出现垂直和笔直的冰晶幡线，但这种情况极为罕见。海拔高度不同，风向和风速几乎总是不尽相同。所以，幡为我们指示出了高空中的云（钩卷云"头部"）和下方空气之间的风速与风向差异。

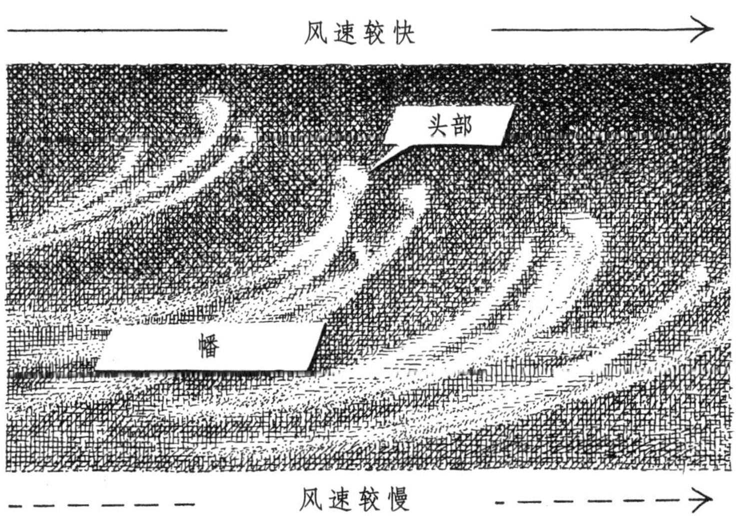

下次看到逗号形卷云，你就能把它分成头部和幡两个部分来看，并由此开始破译天气的秘密了。

逗号形卷云为我们揭示出高空中的风向。这个信息很实用，原因有以下几点。高空中的风可以用来导航。当然，不是那种精准的导航，但在有些条件下——比如身处山谷里的树林深处——你看得见高空中的云，但看不见太阳或其他标志。尽管高空中的风指出的方向并不精确，但它们的趋势却比低空中的风和云要持久得多。如果早上的高空云是从西向东移动，那到了天黑前，它们可能还是沿着这个方向移动。

马尾形卷云

通过观察钩卷云，还能进行一种非常简单的天气预报。如前所述，幡的弧度越趋于竖直，风速和风向随海拔变化的幅度就越小。如果幡和钩卷云“头部”的移动方向一致，并且弧度很小，这就说明好天气会继续保持。

反之，如果“逗号”的“撇”是个急转弯，说明钩卷云“头部”下方的风速和风向出现了急剧变化。这种急剧变化是一种风切变，也是一个强信号，说明天气就要恶化。这种急转弯的钩卷云有个昵称叫作“马尾形卷云”。过去的人们认为，空中出现马尾巴，就是天气恶化的征兆，这背后是有科学道理的。

逗号形卷云还可以用来对比卷云层的风向和下方大气的风向。如果高空中的风和低空中的主风方向相同，那接下来就会是一阵好天气。如果高空风和主风的方向有明显差异，天就要变。

如果空中只有一朵逗号形卷云，那它除了能说明小范围内风的情况，也说明不了什么别的问题。但如果空中有好几个弯弯曲曲的“逗号”，并且随着时间的推移越变越多，那就说明高空大气层里不仅有风切变，湿度也在增加。低气压系统正在接近，大约16个小时以后，恶劣天气就会到来。

急流条状云

1947年8月，在那个客机还有名字的年代，“星尘号”飞机从阿根廷首都布宜诺斯艾利斯出发，飞往智利首都圣地亚哥。这趟旅程将飞越安第斯山脉，降落在智利境内那一侧。

那时候还没有卫星定位系统，无论是徒步的人，还是水手和飞行员，都用一种叫作“航位推算法”的重要方法来导航。这个方法的原理很简单，就是在已知前进速度、方向和出发时间的条件下，推算出当前位置和起点位置的相对关系。举个简单的例子，如果你从家出发朝北走，速度是3英里每小时，那么

1小时后，你将位于你家以北3英里[1]的地方。

1 000多年以来，人们就是靠着这个简单的方法在没有地标的地方导航。如果你从爱尔兰出发，向西航行，航速为5节，那么3周后，你将会来到美洲附近。起点确定，方向确定，速度和时间也确定。这种导航方法能犯什么错呢？然而，有一个看似不起眼的小因素会让你偏离航向，那就是你察觉不到的海流。一片由北向南的海流，哪怕流速只有1节，也能造成10度以上的航向偏离。这就意味着，如果你要横渡大西洋，你的位置将比原计划向南偏离大概500英里。

把这个场景换成航空也是同理，只不过海流变成了风。当年驾驶"星尘号"飞机的飞行员都是老手，他们三人都在第二次世界大战期间执行过战斗飞行任务。当天他们起飞之前，也做好了所有职业飞行员都会做的行前准备。他们计划好了飞行方向、速度和起飞时间，把天气预报中风的因素也考虑在内，然后出发了。

几小时后，这架飞机消失得无影无踪，并在接下来的几十年时间里都杳无音讯。阴谋论者们这下可算找到乐子了，他们认为，在这次神秘的飞机失事背后，必然有一股邪恶势力。

1998年，在那架飞机消失了半个多世纪后，有两位阿根廷登

1　1英里≈1.61千米。下文中的1节=1.852千米/小时。——编注

山者进入安第斯山脉，来到一处海拔15 000英尺的冰川，发现一些飞机发动机的碎片从冰川里伸了出来。他们发现的正是“星尘号”的残骸。阴谋论者们当然没有就此放弃，关于这起事故的起因，还有很多说法环绕着安第斯之巅。但是，关于1947年那天到底发生了什么，人们至少达成了一个共识：是一阵风葬送了那架飞机。这股风名叫急流，“星尘号”的机组人员对它知之甚少。

在“星尘号”的时代，关于急流的科学认识还在起步阶段，难怪飞行员起飞的时候不会考虑这个因素。他们飞进了一股逆风，风力的强劲超乎他们的想象。周围都是云，意味着他们看不清自己的位置。不过这是常态，他们照常使用航位推算法给自己定位，重复这套做过上百遍的步骤。他们通过计算得出，飞机已经安全地飞越了安第斯山脉的顶峰，便开始朝着圣地亚哥降落。不幸的是，因为他们遇上了强劲的逆风，所以他们的飞行距离远远小于他们的计算结果。飞机尚未飞越顶峰，还在阿根廷境内，于是在降落之后，一头撞到了山上。

急流是一种海拔高、速度快、方向曲折的风，整体风向是由西向东的。它像一条湍急的空中河流，中间部分比边缘更宽、更浅、流速更快。它们形成于极冷气团和极暖气团的交界处。北半球有两条急流，分别是副热带急流和极地急流。

急流的确切内部结构和外在表现都非常复杂，我们不用研究那么深，也能够理解这些风带来的天气征兆。其实，急流的科学研究历史不长，气象学家们对于很多细节颇有争议。月亮会对急流造成较大影响吗？有可能。复杂的问题就留给科学家去琢磨，我们只要理解急流的基本原理就够了。

急流自西向东延伸，位置飘忽不定，或偏南或偏北。它们的风向蜿蜒曲折，可能从东南偏南变成西北偏北，也可能从西南偏南变成东北偏北，但整体沿着自西向东的路线前进。

在北温带地区，急流的位置总是能揭示出一些未来天气的状况。我们可以把急流想象成一条线，从一个天气区延伸到另一个天气区。也就是说，如果这条线飘过我们的头顶，那我们肯定位于两个天气区的交界处。这种情况下，天气状况不太可能保持稳定。因此，急流是一个早期征兆，意味着它们带来的低气压系统和坏天气正在接近中。其实，急流是天气变化发出的最早一批信号之一。

急流位于几千米高的空中，且和所有的风一样是不可见的。但它也会留下痕迹，可以在高空的云中找到。急流会形成一种独特的卷云。单独的一片卷云可以揭示风向，比如前文中提到的钩卷云，它可以指示小范围内风速和风向的变化。但如果高空中出现急流，卷云的模式就会发生剧变，空中会出现很长的条状卷云。我把它们叫作“急流条状云”。只要你懂得去找，它们就不难被发现，但依然很容易被看漏。卷云的位置太高、太薄，哪怕它们遮住了一大片天空，也不会挡住阳光或在地上投下阴影。

如果空中有长条状卷云，并且通常是从天空的一头横跨到另一头，那这就是急流产生的卷云。这种云的主要特征是呈线形，除此之外，还会出现许多附加图案，比如人们喜闻乐见的一条“脊椎骨”上伸出很多“鱼刺”的样子。有时“脊椎骨”很宽很厚，有时浓厚的带状云能有好几条，有时只能看出几条淡淡的细线。不管你看到的次要特征是什么样，只要认准条状云横跨天空这个关键指标就可以了。

急流条状云位于正上方时，看起来可能像被拉得很长的逗号形卷云，只不过前者在空中的覆盖面积要大得多。逗号形卷云的头部看上去不比一只伸出来的拳头更大（约10度），但急流条状云的延伸范围能超过半个天空。急流条状云的线条不都是平行的，但它们都被同一阵高速、高海拔的风拉长，所以延伸方向会有一个特定趋势。这个趋势通常是自西向东，但如果风曲折多变，云也可能出现较大的方向偏离。

另外一个观察因素是云的速度。所有卷云看起来都移动缓慢，但这其实是高海拔造成的一个假象。一辆时速100英里的汽车，如果行驶在遥远的半山腰上，看起来也会显得很慢。卷云都位于高层大气中，它们的速度都快得像疾风一样。不过，卷云当中也存在速度差异，当急流吹过城市上空时，卷云的移动速度就会显著加快。

光看卷云本身，是很难估测它的速度的，我们需要一个静止的参照物。卷云几乎无色透明，所以参照物可以从前景里选，也可以从背景里选；只要这个东西是静止的，就可以用来参照。比如月亮和星星，相比之下，太阳太过于刺眼了。可以选一棵高树上凸出的树枝（比较粗壮的树枝，不要找随风摇摆的树叶和小树枝）、电线，甚至是城市里高层建筑的棱角。要集中精力观察云的某个特定部分，这一点很重要。不要试图估测一大团云的整体运动，而是从中挑选一个特征追踪观察，这样才准确。

用这种方式观察包括逗号形卷云在内的大部分卷云，会发现它们似乎都在朝着一个恒定的方向缓缓移动。一旦接受了这个慢速设定，你就会发现急流条状云其实不曾停留。它属于移动最快的云之一，哪怕它是“远山上的汽车”，你也能感觉到它迅速飘过参照物，“发动机”一路上咆哮个不停。

那线条形状又意味着什么呢？这说明急流基本上位于你的正上方。也就是说，在接下来的12个小时内，风力可能增强，紧随其后的是低气压系统和锋过境。等着暖锋在24个小时内过境吧。如果云的线条笔直地从西北方延伸至东南方，暖锋过境的可能性就更大了。

交叉的卷云

花些时间观察卷云的移动，估测它的速度，不久你就会注意到空中有这样一种景象：两层方向迥异的卷云重叠在一起。这是一个天赐良机，让你能观察到不同海拔上不同的风。

我们可以通过上述方法，观察不同层面上的云，把握风的动向。只需要短短的一瞥，你就能看出卷云的大概形状。它的线条是平行的还是交叉的？空中的交叉线条很容易脱颖而出，根据这个线索可以立刻得出，这两个层面上的风存在巨大的差异。如果风向明显不同，云的线条就会交叉。

这个原理和钩卷云的成因差不多，只不过它更清晰、更简单。如果不同海拔上的风方向相同，那么接下来会是一阵子好天气。如果风向差异显著，天气可能恶化。“看到交叉云，赶紧关天窗。”（If you see the cross-hatch, soon time to close the hatch.）

冷锋卷云

暴风雨云的顶部由冰晶组成。随着巨大的积雨云成形和消亡，顶层的冰晶可能脱落，形成独立的卷云。这种卷云比其他卷云更厚、更像棉花糖，比暴风雨云更持久。母云消失之后，它们还会存续很长时间。在暴风雨的下风处，隔着老远的距离就能看到冰晶脱落、独立形成的卷云。

冷锋可是出了名的紊乱和不稳定。有时候，大气条件不足以形成暴风雨，但足够形成很高的云。云顶越高，顶部越有可能变成冰晶。冷锋过境后，空中经常可以见到有卷云形成。

上述这种卷云是在冷锋过境和暴风雨过后出现的，之所以强调这一点，是为了防止有人一不小心把它们当成未来天气的征兆。它们只是原本更大、更早的云留下的残骸，认识到这一点，你就不难把它们看作某种天气已经过去的信号，而不是又一场暴风雨的预警。其实，它可以作为冷锋过境末期的信号，预示着晴朗、凉爽的天气即将到来。

天空的“不经意动作”

玩游戏的时候，人们乐于表露出自己的真实心态，尤其是在占了上风的时候——想象一下，玩大富翁桌游时，一个玩家要建设新旅馆，把那个红色塑料房子摆上去，心里该有多得意。但是打扑克的时候，老到的玩家都懂得隐藏实力。只有想方设法让其他玩家以为自己没什么好牌，对手才会上当，以为自己赢定了。再优秀的扑克玩家也是人，只要是人，就很难压制强烈的情感。不管我们再怎么努力掩饰，强烈的情绪还是会通过各种方式泄露出来，比如下意识的举动、肌肉痉挛和小怪癖。职业扑克选手连老手的肌肉痉挛都看得出来。如果一个人下筹码的动作过于漫不经心，说明这手牌最好不要跟。在克制的面部表情背后，那些暴露真相的小习惯被称作“不经意动作”。

雨层云——一层会下雨的毯子，能带来几个小时的稳定降水。雨层云很少出现在晴空中，它通常跟在一系列其他云之后出现。如果你恰好发现雨层云正在接近，并看到阴沉沉的灰色云层上方有纤薄的白色卷云，那就要小心了！这说明云层中藏着既高大又不稳定的云，可能会带来暴风雨。雨层云只会一成不变地下雨，不会带来什么极端天气，但雨层云之上的卷云说明它还留了一手。你可以预见到天至少会下非常大的雨，刮非常大的风，还很有可能下暴风雨和冰雹。这就是高空中卷云的“不经意动作”。

卷云和它的伙伴们

卷云的形状和图案并不能构成完整的天气预报，但它们做好了铺垫，提供了强有力的线索，告诉你接下来该关注些什么。它们是天气的使者。举例来说，马尾形卷云和急流卷云一出现，我们就可以怀疑低气压系统正在接近，促使我们在接下来几个小时的时间里密切关注任何新云种的出现和风向的变化。就像上文中提到过的，卷云之后出现卷层云，意味着暖锋即将过境。

就算新云种还没出现，你也可以观察卷云本身的变化趋势。如果天气要变坏，那么不论是卷云还是其他大部分云，它们覆盖天空的面积都会变大，云体也会变厚。卷云的高度可能也会下降，但它们始终位于对流层的高层。所以比起高度，还是它们的大小和形状更容易观察。

航迹云

客机的飞行高度和卷云一样，位于对流层的高层。飞机的喷射发动机排出的尾气中含有大量水蒸气，以及很多微小的颗粒。以这些小颗粒为核心，水蒸气刚好能够凝结成小水滴。这正是形成云的完美配方。

看看那些划过头顶的喷气式飞机，你会发现，它们身后有时会留下长长的、笔直的白线，有时则不会。那些长长的白线就是飞机产生的云，叫作航迹云。

航迹云又叫“凝结尾迹”，这个名字里就隐藏着一条线索。在飞机飞行的高度里，经常能够形成卷云，但有时候能形成航迹云，有时候却不能，从侧面反映了那个高度大气的湿度和风的情况。

观察航迹云的最好方法，不是看它有没有出现，而是看它能维持多久。最好假设每一架飞机都会产生航迹云，只不过有的航迹云瞬间就消失了，有的却能维持很长一段时间。航迹云维持时间长，说明空气潮湿；航迹云瞬间消失，说明空气干燥。

如果晴朗的天空中本没有航迹云，但渐渐地，越来越多的白线出现在头顶上，那么这种趋势就是一个明确的征兆，说明大气的湿度正在上升，而湿度上升是暖锋接近的迹象。暖锋过境前，空中会飘满普通的卷云，航迹云的大量出现也是一模一样的原理。飞机的尾气是个催化剂，是促使云形成的临门一脚。

如果条件理想，航迹云坚持半个小时不在话下。有的航迹云不仅能维持很长时间，还会变大、变宽，扩散开来。这是一个明确的征兆，说明大气接近饱和；这也是一个强烈的暗示，说明潮湿的天气就要到来。如果航迹云横跨整个天空，那就仔细找找，空中是否有其他自然形成的卷云？答案是，空中很有可能已经飘着几片卷云。可想而知，卷云的数量会继续明显增加，渐渐地布满天空，直到卷层云薄薄的白纱笼罩了整个天空。天就要下雨了。

刚开始观察的时候，很多人觉得航迹云是个非此即彼的现象：晴空中要么有它，要么没有。但我建议你观察得更敏锐些。其实空中经常出现很短的航迹云；停下来，估测一下它们的长度。朝空中伸直一只手臂，握紧拳头。在1小时的时间里，如果航迹云的长度从一个拳头拉长到两个拳头，然后拉长到三个拳头那么长，那就意味着你在高调的白线映入所有人眼帘之前，率先注意到了大气的变化过程。

锋过境前，粗大的航迹云可以看作是一个提前24小时的预警。如果你养成习惯，去观察航迹云的长度变化，你就能更敏感地把握空气湿度的变化，提前36个小时获得锋的过境预警。

每一片航迹云的形状都不一样。刚形成的时候，航迹云看起来通常都是两条一组的白线。这不是因为飞机有两个发动机，而是因为流过机翼的空气会在翼尖旋转形成旋涡。旋涡把航迹云扯成了两条分开的线，它们很快就又会融合在一起。

刚形成的航迹云整齐又匀称，就像有人用白色笔和直尺在蓝纸上画了道正襟危坐的线，但它很快就会放松下来。直线形的云很好观察，因为哪怕它们只发生了丝毫变化，我们也能一眼看出来。尽管航迹云的整体形态是线形的，它们依然能反映出高空的每一阵小湍流。飞机翼尖产生的旋涡让航迹云的边缘呈锯齿状，就像城墙上的垛口一样。

军用飞机设计师一点都不喜欢航迹云。他们追赶着彼此的军事水平，又是测试最新雷达、热力系统、卫星、隐形技术，又是利用各种花里胡哨的技术，把身价十个亿的飞机送上天，却看着它们在空中划出了一条条肥大的白线，这可不是让人有点沮丧吗！

耗散尾迹

云是很脆弱的。它们需要合适的条件才能形成，也需要合适的条件才能不消散。当喷气式飞机从任何一种云里穿过时，它都会瞬间把周围的一切搅得一团糟。飞机不仅留下一股高速旋转的湍流，发动机里还喷出一大股热气。对于大部分云来说，这种程度的混乱不算什么，但高空云大都太脆弱，承受不了，便会破碎开来。这种情况下，空中会出现一种和航迹云相反的现象，叫作耗散尾迹，是云彩中一条透出蓝天的细线。耗散尾迹和航迹云一样，通常在飞机飞过的地方形成。

只要飞机在固定的高度巡航，云层还在受到扰动，耗散尾迹就可以拉得很长。还有一种可能的情况是，飞机在云层中爬升，把云层融出了一个洞，有人把它叫作穿洞云，就像香烟在绸缎上烫了个洞一样。

落幡洞云

有时，云层被冲破一个洞以后，被撕裂的碎片云又聚在一起，形成了一片新的云。如果飞机穿过的是高积云这类云，云中湿度很大，且接近冰点，飞机的经过就会导致冰晶产生，冰晶脱离云体下落，就在云上留下了一个洞。这会形成一幅美丽的景象：云层中有一个洞，里面望得见蓝天，还看得见羽毛般轻飘飘的落幡。

两种鱼鳞天

“鱼鳞天，鱼鳞天，晴天晴不久，雨天雨不长。”（Mackerel sky, mackerel sky, never long wet and never long dry.）这则天气俗语的说法相当含糊。一个天气征兆，应该要告诉我们接下来天气是否好转的确切信息。要不然，这个征兆有什么用呢?

接下来，我们来把鱼鳞天这回事讲讲清楚，不过这个征兆有两层解读方式。第一层是基础解读，只要按照规律来就不会错。这个规律是这样的：高空中有一朵云，只要它从某个角度看起来能算是鱼鳞状，那就说明天气有可能在短期内发生变化。

第二层解读就要求我们充分调动观察能力了，要对观察目标和相应的含义都心中有数才行。有两种完全不同的云都可以算作“呈鱼鳞状”，因为每个人心中有不同的鱼鳞形。我们得学会区分这两种类型。因为它们属于不同的云种，所蕴含的天气信息也不一样。

说起鱼鳞天，人们心中会浮现出两种不同的印象。有些人会想到一系列近乎平行的粗线条，就像天空中铺开了一条条斑马线；有些人更容易想到斑驳的云片。把这两种情况叫作鱼鳞天都不算错，因为不同的鱼有不一样的鱼鳞，鱼有很多种，鱼鳞的形状除了这两种也还有很多种。只要我们能够区分这两种鱼鳞天，就可以有把握地解读其中的天气含义。

卷积云是一种高空中的云（卷状云），它由很多蓬松的小朵对流云（积状云）组成。伸出一只手指向天空，卷积云里的单朵小云还没有指尖大，所以被卷积云覆盖的天空看起来很斑驳。和其他卷云一样，卷积云位于低云之上的高空中，不太引人注意，我们得留心去寻找。卷积云也和其他卷云一样，有很多不同的图案，但这里我们要找的是波浪形卷积云。简而言之，我们要在高空中寻找波浪形的、斑驳的云毯。这种类型的卷积云出现，意味着锋将在12小时内过境。

坏天气到来之前，卷积云会形成一些美得令人震撼的朝霞和晚霞。

那些看起来更厚实的鱼鳞云，有时候也会呈现出波浪形图案。这种云很有可能是高积云，交错的蓝白条也可以被称为“鱼鳞状”。它和卷积云看起来相当不一样。要区分这两种云，就得看它们的大小和形状。高积云看起来更厚实、更大、更密、更浓。影子测试是一个很好用的方法。当你看到波浪形的云时，问问自己，这些云能在地面投下影子吗？或者换个问法：这些云飘过太阳跟前时，会导致阳光忽明忽暗吗？如果答案是否定的，那你看到的可能是卷积云；如果答案是肯定的，那你看到的可能是高积云。

波浪形的高积云意味着风切变。这说明接下来的天气肯定会改变，变好和变坏的可能性一半一半。光看这种高积云，还没办法判断天气的变化趋势。要做到这一点，不仅需要借助其他云的帮助——比如天上还有没有卷云，还要对风的变化进行监测。

云 街

平行的一道道积云和鱼鳞天不是一回事儿。平行排列的积云的位置比鱼鳞天低得多，不难区分。如果你还是拿不准，那就记住一点，云街的延伸方向和风向是平行的，而两种鱼鳞天的方向和风向都是垂直相交的，就像海浪一样。

上升的暖空气形成了一朵朵积云，当它和正在下降的冷空气以一种非常有规律的方式相遇时，云街就形成了。如果这个过程发生在温暖地区的下风处，就会形成明显的一道道云；如果发生在相对凉爽区域的下风处，就会带来晴朗的蓝天。当云的影子恰好投射到凉爽区域时，云街最有可能形成。因为这会加剧凉爽表面和温暖表面的差异。

云街飘来的方向和云街所在高度的风向一致。云街的线条要么指向海岸，要么指向别的有趣的热源。

云街之间缝隙的宽度通常是高度的2到3倍。

荚状高积云

有一次看天的时候，我竟然有了透视建筑物的体验，仿佛建筑不存在一样。那是我去西班牙南部探亲的时候，决定去顺便探索一下海边小镇塔里法。这座小镇的风很有名。来自世界各地的风筝爱好者聚集在这里，空中飘满了他们五彩斑斓的风筝。他们用来放风筝的那股风，我用自己的脸也感受过了，我们稍后再讲它的成因。不过提到塔里法的时候，我想到的却是云。我沿着沙滩散步，一转身，就看到在灰头土脸的度假村建筑之上，有一团弧线形的、层层叠叠的云，就像雕塑一样。我马上认出了我的这位老朋友。那一刻，我觉得建筑物仿佛不存在，我看到了建筑物之后的群山。

风吹过高地的时候，一定会发生颠簸。它可以猛然上升、越过峰顶，也可以从山峰两边绕过去，还可以呈漏斗状沉入谷底。如果空气爬升，翻过山顶，然后在山的另一边下降，就会形成一种像过山车一样的风，叫作地形波。当然，用肉眼是看不见地形波的，但只要空气被抬升、温度降低，云就更有可能形成。

在地形波的波峰，空气的降温幅度最大，最有可能形成荚状高积云。荚状高积云通常呈透镜状，但有时候看起来也像盘子，甚至是飞碟。随你怎么叫，反正它们都是平滑的、薄饼状的圆形，这一点肯定不会错。这是一个独特的征兆，说明云下方有高地。我个人很喜欢荚状高积云，主要出于以下三个原因：它们很好识别；它们给出的信号很直接、很明确；而且它们很好看。

荚状高积云出现在山的下风处，它们因风而生，但不跟着风一起飘走。这是因为形成荚状高积云的风——地形波是一种“驻波”。空气迅速地流经峰顶，但它们形成的形状却是静止不变的。这是自然界中非常常见的一个特征，值得我们在这里偏离一下主题，带大家稍微多了解一下这种现象。

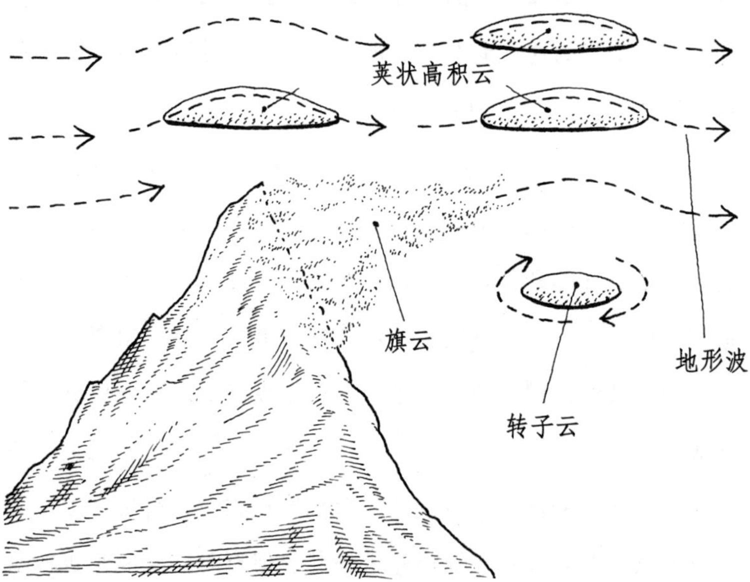

小溪里的浅水流过卵石时，石头的下游会出现很多小波纹。如果水流保持恒定，小水波也会维持初始的形状和位置，但水本身还在继续流动。

假设你横跨在小溪上，认真观察水中一片静止的小水波。然后，拿点红色的食用染料，往小水波的上游滴几滴。染料漂在水面上，漂过卵石，流进你正在观察的小水波，毫不犹豫地继续流向下游去了。尽管小水波看起来是静止的，但水的确是流动的，红染料的确流过了小水波。

但是，如果你朝卵石和小水波的上游扔一块大石头，减缓水流的流速，就会发现小水波立即消失了。因为你扰乱了形成小水波的水流。可是，这和我们观察荚状高积云有什么关系呢？因为风的变化对荚状高积云影响很大，就像水流的变化对小水波影响很大一样，因此，荚状高积云能反映风的状况。天气条件有明显改变时，风不可能不变，也就是说，荚状高积云要么也发生相应的变化，要么随之消散。

荚状高积云成排出现，说明下方可能有一排山峰，不过也不一定。一座单独的山峰也能凭一己之力造成波浪状的风，这种情况下，每个波峰的位置都有可能出现一朵云。

有时，浅盘子状的荚状高积云会竖着摞成一摞，这种现象相当常见。但显然，这并不意味着云下方的山峰也摞在了一起。层层叠叠的荚状高积云说明潮湿的空气层和干燥的空气层交替出现。先是一层潮湿的空气中出现第一片荚状云，它上方是一层干燥的空气形成一个空当，再往上又是一层潮湿的空气，以此类推。有时候，荚状高积云能叠到六片，不过这种情况非常罕见。法国人给这种现象起了个好名字，叫作pile d’assiettes，意思是“一摞盘子”。

只有在大气情况稳定、风力强劲且恒定的情况下，荚状高积云才会形成。它说明山上可能风挺大，但接下来的天气应该会不错。最大型的荚状高积云可能会下一点小雪或小雨，但是不等它带来真正的恶劣天气，它早就发生剧变或者干脆消散了。

只要条件适宜，每一座山顶都有可能出现荚状高积云。

转子云

任何流体流过障碍物的时候，都会出现湍流。小溪里插进一根小树枝，壶嘴里冒出蒸汽，山的下风处形成云，这些场景里都可以观察到湍流。第九章中提到的反向雪堆的形成，也是一种湍流现象。

被卷入湍流的风，会翻个跟头吹回山的方向，这种情况下，转子云就会出现在高地的下风处。从它的名字就可以看出，转子云是旋转的风造成的，高处的风本身不可见，但转子云暴露了背风的一侧。转子云的形状和形式各异，通常是以歪歪扭扭的积云形式出现。这取决于旋转的风中哪部分能被冷却到足以凝结成云。

如果在山区发现一朵形状奇特的云，那就朝风吹来的方向看看，你应该能发现导致旋转的风产生的山顶。飞行员必须认识这种云，它意味着附近的风会对飞机的安全造成极大威胁。

旗　云

在多山地区，你还能见到这样一种云：它从山顶峰的一侧延伸开来，逐渐消散，这就是旗云。我第一次见到旗云是在阿尔卑斯山脉。我坚持认为，这不是山峰和云，而是一辆缓缓前行的蒸汽机车。

潮湿的空气吹到山顶上，就像撞上了一堵墙。空气没有立刻疏散开，而是暂时滞留在原来的路线上，与此同时，风还在吹来新的空气。这导致空气压缩，气压升高；而只要空气受到压缩，气温就会升高。

也就是说，在这阵风的下风处，一定有一片区域的空气正在持续流失，新的空气却没有及时补充进来。这导致了气压降低，空气膨胀，温度降低。现在，在山顶的上风处，空气温度略高；在山顶的下风处，空气温度略低。温度更低的下风处更容易形成云。风不断拉扯着云，形成了一种蒸汽逐渐消散般的外形，像一面旗帜一样，所以它被叫作旗云。

山峰越凸出，旗云就越容易形成。在瑞士，马特洪峰之上的旗云就很出名，可想而知，珠穆朗玛峰上也会有旗云。如果山脉是连绵起伏的，下风处就不会出现旗云。

旗云的出现，意味着它所在高度上的大气接近饱和。它的主要作用只是挥挥“旗子”，向我们展示出风的方向。这是一种形状简单、含义也简单的云。

汤里的云学问

日光辐射造成的地面升温，只会对最低层大气造成显著影响。紧贴地面的那一层受到的影响最大，和上方的大气情况不同。前者叫作大气边界层，它在一天之内会经历巨大的温差、湿度差和地方性风的变化。

想象一下，我们把一锅汤放在燃气灶上，不去搅拌它。尽管如此，锅底也在发生剧烈的变化：温度飙升，气泡开始形成；汤的表面依然平静，汤底却已经出现了湍流。日复一日，太阳光炙烤着大地，就像一个燃气灶一样，汤的最底层已经开始翻腾，但高空的对流层还没什么大动静。到了夜晚，地面向空中辐射出热量，最底层的大气也会跟着地面经历最极端的降温。打个不恰当的比方，就像每天晚上你把汤锅从燃气灶上拿下来，放进冰箱里一样。

为什么打这个比方呢？因为在每个白天和黑夜，紧贴着地面的那一层大气都有自己的变化规律。最底层和其他层大气的温度、湿度和风都会有所不同。天亮以后，最底层的大气会渐渐膨胀得越来越厚，天黑以后又开始收缩。一个寒冷的夜晚过后，大气边界层可以收缩到约100米厚；一个炎热的白天过后，大气边界层又可以膨胀到约2千米厚。气候越温暖的地区，大气边界层越厚：在热带，它可达2千米厚；而在北极，它极有可能只有约50米厚。大气边界层是不可见的，但你可以通过几个特定的征兆来观察它。低云的云底通常标示着大气边界层的顶部。如果你注意到低空中有积云飘过，且它们云顶圆润、云底平坦，那么平坦的云底就为你标示出了大气层的分界线。

分界线处的气温常呈现逐渐变暖的梯度变化。前文中提到过，当暖空气位于冷空气之上时，大气状态稳定，这种状态叫作覆盖逆温。这时，烟、尘和湿气都会被困在底层。当你站在高处向下望，发现地面明显覆盖着一层烟、尘或雾蒙蒙的空气，那就说明它们被困在了大气分界层以内。走到下面这层去，你会感觉天气发生了翻天覆地的变化。覆盖逆温现象最常出现在清晨，此时，地面已经把自己的热量辐射出去，而地面附近的最底层空气也跟着急剧降温。

我建议大家养成习惯，抓住每一个机会，去留意低云的云底位于什么样的高度，雾气、烟和含尘空气能飘到多高，记住，这就是那锅汤的表面，它上下两侧的天气不一样。身处大气边界层，仰望空中位置最低的云，你会发现，它们的移动方向和你所感受到的风向相似，但又有点儿不同。

层层叠叠的毯子：层积云

在这一章的最后，我们来认识一下层积云。层积云是天空中最常见的一种云，为什么不早点介绍它呢？因为它有点儿单调，作为一个天气征兆也有点乏味。

层积云是一种低空云，由大片的白色和灰色团块组成。从它的名字就可以看出，这是一种层状云，但也带有积状云的属性。当层云散开，或大量积云在上升过程中遇到极其稳定的大气层时，层积云就会形成。上升的云都止步于同一个海拔高度，说明上层的空气很干燥，或者空中有一个逆温层。层积云常见于洋面之上，通常能覆盖住大半片天空。

这种类型的云有点烦，它既不是完美的积云，也不是完美的层云。层积云很常见，但这个名字是一顶大帽子，能扣在很多种长得差不多的云头上。层积云出现时，最底层的大气显然是不稳定的，只不过再往上就被极度稳定的大气笼罩。这个征兆很好理解：层积云说明大气状况稳定，接下来的天气状况也稳定，12个小时内都不太可能发生变化。天不太可能下雨，风也会比较柔和。

要摸清这种云的脾气，有一个诀窍：只要是毯子一样层层叠叠的云，哪怕是毯子状的悬球状云也是一样，都意味着天气不会发生急剧变化。

所有层状云都会对气温产生显著影响。在夜晚和冬天，它们就像羊毛毯一样可以保暖；在夏天，它们可以隔热。层积云是一种起弱化作用的云。它们可以削弱其他天气现象的效果：天上有层状云的时候，地上不太可能结霜或者产生热浪。

如果一个人站在漫天的层积云下面，问你天气怎么样，标准答案是："就那样。"

第十二章　小插曲：追寻天气征兆之旅

2019年5月的一天，我正在躲避阵阵狂风和刺得脸生疼的沙。我身处阿联酋的沙迦沙漠，缩在黑乎乎的岩石之间，目光正沿着一处陡峭的石坡向下窥探。在我下方约100英尺的地方，我朋友的朋友阿卜杜勒坐在一辆开着空调的丰田兰德酷路泽里，等待着肆虐的沙飑吹过，这才是明智的做法。我更用力地往石缝里挤了挤，不是为了躲风，而是为了躲阿卜杜勒。

一来到他的视线之外，我就高兴地掏出保温杯，大口大口地喝起水来。现在正值斋月，从黎明到黄昏这段时间里，阿卜杜勒不吃任何东西，也不喝一口水。本着入乡随俗的原则，白天我们一起行动的时候，我完全可以不带任何食物——身处沙漠的热浪之中，你会惊讶地发现，你根本不会想吃东西。不过，带不带水就是另外一回事了。我不可能不喝水。

在斋月里，尽量趁白天休息个够，因为在不吃也不喝的情况下，最好不要过度劳累。阿卜杜勒愿意开车带我去我想去的地方，已经算仁至义尽了。但是为了保证身体不缺水，他需要尽可能地节省精力、避开高温。他并没有这样跟我说，也没有丝毫抱怨，但事实显然如此。

我的这趟小小的沙漠之旅，当然不可能毫不费力。我想了这样一个办法：我们开空调车舒舒服服地去，一旦我发现需要调查的东西，就请阿卜杜勒把车子停下来，然后我下车走进凶猛的热浪，冒险前进。一旦走出阿卜杜勒的视线，我就掏出水壶痛饮，然后扯出我的笔记本开始工作。

比如这次下车，就是因为我发现岩石上有一些奇异的花纹。黑色的岩石上交织着白色的纹理。这种花纹还算常见，但眼前这一处白色纹理特别闪耀、特别鲜明，黑白镶嵌的样子就像沙漠里的一颗明珠，吸引着我过去观察。走近一看，花纹果然更神奇了。它就像杰克逊·波洛克没喝酒时画的画，展现了混乱表象之下的完美秩序。这样的事物通常都很美丽。我给这块石头拍了照片、画了速写，又喝了几口水，等待着风平息下来。

波洛克这个比方也许打得很恰当。第一眼看到波洛克的画作时，大部分人都看不出什么结构或意义，感觉欣赏不了。我也不例外。对于那些高端深奥的画作解读，我至今持怀疑态度，但听说他的画作是分形图案以后，我改变了观点。从波洛克的画作中任选一块，范围可大可小，把画面的局部放大，你会发现放大后的图案和放大前一样。有一次，我亲自前往纽约现代艺术博物馆，在暴躁的人群中扒出一条路来，只为更近地看一眼波洛克的画。不过，看完之后，我还是不确定它到底是不是分形。假如它是真的，那就说明画作中不仅存在着秩序和意义，而且这种秩序和意义还贯穿始终、深度渗透。这种情况在自然界里也经常出现。一棵树在风中摇摆，乍一看形状可能是含糊不清的，像绿色的白噪声。但更仔细地观察一下，你就会发现其中的秩序：首先是树冠的形状，其次是大树枝的图案，然后是小树枝、树叶、锯齿状的叶缘、叶脉、颜色，甚至是声音。

岩石上的图案让我看得入了迷，我决定破解其中的含义。与此同时，我想到阿卜杜勒还在下面等我，又产生一种负罪感。我经常感觉到这种不舒服的矛盾：仅仅是因为我的好奇心，就有人要忍受更大的饥渴，这合理吗？

接着，我发现在东边富查伊拉酋长国境内的山脉上，出现了一些不同寻常的迹象。这回是在空中。这正是我期盼已久却在意料之外的征兆。

我手忙脚乱地爬下岩石，回到沙丘上，用一点儿也不优雅的姿势穿过沙地，跑到车旁。我一边钻进车里，一边试图挡住身后的风沙，转向阿卜杜勒。

“好了，可以了。咱们走吧。”

“去哪儿？”

“去找雨！”

在这个地区，一年只会下五场雨，而且几乎从没在5月里下过。但是我有信心。因为空中出现了一些势不可挡的征兆。

我在迪拜工作的时候，听说几天前下过了阵雨。我透过城市的彩色玻璃窗，隐约看见海岸那边的云正在长高，云顶向内陆方向延伸了过来。天气预报说，有潮湿的气团正在从海边飘向陆地，这和我的观察正好吻合。我到处打听，想问问旁人有没有在哪里见到了雨，可得到的回答却是千篇一律的不知道。我心里自有推断，但当地情报的有无，很有可能决定了我是满载而归还是一无所获。所以，我想找个熟悉土地和天空的人谈谈。

经常有人问我，你是怎么接触到这些乡土智慧的？很多人对这方面感兴趣，但这些东西并没有文献记载，甚至连网上也搜不到，大家就不知道去哪里找了。其实，这是一个循序渐进的过程。“六度分隔理论”提出，要联系到一个陌生人，最多只需要通过在社交网络中的六个人就可以。这个理论说的是我们在真实生活中认识的人，而不是在网上互相点赞的人。不管在什么地方，要联系到那些了解传统的人，方法总是差不多。

你问的第一个人，可能根本就不知道你想要什么，也没弄懂你的问题。但他可以把你介绍给第二个人，这个人也许能明白你想问什么。他不知道问题的答案，但他认识的第三个人可能知道。如果第三个人不知道，那么他认识的第四个人有可能知道，以此类推。这是个笨办法，但很有效。就这样，我找到了一位名叫穆罕默德的贝都因老人，约他在沙漠里见一面。我的计划很随缘。我会先试着进入沙漠去找雨，不管最后我找没找到，都会在结束后去见穆罕默德一面。这个计划相当粗略，好在阿卜杜勒答应帮忙。

车里的温度计显示，外面的气温高达35摄氏度。可我们出发的时候还早，城市被我们甩在身后，眼前的山变得越来越高大。阿卜杜勒解释说，海岸和岛屿之间温差很大，不亚于海拔的变化造成的温差。在邻近阿曼边境的杰布哈费特（意为“空山”）山上，气温能比山下低25摄氏度。他提到这座山海拔刚过1 200米，山上和山下存在温差，是因为太阳炙烤着大地，地面升温后，靠近地面的空气也跟着升温了。

在沙漠中有水的几个区域，水对小气候的影响非常明显。水的温度比沙子低，所以水上方和水周围的气温也更低。有了水植物就能生长，植物的温度也比沙子更低。有了水、绿色植物和凉爽的空气，动物们就会聚集在这里。在迪拜城市区靠近沙漠的那一头，有两个人工湖，附近的空气很凉爽，吸引了当地人纷纷来乘凉。这两个湖被做成了心形，名叫爱心湖，真不愧是典型的迪拜式审美，低调低调。

我们加速经过了骆驼医院和骆驼比赛场。阿卜杜勒说，骆驼奔跑的速度高达65千米每小时，这样的骆驼可以卖出超过100万美元的价格。据我所知，所有文化中都存在着某种形式的“赌马”，赌哪只动物最快或最强。在迪拜，赌骆驼比赌马更合适。大约10年前，在阿治曼酋长国，我去过一处位于沙漠中的赛马训练设施，那儿自带一个马儿专用游泳池，这听起来很不可思议，但很符合现代阿拉伯人的作风。

很快，我们就沿路开进了沙漠。路两边各有一排灌木，每排灌木两侧的沙子颜色都不一样。阿卜杜勒的说法让我更加坚信自己的判断：这些灌木是人工种植的防风林，一年到头都有人浇灌。在高纬度地区，道路容易因为积雪而受损，所以人们造起了防风林。在加拿大，防风林的配置不仅是一门艺术，还是一门科学。如果防风林种错了位置，在不该有背风区的地方制造出背风区，积雪问题就会变本加厉。因为这样一来，雪就会在路面上形成反向雪堆，反而增加了路面上的积雪。我很开心能在沙漠中亲眼见到这门艺术，并瞄到绿植的空隙中果然有反向沙堆。

路边的灌木扰乱了气流——虽说这正是人们种植它们的目的——造成了沙子颜色的差异。灌木丛上风处堆积起来的，是颜色更深、更红的沙子；而下风处堆积起来的，是颜色更浅、质量也更小的沙子。不仅仅是在沙漠里，在世界上任何一个有风吹起沙子的地方，你都能观察到这个现象。在非洲、亚洲、美洲、大洋洲，甚至是萨塞克斯郡我家附近的沙滩上，在路边，在石头两边，我都发现了不一样颜色的沙子。颜色浅的沙子质量更小，会落在障碍物的下风处。就沙子来说，颜色浅和质量小是一回事。

气温上升到了36摄氏度。阿卜杜勒跟我说，按照斋月历，今天是满月的日子。两天前才是满月，我感到很疑惑，但我没有反驳。坐在我旁边的这个人，可是为了我不吃不喝地开车进入了沙漠。他说哪天是满月，哪天就是满月。我们路过一座村庄，放慢车速，让一个骨瘦如柴的人过马路。这个瘦弱的男人手里举着一片棕榈叶，我以为这是他当扇子或遮阴用的。可是接下来，他却举起棕榈叶，用它去触碰树。阿卜杜勒说，他是在给路旁的棕榈树施肥。

在我的要求下，阿卜杜勒靠边停车，让我探索旁边的一小块高地。我离开车子，走上布满岩石的地面，打量着四周。能见度不错，我能看到很远处的阿尔艾因和沙迦酋长国，东南方向还看得到阿曼酋长国。不过，这还意味着空气非常干燥，对我找雨帮助不大。

太阳升起来了，阳光很毒。我的黑色笔记本封面被晒得发烫，快拿不住了。我在地上插了根棍子，在棍子影子的一头做了个标记。这是我的一个老习惯，这样一条细细长长的影子总是能给我带来意想不到的收获。我停下来仔细观察地面，让自己的眼睛适应了一下光线。原本亮得发白的地面，渐渐显现出了不同的色调。就在这时，我发现了一朵花。我循着它绿色的触须，赫然发现自己走进了一小片小黄花和绿叶之中。我一把抓起一根小树枝，兴奋地跑回车上给阿卜杜勒看，免得他再跑一趟。我满心期待着阿卜杜勒对此的看法。

“这里下过雨。”他说。

“真的吗？什么时候下的？”我的兴奋之情溢于言表。阿卜杜勒走向附近的另一块地，那里也长着我刚才见过的那种小花，但我之前没注意到。他低下头凑近看了看，说道：“几天前下的。”

这会儿，我几乎直接忽略掉了那片花田，不过阿卜杜勒也忽略掉了一些东西，他没有去辨认那种花，而是直奔其中的天气征兆，真是位难得的向导。通常情况下，会是我先发现一些反常的、不对称的或有趣的事物，并为了探究它的含义，去鉴定并进一步提出疑问，之后开展调查。我抑制住自己的喜悦之情，问了个和天气无关的问题，试图把事态引向正常。“这是什么花？你知道它叫什么名字吗？”

“它有很多名字。我们管它叫宾蒂花。”

后来，我查到这种花是蒺藜，在很多干旱地区很出名。旱季过后，只要迎来第一场雨，这种植物就会开花。也许是花的出现让我产生了这个念头，我觉得这里的空气的确比早上那会儿湿润，并且我认为这不是错觉。

我们回到车上，继续往前开。现在我们来到了真正意义上的沙漠，远远超过了人类用栏杆围起来的区域。我看到一块红色警示牌，上面用阿拉伯语和英语写着：请小心道路上的移动沙丘。我们在一座毗邻绿洲的村庄加了油。村里有树，还能听到阔别了好几个小时的鸟鸣。就连村里的商店也显示出这里有水、生命和相关副产品存在，有一家商店还有蜂蜜和蜜蜂出售。这时，木棍投在地上的影子已经很短了。气温是37摄氏度。

我再一次要求停车的时候，为了获得更好的视野，我爬上了高处。我高兴地发现，四面八方的能见度都很差。空中已经飘满了各种各样的积云，天气很闷热，空气中充满了水汽和灰尘。北边的山失去了早些时候的光辉，褪了色。我注意到，山脉的走向是从西北偏北到东南偏南；而在低洼处，本章开头我发现石头的那个斜坡，走向则是从西北到东南。我又插了根小木棍做标记，拍了拍障碍物下风处的沙子形成的“小尾巴”。看我对石头这么感兴趣，阿卜杜勒告诉我，当地的岩石区经常能感觉到地震，但周围其他区域却不会，因为震动被沙子吸收了。

我们穿过沙漠，来到海拔更高、岩石更多的地面，然后又开始下坡。开进一条沙丘链之前，我们停下来给轮胎放气，增加轮胎在深沙地中的抓地力。我用一块显眼的石头当简易路标，继续徒步向沙丘里走了差不多1个小时，迅速耗光了身上的水，然后折了回去。我感觉自己在围着这个视觉锚点兜圈子。由于不同规模的风对沙子的影响不同，沙子的图案在我面前呈现出一幅丰富得甚至过了头的“指南针”图景。一座全高50英尺的沙丘呈波浪形，大波浪之上又有小涟漪，散落的小石块还拖着一条条“小尾巴”。令人遗憾的是，我看到沙地中支棱着一个塑料瓶瓶口。不出所料，瓶口也延伸出一条苍白的“小尾巴”来。

我发现几棵整齐得有些异样的树，一股熟悉感扑面而来，这一定是骆驼啃出来的：树冠底部被“修剪”得整整齐齐，标出了骆驼啃得到的高度。登顶最后一座沙丘之前，我把水壶藏了起来。回到车上以后，我跟阿卜杜勒提起我找到的那几棵树。

“那是沙漠雪松。它们的汁液有毒，但和沙子混在一起，可以用来给骆驼的伤口杀菌。”

我回到了兰德酷路泽车内，气温是39摄氏度。我们继续向前开，然后我发现了那些夹带白色纹路的黑石头。

远处的积云充满活力地升了起来，每隔几秒形状就会发生变化。就是我正在注视的这些云，产生了那些夹带沙粒的狂风，让我不得不躲在花纹岩石的石缝里。站在远处，我能看到这一系列过程是如何发生的。

温暖、潮湿的空气从海边吹来，吹过沙漠平原。只要它所到之处是平坦的低地，它就只会带来一点轻微的闷热感，造成能见度下降。

到了下午早些时候，太阳光已经让地面充分受热，造成了一些小范围的热对流和不稳定空气，因此，沙漠上空飘起了几朵积云。如果所有条件就这么维持不变，天气也不会变。然而条件已经成熟，天气即将发生剧变。空中积蓄了满满的能量，迫不及待地要一展身手。小范围、小幅度的升温，只会形成不大不小的积云。如果积云要发展成高耸的雨云，还需要一个更大的诱因。这个诱因就是山。

积云的高度超过了宽度，说明空气又湿又热，状态不稳定

积云指出了怀特岛的位置；有一片卷云飘在锋的前面

低处的草地和树叶上结了一片白霜，但小路、竖直的草秆和木栏杆下面没有

蓟丛比草丛更能隔绝来自地面的热量，因此温度更低

一阵寒冷的雾从北方飘来，植物上结了雾凇。图中我们面朝西方

一块石头传导了来自地下的热量，融化了一片雪

山上一处茂密的树林上空，出现了一片阵雨云。云底可见破片云，说明阵雨已经下起来了

怀特岛上空，悬崖导致了一朵云的产生

逆温层降临，一座村庄上空出现扇形烟和霭，形成了一道分界线。线上和线下的体感天气会非常不一样

阳光融化了南边那一侧的积雪。图中我们面朝西方

只有在晴天和无云无树的地方，辐射雾才能形成

注意图中的雾滴。雾指出了河流的位置

一朵孤零零的积云暴露了拉夫伯勒的位置

布莱顿上空的钩卷云——马尾形卷云。第二天一早，锋就过境了

急流造成的条状云和微弱的晕。12 小时后，天开始下雨了

注意天空的“不经意动作”。层云上空的卷云预示着暴风雨

伦敦上空粗大的、正在扩散的航迹云。第二天，好天气就结束了

一架飞机搅乱了一片鱼鳞状卷积云，留下了一条长长的耗散尾迹。这个过程中产生的冰晶在下方重新形成了一道卷云

一片鱼鳞状的卷积云

空中飘着一朵荚状云，说明因弗内斯的街道后面藏着一座山

在沙迦沙漠里，大气开始变得不稳定，能见度下降。这张照片拍完几个小时以后，我就在那片山里找到了雨

针叶树树冠下的干燥区里几乎不长苔藓

在沙漠的山里找到了雨，笔者欣喜若狂

暖锋过境，空中下起了雨并形成霭。树冠呈楔形，说明这个地区的盛行风来自图中的左边（即西南方向）

雨和风加速通过树林的边缘，推倒了田里的一片麦子

在我家附近的树林里，蓝铃花最先开放的区域标志着最温暖的区域

泽西岛上空的阶梯型积云。风从图中的右上方吹向左下方

夏天，深色的陆地比浅色的海洋更温暖，因此，陆地上空的积云更厚、更浓

冬天，海面气温高于陆面，因此海面上空飘满了积云

鸟儿迎着风朝左站立，可树的形状说明盛行风是从右边吹来的，这意味着反常天气即将出现。在冬季高气压系统的影响下，一段温暖、晴朗的天气即将开始

不远处有三片暴风雨正在从右往左移动，它们从右向左分别是：生长期、成熟期和消散期的暴风雨

这片沙滩上下了两场雨。小狗的脚印出现在两场雨之前。大狗的脚印出现在两场雨之后。行人的脚印出现在第一场比较长的雨之后、第二场比较短的雨之前

冬季宁静、晴朗的夜晚过后，地面附近的空气温度非常低。路过的汽车溅起了水洼里的水，泼在树篱上结成了冰

不稳定的潮湿空气遇上山，被迫上升，然后膨胀并降温，水蒸气凝结，释放出更多热量。本来，被太阳晒烫的沙子释放的热量适中，形成了一些小型对流，导致空中出现蓬松的积云，刚好维持着一种均衡状态。但高地的出现打破了均衡。引爆炸药需要导火索，一场小爆炸足够引发一串相当大规模的连锁反应，而山坡就扮演了导火索的角色。我借助太阳判断了一下云和山的方位。

“咱们能去这里吗？”我在汽车引擎盖上铺开地图，用一根手指沿着我测定的方向划过，停在了山的上风处。

“能。”

一离开沙丘地带，我们就把车停下，给轮胎重新充上气。之后，我们便朝着我估测的位置出发，那里可能会有海洋性气团碰上山峰。在爬山的过程中，我们跨越边境，进入了哈伊马角酋长国的南部。不过，我对行政区划没什么兴趣，只要它不会挡路就行。

很快，我们就来到了海拔约300米的地方，路两旁有很多树，这是个好兆头，说明这里时不时会有水，要么是从天而降的，要么是从高处流下来的。坐在车里看，我也说不清是哪一种。突然，我们周围的天瞬间变了样。我让阿卜杜勒靠边停车，接着下车离开车道，走上了石头堆。两边都是山，我想找个遮挡更少的地方看天。

一阵凛冽的凉风吹来，这是近几天我第一次在户外感受到凉意。我站在一条宽阔、平缓的水沟沟底，抬头看天。天上的云变化太快，我的观察已经跟不上了，天色也在变暗。我听见干枯的树叶在岩石间沙沙作响，一片落叶飞舞起来，盘旋上升。我正在做笔记，突然感到一滴雨落在手背上。于是我摘下帽子，仰头望去，更多雨水落在了我的脸上。不一会儿，天上就下起了瓢泼大雨，山上响起了滚滚惊雷。地上的风一下子猛地向上扬起，一下子又猛扎下来，而天上的云移动方向则完全不同。雨水顺着我的鼻子流下，我赶紧把笔记本藏进背包。一股冰凉的雨水钻进我的后脖颈，我打了个寒战。

我欢呼起来，摘下帽子挥舞，然后跑回路上稍微高一点的地方，但不能跑太高。附近有闪电的时候，山顶很危险。但干旱地区下雨的时候，我也不喜欢待在沟里。与此有关的恐怖故事，我听过太多了。沙漠地区的暴风雨很罕见，但只要下雨，雨水就会汇入河床、峡谷和水沟，几秒钟的工夫，这些地方的水位就会暴涨。当地人从小就听着山洪暴发的故事长大，明白这有多危险，所以他们更小心。但游客们万万想不到，沙漠里的水竟然可以夺人性命。1904年，在阿尔及利亚境内的撒哈拉沙漠，瑞士探险家伊莎贝尔·埃伯哈特就在一场山洪暴发中遇难，尽管她有着丰富的沙漠旅行经验。

在回车上的途中，我又遇见了一些树，它们可不是靠这么几滴雨过活的：它们的根深埋在地下，靠山洪的浸泡来解渴。回到车上以后，温度计显示，外面的气温下降了8摄氏度，现在是31摄氏度。

我们的车向东穿越山脉，每行驶几英里，就能看到地面从湿透的乌黑色重新变得干燥。这说明不稳定气团四处流窜，把它的雨水倾泻在了不同的地方。在靠近海岸的地方，不起眼的暴风雨云刚刚形成，它们看上去就像正在膨胀的积云那样人畜无害。

按照原计划，晚上我在沙漠里的一个部落附近和穆罕默德见了一面。我们从阿卜杜勒的后备箱里拿出一张垫子，铺在沙地上，坐在上面。阿卜杜勒跟我说好，几个小时后会回来，然后他就把车开走了，轮胎在柔软的沙地上费劲地转动着。太阳落山了，白天的斋戒也结束了，我们用膳魔师保温杯喝了咖啡，吃了椰枣，然后一直聊天，直到最后一丝天光消失在地平线下。

我向穆罕默德表示了感谢，也解释了这场会面为什么让我这么高兴。我话还没说完，穆罕默德就打断了我。他说，如果我想穿越鲁卜哈利沙漠，一定要多带一倍数量的骆驼。“如果你觉得10头骆驼就够了，那就带20头。因为有些骆驼会死掉。”他一边说，一边舞动双手，身体却纹丝不动。“可以吃沙漠里的鱼，就是蜥蜴。它们在沙子里游泳。”

好几次我都试图解释，终于说清楚了我的目标没那么远大。我是一步一步慢慢解释的：首先，我指了指天上的星星，告诉穆罕默德我管它们叫什么，它们可以怎样为我指路。穆罕默德接上了这个话题，他的表情变了，他也告诉我他管这些星星叫什么名字，贝都因人如何用这些星星判断方向。对于他提到的这些方法，我并不陌生，因为方法是全世界通用的，只不过星星的名字不一样罢了。然后，我转移了话题，说起了天气谚语。我用“晚霞行千里”（red sky at night, shepherd’s delight）举了个例子。我不指望他对天气征兆感兴趣，但天气谚语作为牧羊人、天气和智慧之间的纽带，说不定能聊下去。我很高兴这一招真的起了作用。

“这是个好问题！”他摆动着手指说，“南风连吹四天，就不要睡在河床上。这说明天就要下大雨了！”

这句话正合我意，穆罕默德也一定注意到了我脸上流露出的兴奋之情。他开始详细说明，如果南风连吹几个小时，那没什么大不了；但如果连吹四天，那接下来肯定要下暴雨。这种时候，千万不要待在河床里，否则会非常危险。干涸了几个月的河底，很快就会有暴雨倾注进来。他继续往下讲，但后来的话我没有听进去，因为他试图解释这个征兆和贝都因人的信仰有什么关系。他们认为，如果你不认识一个人的父亲，就不能信任这个人。也许他是想提醒我，风就像是天气的父亲。

我鼓动他继续往下说，他却转移了话题，说起了北风。穆罕默德的英语口音很重，但相当不错。我偶尔有几个地方听不懂，大多是因为他用我不知道的阿拉伯语提到了某种风的名字。这种时候，我们就会指指天上的星星，把它当作指向标，这个方法完美地充当了我们之间沟通的桥梁。北风意味着冬天即将来临，也意味着人们该戴上口罩了。穆罕默德解释说，北风预示着疾病即将到来。[1]

最近几天我感受到的是东风，而它带来了云和阵雨。穆罕默德告诉我，在贝都因人的传统中，连吹几天的东风意味着短时间的降雨，而南风意味着长时间的降雨。这类观察背后有着显而易见的科学道理：东风吹来的是温暖、潮湿的空气，产生对流，带来短暂的阵雨；而南风意味着气团即将出现季节性变化，紧随其后的会是锋过境和持续的降雨。

“你看那些山，它们有磁力，会吸引雨。所以有的地方绿，有的地方不绿。绿色的地方就是会下雨的地方。”穆罕默德讲得起劲，我很喜欢他充满诗意的断句。有了磁力山，谁还要什么地形雨呢？

1 我写下这段话后没几个月，关于新型冠状病毒的第一波新闻就出现了。这让我时常会想，传统是不是就要复兴了：不等政治家或科学家下令，寒冷的冬风就会先提醒人们该戴口罩了。

我问他动物和天气的关系，他跟我讲了一种蜘蛛，说那“其实不是蜘蛛，而是有点像蜘蛛那一类的生物”，要下雨的时候，这种生物会从黑色变成红色。我尽力记下了他口中这种生物的名字——“库姆法西亚”。我想让他多说一点，好获取更多细节，但我觉得他根本没有亲眼见过这种生物。我找不到任何关于这种生物的记载，因此没法确定它的身份，这个问题只能留待以后继续调查了。

往空空的肚子里填了些咖啡和椰枣以后，我们都恢复了点精力。这一天的任务已经结束，我们开始聊一些更宽泛的话题。其间我们都笑了几声。穆罕默德告诉我，骆驼奶是壮阳佳品。

兰德酷路泽的灯光从一座沙丘后面冒了出来。这是一次意外的会面，也是一次顺序颠倒的特别会面。通常情况下，我会先掌握一些当地知识，再借此寻找我想要的东西。而这一次，白天时我运气很好，因而穆罕默德告诉我的大部分情形，都得以印证了我白天的经历。这次旅途的白天也好，黑夜也好，偶遇了天气征兆也好，了解了当地的古老智慧也好，都是幸运的体验。对于出门在外的旅人来说，所有的幸运都是幸福，无论它们选择先出现还是后出现。

我再次向穆罕默德表达了感谢，谢谢他抽出时间来见我，也谢谢他跟我分享他各个方面的智慧。他们马上就要离开，留下我一个人在这里。在此之前，我问阿卜杜勒，明天早上他能不能还是到这里来接我。等他们的背影消失在我的视野中，我就从包里扒出些面包，疯狂啃了起来。在这里很难坐着不动。我就着咖啡，在星空下散了几个小时的步，然后躺在垫子上，看着天上的小朵云彩不断缩水，睡着了。

第十三章　地方性风

本章将介绍一些地方性风的特征，帮助大家在旅途中辨认它们。地方性风主要有两大类，一类是地形造成的，另一类是温差造成的。

本章默认介绍每种风的标准状态，即主要特征。在实际应用中，我们可以通过这些去理解几乎所有其他可能出现的次要特征。请注意，这个概念是理解风的前提。所以，我们先离个题，了解一下另一个相似的领域，以此来说明上述概念如何构成了我关于风的理论和方法。

几十年来，我一直都对太平洋岛民们的导航方式很感兴趣，学习过他们如何寻找小岛之间的航路，如何跨越几百千米的海洋。他们的方法很多，其中有一个和我们的话题密切相关。水波碰上岛屿，会反弹、转弯，然后呈扇形散开来。它们会发生反射、折射和衍射。由于这些过程遵循自然法则，它们所产生的水纹图案也是有规律可循的。太平洋岛民们导航时，会通过独木舟的运动来感知水中的不规则波动。波动表明附近有陆地，那么朝水波的方向前进，就可以靠岸。

在萨塞克斯，我家附近有一座小池塘，我在里面发现了这种水纹图案，让我大为震惊。这就是我创作《水的密码》一书的契机。我突然意识到，这个规律的普适性一定比我想的要强得多，无论世界何处，无论微观宏观。水纹图案的规律不限于太平洋，甚至不限于海洋。无论身在何处，你都能在小池塘的一圈圈涟漪中发现相同的规律。

正是这一领悟让我动笔写了关于水的那本书。我发现，有些概念也能应用到这本书里，尤其是对于风的解读。风的模式和水纹图案不同，但构成风的法则也具有地点和规模上的普适性。学会识别这些模式，你就能在每一块土地、不同大小的环境里发现风的踪迹。地中海西部地区有一种非常有名的风，叫作黎凡特风（就是我们前文中提到过的黎凡特地区的风）。这种风的覆盖面可达几千千米的范围，影响上百万人，但我们在下文中会看到，它居然和两栋楼之间的轻风很相似。

每种地形都会和风之间形成独特的关系。地形会影响风，风也会塑造地形。地形影响风的方式，可以是通过地面的物理形状、地貌，也可以通过独特的热量分布来实现。

下文中要介绍的第一组地方性风，属于地形性的风。即一个地区的主风受到气压系统的驱动，遇上特定地形时形成的风。

要想解读风的所有信息，就必须牢记三个简单的原理：

1. 空气永远不会是绝对静止的；

2. 空气的任何表现都有其原因；

3. 我们可以感知和理解这些原因。

只要牢记以上三点，哪怕是遇见很小的风的征兆，我们也能发现其中的意义。

山口风

2007年，我独自一人出航穿越大西洋。出于一些原因，我很少写到，甚至很少说到这趟旅程，主要是因为整个过程几乎和计划完全一致。最大的挑战在于出航前的组织协调，出发后只有炎热、无聊和孤独，这可不是能写出好故事的素材。如果这趟航程差点出事故，我却活了下来，也许我就能弄到些第一手材料讲个长点的故事了。尽管如此，这趟旅程对我来说还是有三个难忘的方面，全都是比较个人的体验。

首先，为了掌握传统的导航技术，我做了很多年的学习、训练和准备工作，花了大量精力，因此这次航行标志着一个重要的转折点。从此以后，我便能把更多精力集中在自然导航上。

其次，这次航行的方式很特别。你以前应该也听说过一个人横渡大西洋的例子，这本身并不罕见。但我这次航行的特别之处就在于，我是真真正正独自一个人出航的。很多人进行长距离的单人航行，是为了参加比赛或其他有组织的活动。一个人既没有组织支持，又没有规则限定，而是自行出发，独自横渡一片海洋，这就很罕见了。我从加那利群岛的兰萨罗特岛上一处码头出发时，方圆1 000英里内一个人也没有，甚至连我的家人都不知道我在干什么。26天以后，我来到加勒比海域附近，还是几乎没什么人知道我的行踪。

第三个有趣的方面是，我出发后的48小时还是有点惊险的。我之所以选择从兰萨罗特岛出发，是因为我熟悉这个地方。这个决定有些欠考虑，但也情有可原。我曾步行和驾船环绕这座岛，所以我的逻辑是，对出发地点越熟悉越好。可这么做有一个问题，那就是兰萨罗特岛位于群岛的东北边，而我要朝西南方航行。也就是说，我得先穿过这一串群岛，才能进入大西洋的开阔水域。

无论什么样的船走这条线路，都将面临许多危险，但一个人航行难度更大。途中我遇到很多其他帆船，其中最恼人的是商业船舶，尤其是公然无视其他船只的捕鱼船。不过最让人紧张的还是所谓的“加速区”。吹到加那利群岛的风从岛上的火山尖之间穿过，变得不一样了。它们瞬间就会从和煦的微风变成狂暴的劲风，风力可达七八级，能卷起满帆的船跳一支惊心动魄的舞。这突如其来的变化，会让人在体力和精力上都消耗巨大。在这种情况下，你需要不断地研究水面，寻找风的足迹。一小片皱起的水波，可能就是几分钟后要起风的预警。在夜里，做到这一点几乎不可能；在白天，它也不是一件易事。那次航行以后，对“山口风”的兴趣就深深地刻在了我脑中。

风挤进狭窄的缝隙时就会加速。所有的流体都是这样，无论是气体还是液体（这也就是为什么我们用手指堵住软管口时，水流就会变快）。如果一条河从一座河心岛的两侧穿过，你会发现岛两侧的窄水流比它们汇合后的水流流速更快，这也是同样的原理。

早在几千年前，人类就已经注意到风通过缝隙时会加速。又轮到我们的老朋友、古希腊学者泰奥弗拉斯托斯出场了，他在2 300年前就记载过风和水流的加速现象：“从缝隙中穿过的风，和从缝隙中穿过的水流一样，更强劲有力。浓缩意味着更强的驱动力。所以在周围其他地方平静无风的时候，窄路里总是会刮起风。”

在最后一句话里，泰奥弗拉斯托斯指出了一个有趣的现象：山口风让人感觉它是从无到有突然冒出来的。如果空中本来就有非常轻微的微风，而我们对它又不够敏感，那么就会导致我们直到遇上山口风的时候，才注意到风的存在。

和别人一起走的时候，大家肯定都说过“起风了”之类的话。从某种程度上来说，这个说法没错，因为风确实快起来了。但如果我们说“风又停了”，那实际情况可能是，空中的主风是一阵持续的、轻微的风，我们逆风穿过了某个缝隙，却没能识破其中的把戏。

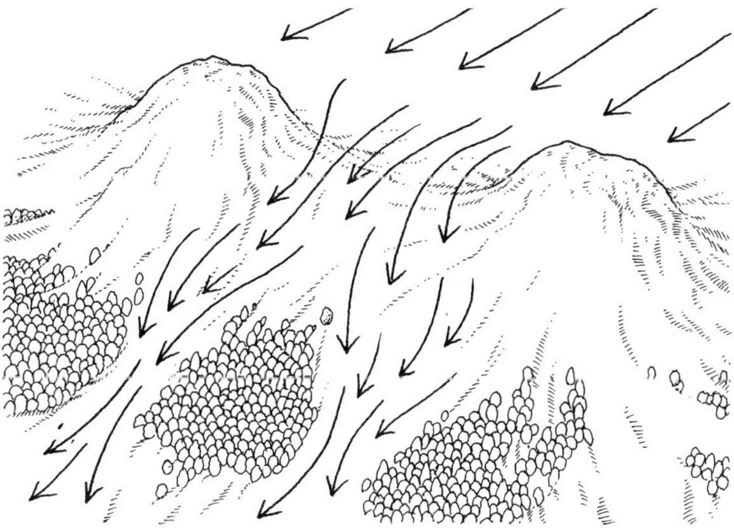

山口风

密史脱拉风是一种著名的山口风，它规模巨大，从北方吹来，途经法国南部，然后吹往地中海地区。和其他所有风一样，密史脱拉风也是由气压差异造成的，而气压差产生的原因，通常是比斯开湾上空向西北方向移动的高气压系统，以及地中海地区向南移动的低气压系统。密史脱拉风会穿越阿尔卑斯山脉和塞文山脉，而这一带的山头就像堵在软管口的手指一样给风加速，因此山谷里的“妖风”大得出名。古代地理学家斯特拉博说，这风大得能把人从战车上掀下来。时至今日，这些风的脾性也没怎么变。当代作家尼克·安曾前往这个地区见识那里的风，想必风一定没有让他失望：

> 那感觉就像在挨揍一样。我得采取自我保护的姿势走在大街上，用一只手哆哆嗦嗦地挡着眼睛……市政大楼上的三色旗竭尽全力地拉扯着旗杆，街上的人呈45度弯着腰走路，他们的发型一律朝南。

包括密史脱拉风在内的山口风常见于冬季，一方面因为气压系统会随着季节变化；另一方面是因为，空气温度越低，山口风越强。冷空气密度比较大，不像暖空气那样能上升并翻越高地。空气温度越低，重力作用越强，它就会越紧贴着地面，穿越缝隙时就越费劲。

山口风的持续时间可长可短。如果从开阔地到山口处过渡平缓，风也会稳步加速，然后在最窄的缝隙达到最高速。就拿美国加利福尼亚州的圣塔安那风来说，它因高气压系统形成，一开始只是非常轻微的风，但当它抵达沿海的圣加布里埃尔山和圣贝纳迪诺山之间时，受到挤压，风速甚至会超过96千米每小时。

山口既可以指高地上的低点，也可以指平原上的低洼处。从不同的视角看，山口可以被叫作山隘、山坳、鞍部、凹口、峡谷或者其他一长串术语清单上的任何一个。关键在于：当风吹过某一种地形时，如果经过一个更低的、狭窄的地方，它就会加速。

大规模的山口风可以说是家喻户晓，想忽略它都难。在直布罗陀海峡这种地方，当地居民已经摸清了风的脾气。但风的规模一旦小下来，就有可能被人忽略。请大家记住，只要吹过某一地形上的两个高点之间，风就会加速，不管那两个高点是两座大山、两片森林，还是两棵树。

前文中提到，在西班牙小镇塔里法匆匆吹过的那阵风，正是山口风。塔里法正好位于直布罗陀海峡北面。所有流经直布罗陀海峡的风，都要从欧洲大陆和非洲大陆之间的缝隙中穿过。

通道风

山口风形成以后，往往会继续沿着低海拔路线前进，哪怕离开山口很远一段距离，也会让人感觉它还在沿着山谷疾驰。当风（尤其是冷风）沉入山谷后，只要山谷的走向和气压梯度的变化方向大致相同，风就会沿着山谷行进。山谷把风围了起来，使风沿着山谷的轴线弯折。山谷成了风的通道。

约克郡谷地是从南北走向的奔宁山脉延伸出来的一片山谷，方向大致由西向东延伸，我在那里有过几天难忘的探索经历。那几天几乎全是阴天，我主要靠风吹出的树的形状判断方向。第一天一大早我就迷路了，因此我意识到，我得重新校准一下我的“仪表”。在英国，树顶大都是齐刷刷地从西南向朝东北向歪，但这片山谷里的树却不一样，是从西朝东歪的。山谷的走向是自西向东的，也就是说，风的方向和树顶歪倒的方向也是如此。

如果在山谷通向海岸的地方有离岸风，风道效应就会形成更强力的风带，一直吹向海中相当远的地方，近岸处的海水则更宁静。风带中的风呈扇形缓缓铺开，在海面不太汹涌的条件下，这种风吹出来的水纹图案很好辨认，尤其是站在高处俯视的时候。找一个海岸沿线的低点，看看海中有没有颜色较深的色带延伸开来，且越延伸越宽。在高低起伏的海边悬崖附近，风道效应造成的水纹图案很美，从大海中发现陆地形状的印记，也是件激动人心的事情。

分叉风

很多古代文人也是大自然的热心学徒，他们仔细观察真实的自然，然后把想象力挥洒到文字之中。荷马的作品中充满神奇的生物和故事，但作为故事背景的大海、陆地和天空都遵循着当代科学家们也能理解的逻辑。古希腊诗人阿波罗尼俄斯在描写“伊阿宋与金羊毛”的故事时，还不忘专门写道：“接下来是一道面对着旋转之熊的高崖，人们称之为卡兰比斯，迅疾的北风被它切割开来。直插云霄的卡兰比斯是如此之高，以至于人们会误认为它即将压倒在海面上。”[1]

风遇上岛屿，会出现局部加速，风向也会发生变化。因为没法从低处穿过，风就只能从两边绕过去。想象一下凸入平静海面的岛屿，这种现象仿佛理所当然。但其实，我们身边常见的地形中也会出现同样的现象。

在我家附近我常散步的一条路线上，有一个天然的休息站：那是一块凸起的草皮路肩，位于一片牧羊草场的边缘。天气好的时候，我喜欢坐在这里，夏天的时候坐上约一个小时，冬天的时候时间更短些。在这里一歇，就能看出这天的散步是计划之中，还是临时起意了：如果有了灵感，我就会从背包里拿出装着茶的保温杯和一些吃的东西来。

这个位置四面的视野都很好，向南甚至能看到大海。西南方向能看到一座我非常熟悉的小山，每一条上山路我都走过好几百遍。在这座山上我学到很多东西，它几乎出现在我的每一

---

1 引自《阿尔戈英雄纪》第二卷，罗逍然译，华夏出版社2011年版。——译注

本书里，但我从来没提过它的名字，更何况它也没有什么官方名称。在英国，这样的山一定还有几千座，它们是自己小领地内的制高点，却拒绝被冠以任何头衔。

我的日常散步路线是一条环线，会经过这座山东北侧的一个位置。当地的盛行西南风加上地形的影响，意味着我能在这里遇到两种方向不同的风。小山把西南风劈成了两半，我先是会感受到一阵南风，紧接着会感受到一阵西风。

在那许多个吹西南风的日子里，风的方向也不是绝对标准的：要么偏南多一点，要么偏西多一点。山捕捉到了这种微妙的偏差，并放大了它。

受到背风效应和山坡上树林的影响，山附近的风很轻，而

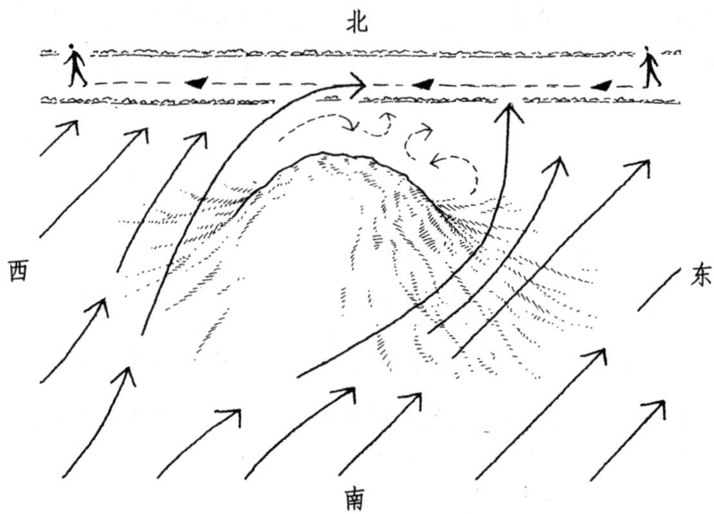

分叉风

且多变。分叉的风会在下风处稍远的地方重新汇合，山对风的影响会被抛在脑后。在我的休息站里，我可以坐在两股风汇合的地方。通常情况下，我起身继续上路的时候，会先跟南风说再见，再向它的兄弟西风问好。

反向风

泰奥弗拉斯托斯描写过局部地形如何造成风的旋转：风遇上一个凸出的拦路障碍物时，我们可以想象它被绊倒，乱了手脚。这些在障碍物的下风处发生旋转的风叫作涡旋，它们无处不在：在大楼的角落打转的尘土；从篝火冒出来的烟乱成一团；还有当我们坐在咖啡馆门前，汽车从旁边飞驰而过时我们感受到的那种回旋的劲风。涡旋的作用范围可大可小，小的只有几厘米，大的可达几百千米的规模。

观察涡旋充满了趣味。它含有一些确定性。只要看到风经过一个尖锐或凸出的障碍物，我们就可以绝对自信地说，平滑的风会被打乱，取而代之的是一系列复杂的旋涡——涡旋就此形成。没有例外。

但涡旋也孕育着不确定性：对于当下的科学来说，要预测涡旋的准确位置和行为，是一件太过复杂的事情，而且有可能是个永远解不开的谜。这和混沌理论的分支之一——“蝴蝶效应”这个科学原理有关：任何初始变量哪怕只是发生最最轻微的变化，也会导致我们观测到的模式发生重大且通常是彻底的变化。就像大家熟悉的那句话所说，一只蝴蝶扇动了一下翅膀，改变了世界另一头的天气。这么大规模的蝴蝶效应很难观察，但更小的例子每天都在我们身边发生。

几年前，在我的小儿子维尼的大力支持下，我开展了一项研究：我观察熄灭的蜡烛上升起的烟，与此同时我的小儿子在房间另一头走动，看看烟会发生怎样的变化。结果是：烟的形状多变且不可捉摸。我还发现，想要吸引一个正沉迷第一人称电子游戏的11岁男孩，这项实验还不够“带感”。

我们越是了解这个世界，就越会发现精确与模糊并存的好处，因为这就是自然的固有法则。要描述一升空气，我们可以说它含有多少分子。加热或压缩这一升空气，我们可以预测它会发生怎样的反应。但如果要预测其中一个分子的精确运动路线，哪怕只预测一秒钟，世界上也没有任何一个人能做到。

如果欣然接受精确与模糊之间的合作关系，我们就能更好地理解涡旋，无论涡旋规模大小，无论涡旋的成因是山还是树。就算知道花旗松和云杉下风处的涡旋模式有什么不同（非要说的话，那就是花旗松的涡旋是“对称的尾流”，而云杉的涡旋是“正弦曲线”），也没有多大用处。我们最好还是好好感受大范围的涡旋，而不是担心大涡旋里套着的小涡旋会害我们出丑、犯错或试图迷惑我们。就像我们看着一个人的脸，并不需要弄清他嘴角的每一道纹，就能推测出他的笑容有何含义。

最经典的涡旋模式反映出了它们的旋转特性。障碍物下风处出现旋转的涡旋，意味着其中存在着各个方向的风，包括跟主风方向相反的风。这就是反向风产生的源头，堪称流体类型中的反叛偶像詹姆斯·迪恩。（在本书第九章里，正是反向风堆出了反向沙丘。）

只要上风处有任何称得上是尖锐、凸出、锯齿状、不平的、有角的东西——反正不平坦也不光滑就行——你周围的风就会形成涡旋。短距离内的风向会不断变化，令人难以捉摸，但一定会有某些位置的风向跟更大规模的风向相反，后者指的就是那些吹动低空中云朵的风。找到符合条件的地点，当你每走一步或每过去一秒钟时，观察一下风向和风力会发生怎样的变化。

涡旋有垂直的，也有水平的。吹过屋顶的风会向下翻转，形成垂直方向的涡旋；吹过房子转角处的风会侧向翻转，形成水平方向的涡旋。这两种情况下的反向风都是吹向房子的，下风处的风也不例外。而大规模地形产生的反向风主要是其中一种类型：山脊旁会形成向下翻滚的垂直涡旋；在半岛之类的凸出海岸线的地形旁，会产生侧向翻转的水平涡旋。

障碍物越大，产生的涡旋也就越大。障碍物的形状越凸出，涡旋也就越明显。在悬崖、绝壁等大型突变地形的下风处，如果有强风吹过，所形成的涡旋也会又大又强。反向风将会占据大片区域，吹向悬崖或绝壁，尽管它们上空的云朝完全相反的方向行进。这种大规模的反向风有一个正式名字叫“旋转流”。如果你怀疑自己正处在明显的反向风中，那就看看周围的树或低矮的植物。如果你的判断没错，植物就会指向墙壁，甚至指向和盛行风相反的方向。更大规模的旋转流甚至还会产生前文中讲过的转子云（参见第十一章）。

在大风天里，反向风甚至可以吹倒树木。如果你路过一片被刮倒的树，树的倒伏方向指向高处的山尖，那你大可猜测这

苏格兰高地上，一阵反向风把森林的一部分夷为了平地

是反向风干的好事。

山顶风

山顶上的风恨不得要把人掀下去。谁不会这么觉得呢？人们默认越是高处的风越强。因为海拔每升高1米，风受地表摩擦力的束缚就越少，吹得就越自由。1986年，苏格兰高地上的凯恩戈姆山山顶记录到了风速高达278千米每小时的狂风。但在同一天，山顶下方约150米的一处基地只记录到了169千米每小时的风速，更低处的山谷风速只有101千米每小时。

我们从低地观察，会觉得这是一个“风随着登顶过程逐渐增强”的现象，但其实山顶的风更真实、更直接地反映出了主风的状态。我们在低处感觉到的风，只不过是主风的弱化版。

海拔、山的形状、周围是否有其他山、是否靠近海岸等因素都会影响山上的风速。一座山越高、越陡、周围其他山顶越少、离海岸越近，它顶上的风就相对越强。

当风遇上山脊线，短距离内风速就会发生显著变化。如果风沿着山脊吹，风向和山脊走向平行，风速会上下浮动。如果风穿过山脊，风向和山脊走向垂直，那就要当心危险的风速变化，它的波动范围从周边主风风速的一半到3倍多之间都有可能。

风向还会随着海拔的变化而变化。我们所在的位置，海拔越高，风受到的阻力就越小（逆时针偏转效应会减弱；参见第五章）。换句话说，你在北半球爬山的时候，会感觉到风的方向发生了转变。

地形波风

前文中已经说过，地形波的波峰位置会出现荚状云。不管身处何地，只要见到荚状云，下方地面上的风速就会出现巨大的差异。

荚状云正下方地面上的风强度相对较小，因为此处的风正上升到地形波的最高点。但在荚状云和荚状云之间的空隙下方，会出现局部强风，比周边地区风力大很多，因为这是风下降的地方。

如果碰上逆温层，这种效应会大大增强。逆温层就像一顶帽子，把风一头按在了地上。在加利福尼亚州的帕姆代尔市，那里的地形波风可以吹倒树木、震碎窗户。

以上例子都是大范围的地形波风，也算是和这个名字相得益彰。但请一定要记住，所有风都会以不同的规模出现。在本书第五章，我们已经介绍过一个小型的地形波风，位于两片树林之间的空地上。因为风的反复摩擦，小树苗很难成活。本章里也有一个弱化版的反向风例子。先别急着往回翻，等你重新读这本书的时候，你就会识别出这些细小的特征。不是我想把它们刻意藏在字里行间，就像大自然不会把它们隐藏在地形里一样。它们就在那里，只要我们去找，就能看见；不找的话，就看不见。

本章的前几个小节都是在介绍地形造成的风。接下来我们来介绍另一个大类，那就是显著温差造成的风。其中最为人们所熟知的就是海风。

海　风

在1950年11月的旧金山，一位名叫爱德华·内文的老人刚做完前列腺手术，正在家休养。他术后恢复良好，他的医生们感到很满意。可他的病情突然急转直下，重新入院，最终去世了。

医生们百思不得其解，便要求对尸体进行解剖检验。结果显示，内文先生的心脏出现了致命的细菌感染，导致了他的死亡。进一步调查发现，这种细菌叫粘质沙雷菌（*Serratia marcescens*），还有另外10个人因感染同一种细菌而患病。细菌的感染途径不明，但线索指向了斯坦福大学医院的泌尿科，因为感染细菌的11个人全都在这里做过手术。这一系列因为感染了非常见细菌而导致重病的案例被记录下来，保存在美国医学会的档案里。这一串风波开始得突然，结束得也仓促，它的谜底就这样困扰了医生们20多年。

多亏了机密文件的公开、专业的调查和深刻的洞察力，爱德华·内文死亡的真相终于得以重见天日。1976年，内文先生的家人得知，在爱德华·内文死亡前一段时间，美国军方在旧金山地区附近进行了几次细菌实验。自1970年起，国家开始公开此次实验相关的军事文件。1976年，一位记者发表了一篇文章，意指旧金山的细菌武器实验和爱德华·内文之死可能存在关联。当年的病历文件又重新被翻开，死者的孙辈爱德华·内文三世和一位医疗事故律师对国家提起了诉讼。

细菌武器实验是不争的事实。没有人否认海上有军舰曾散播过细菌。问题在于，感染了内文先生和斯坦福大学医院其他几位病人的，是不是这些细菌？能回答这个问题的，不是美国军方，也不是律师或者医学专家，而是一位名叫威廉·H. 哈格德的气象员。他可不是一般的气象员。他是某国家气象机构的负责人，也是一位法医气象学家。每当有案件遇到天气问题，他便会出现在法庭之上。

哈格德能解释细菌是如何从军舰上来到医院里的："下午突然出现了一阵吹向陆地的海风，夹带着密集颗粒的云翻越了城市里的一座座山，迅速朝内陆上空移动。”

判决结果一出，诉讼就因为程序问题不成立，政府也就免于负担任何法律责任。但哈格德坚信，就是细菌实验导致了爱德华·内文的死亡。他还指出，政府完全可以选一个远离居住区的地方进行细菌实验。

通常情况下，海风不太会成为细菌武器实验案的被告人。它们通常很友好，能在炎热的日子里给沿岸地区送去一丝凉意。

大气晴朗、有微风的时候（典型的高气压系统天气），局部温差便开始搅起了风。晴天里陆面的升温速度远远大于海面，气压差异会导致海面的空气向陆面移动，这就是海风。只有当陆面气温比海面高出至少5摄氏度的时候，海风才会出现。在实际情况中，这意味着海风会在上午10点左右到傍晚之间出现。在沿海地区的炎炎夏日，如果某天早晨云很少，也没有风，但在上午10点到傍晚之间，你能感到有风从海边吹来，那说明这很有可能是海风。

海风是大气循环的一部分。海上的冷空气飘到了陆地的地平面附近，所以我们能感到有风吹来。然后，海风遇上了陆地上空产生的上升热气流，被这层“软墙”推着向上，来到一处叫作“海风锋”的地方。然后，空气流回海洋上空，补充因海风从海洋吹向内陆而流失的空气。

我们看不到整个循环过程，但可以从云中找到线索。发生海风循环的地方，上空总会有积云。理论上来说，海风能吹进内陆50千米左右的距离，但在这个过程中，海风会严重失速。因此，在距离海岸几千米的范围内，你最有可能感受到海风。

我住的地方离海边约10千米远，比起感觉到海风本身，更多时候我是根据空中的积云来判断。学会辨识这些云，你就很难错过海风。还有两个可以轻松识破它们的秘诀：第一个秘诀是，海风造成的积云会排成一排，方向大致和海岸线平齐。在这些积云和海洋之间，会有一片晴朗无云的区域。海风锋就像一个微缩版的冷锋。

第二个秘诀是，锋面处积云的高度和海风的强度有关。积

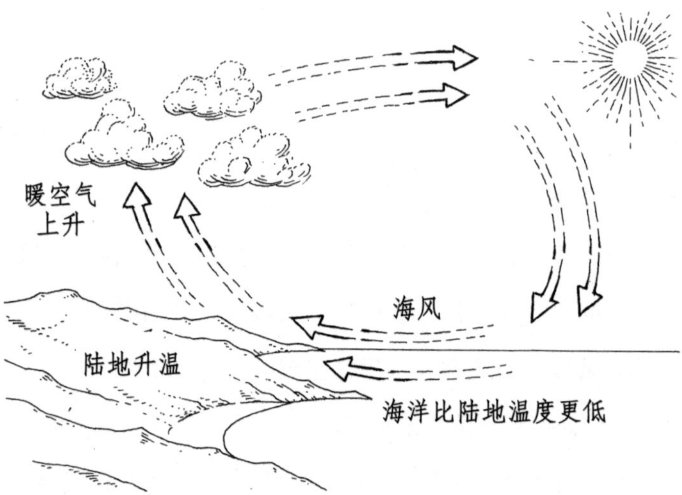

云越高，海风越大。随着一天中时间的推进，地面受热更多，海风也会变强。如果海风锋遇上高地，就会出现叠加效果：它会进一步加剧大气的不稳定性，空中会出现高耸的积云甚至引发暴风雨。

海风越是深入陆地，方向就越是会向右倾斜——发生顺时针旋转，这是受到了科里奥利效应的影响。当海风遇上半岛，这两股势力会创造出一条云线，大致位于陆地的中心线位置，就像是空中的积云构成了陆地的脊梁骨一样。

夏天，海边有时会出现反常的雾，似乎不太符合当天的天气情况。这很有可能是海面上形成的雾，被海风一路拖拽着来到了岸边上。

陆　风

海风有个亲戚叫陆风，它们的形成原理相同。前文中提到，到了夜间，陆地会向空中辐射热量，尤其是在晴夜里辐射速度更快。因此，陆地上方的空气变得温度更低、密度更大，开始向海面上移动，就像是海风循环的过程反过来了一样。陆风锋也会产生积云，只不过这次是位于海面之上。

陆风保持着黑白颠倒的作息时间，从午夜狂欢到黎明，所以你不太能经常遇上它。但是在沿海地区，天气晴朗的早晨经

一个寒冷的晴夜过后，受陆风影响，远处的海面上空出现了一串积云

常可以见到海面上有积云，它们沿着海岸线的位置连成了一条线。

在世界上最炎热的地区，那些有山脉绵延着深入沿海城市的地方，陆风非常盛行，它们能在一夜之间扫净城市上方的空气。如果你发现陆风或海风的迹象，请深深地、均匀地吸一口气。这两种风的气味都有着妙趣横生而且令人愉悦的变化。晚饭时与海的气味为伴，早饭时迎接山上松树的芬芳。

山风、谷风和湖风

在因为地方性温差而产生的地方性风里，海风和陆风是两个最巧妙的例子。但从某种程度上来说，同样的效应在任何地形上都在不断发生。举例来说，一片充分浇灌过的庄稼地比旁边一块裸露的土地升温慢得多，因此，会有明显的风从前者吹向后者。

如果山谷的一头有一片朝阳的高地，那么太阳出来以后，高地的升温速度要远远大于被笼罩在阴影里的低谷，因此空气会从低温的地方向高温的地方流动，产生上山的风，吹向更高、更暖和的地方，这就是谷风。如果山谷的一侧先升温，而它下方还有冷空气，那么同样会有上山的风从冷的地方吹向暖的地方。所以谷风的方向可以是沿着山谷爬升，也可以是沿着山谷侧面晒得到太阳的山坡爬升。（通道风和谷风不是一回事。前者是已经存在的风被陆地引导着改变了方向，后者是由地形中的温差驱动的风。）

这类上升的暖风足够强劲，到达峰顶附近或峰顶之上时可以产生积云。在智利的阿塔卡马沙漠，火山漆黑、陡峭的山坡会在清晨的阳光下迅速升温，积云冒了出来，成为沙漠上湛蓝的天空中唯一的一抹白色。

到了夜里，因为同样的原理，山中形成了一股方向相反的风，向山下吹去，这就是山风。要想不混淆山风和谷风，就要记住这两种风的名字说的是它们从什么地方来，而不是说它们要往什么地方去。谷风**从山谷**吹上来，山风**从山上**吹下来。

这两种风很少有等效的时候。白天，沿着山谷上升的暖风风速可达20千米每小时，途中很少会造成什么损害。但到了夜晚，山上吹下来的冷风会带来非常寒冷的气团，缓缓地杀死沿途中不耐霜冻的生物。如果植物只有朝向上坡的那一侧受到了霜冻损害，那它们一定是遭遇了寒冷山风的致命侵袭。

山上也可能同时吹着谷风和山风。日出后不久，山上依然有寒冷的山风从山顶吹下，但山谷朝东的那一面已经在太阳的照射下开始升温，引起了一股向上爬升的暖风。

寒冷的大湖和山在阳光的照射下升温，它们随着日出日落所产生的风，能够形成一张非常规律的时间表。在意大利的加尔达湖，清晨有从北面吹来的佩勒风，但到了晚些时候，太阳收工以后，南方又有奥拉风吹来。几百年来，帆船上的商人们就是利用湖风起伏的节奏，往返于湖面之上。在名气更大的科莫湖也有这样的风，它们被叫作布里瓦风和提旺诺风，只不过这里早就没有商船了，取而代之的是度假的游客、风筝爱好者和拍照打卡的人。

在气象学家眼中，向上吹的地方性风叫作上升风，向下吹的地方性风叫作下降风，它们的英语名称分别来自希腊语里的“上”（ana）和“下”（kata）。当雪地上方的空气温度远远低于周围的空气，开始向山下流动并不断加速时，所产生的下降风最剧烈。有一次在冰岛西海岸航行的时候，我的小快艇遭遇了强劲的下降风。船被刮倒了，我们好不容易才渡过这个难关。

以上几种由温差驱动的风，在晴朗、温暖的高气压系统天气里最强烈。因为晴天里的太阳光不受遮挡，它所能造成的温度差也就更大。

组合风

当然，谁也不敢保证这些风都是独来独往。半山腰上的冷空气可以向山下流动，跟陆风汇合，然后又受到一条河谷的引导，一路流向大海。除了泰奥弗拉斯托斯，就连万能的亚里士多德等很多古希腊伟人，都曾经记叙过河口附近汹涌的海面。阿波罗尼奥斯写道："夜晚有强风沿着河流吹来，在海面上掀起起伏的海浪。"

虽然我们知道，河谷会引导着山风和陆风向海岸边吹去，但只有当我想象河流咆哮着涌入大海的样子，我才更能体会到风的力量有多令人难忘。

有名字的风

给风起名字是一件浪漫的事情，我喜欢各种好玩的语言和传统。这世界上可不只加尔达湖的风才有名字：夏威夷有卡帕里鲁亚风，智利有维拉丛风，还有横扫直布罗陀海峡的达图风……你很难不喜欢上这些角色。有些风的名字深深根植于一个地区的灵魂中，成了当地文化的一部分，被当地人用来表示地点或方向。法国人和意大利人会说“找不到屈拉蒙塔那风”，就像我们说“找不着北”或“偏离轨道”一样。莫里哀在他的戏剧作品《贵人迷》里就用了这个短语。

很多有名字的风都非常狂暴和可怖，简直可以说是冷酷无情，它们不像《傲慢与偏见》里的达西先生，而更像《呼啸山庄》中的希斯克里夫。农业生产也会受到它们的影响。在很多地区，迎风面的墙会造得更厚。比如，在寒冷、狂暴的布拉风从阿尔卑斯山脉一路逼近达尔马提亚海岸的途中，家家户户都会在屋顶上放置“戈洛比卡”——字面意思是“小鸽子”。这是一种沉甸甸的小石头，可以防止布拉风掀掉屋顶的瓦片。追随这些石头鸽子，你就能描绘出布拉风的移动路线。

我不想破坏气氛，但我想请大家记住，就算一个地方性风有了名字，也不代表它独一无二。每一种有名字的风产生的根源，都和我们前面讲到的那些因素有关。比如，澳大利亚西部有一种风叫“弗里曼特尔医生”，它的真实身份只不过是一阵海风。

交叉法则

托马斯·哈代在《远离尘嚣》里写道：

夜呈现出一种不祥的景象。从南面刮来的热风慢慢吹拂着高巍巍的物体顶部，天空中飘荡着一片片浮云，其路线和另一层云恰好成直角，但两者都不处于下面的微风吹拂的方向。……

就要打雷了；根据一些次要的迹象来判断，一场连绵雨很可能接踵而至。一下这样的雨，这个季节的干旱气候就要结束了。[1]

哈代跟荷马及荷马之后的许多伟大文学家一样，他们给作品设置的故事背景，是一个看起来真实可靠的自然世界。只有发生在一个我们认得、哪怕只是下意识感到熟悉的世界里，那些精心编造的爱恨情仇才更有可能令人信服。在上面这个例子里，一片片浮云和另一层云的移动方向成直角，坏天气马上就到来了。对于交叉法则这个重要的天气征兆来说，“成直角”这个词也许是最恰当的文学性表述了。

这个法则的用法其实挺简单。背靠着低空中的主风（就是树顶上面的风、吹动最低处云彩的风）站立，看看卷云之类的高空云是怎样运动的。如果它从左向右移，那就意味着一个锋系可能正在逼近，坏天气就要到来。如果低处的风和高处的风

1 引自《远离尘嚣》，傅绚宁译，人民文学出版社2018年版。——译注

方向一致，那么最近的天气就不会发生变化。如果高空中的云从右向左移，那么天气不会变坏，而是更有可能转好。

这是什么原理呢？交叉法则就像一头怪脾气的野兽。这个理论涉及低空风、高空风、锋、云，还有气压系统，放在哪个章节都不是特别合适。但这个法则主要和对风的感知有关，所以我把它放在了这一章。这个法则用起来容易，但解释起来却很难。就像那句话说的，我们的大脑又要来个急转弯啦。

每当有锋系接近的时候，高空风和低空风就会错位。我们已知风会沿着低气压系统逆时针旋转，那么当我们背朝风的时候，低气压系统位于我们的左侧，如果有高气压系统，那么后者就会位于我们的右侧。这种关系叫作白贝罗定律（名字来源于19世纪一位荷兰气象学家白贝罗）。通过观察高空云，我们就可以估测很高的高空中的风向。

让我来打一个奇怪的比方：假如你是草坪上的一只蚂蚁，趴在高高的草叶之间。你看到远处有一位园丁推着割草机向你移动。你估测了一下低空中的风向，它和园丁的前进方向一致。没问题。接着园丁从你头上走了过去，你感觉到的风突然发生了变化。风向和园丁前进的方向不一样了。有麻烦了！在这个奇怪的比喻里，园丁就是急流，割草机是低气压系统，割草机旋转的刀片则是锋。你从刀片的袭击中幸存下来，所以才有了上面的故事，可见割草机会引起风的剧烈变化，还会带来“坏天气”。

交叉法则可以和云的线索搭配使用，尤其是在卷云变成卷层云的过程中能发挥极大作用。

交叉法则背后的原理很晦涩，但它的应用方法很容易。简单来说，你只要背对着低空主风站立，看看天上的卷云，假如它们从左向右移动，就说明锋系正在靠近。可以记住这个口诀：“从左飘向右，老天不保佑。”（Left to right, not quite right.）

交叉法则只适用于比较主风和高空风的情况，不适用于地面风，也不适用于海风、陆风、山风或者谷风。

关于风的内容就暂且讲到这里，但请记住，无论什么日子，风都不会缺席。从太阳升起到落下，空中不可能没有一丝风吹过。当我们的注意力被电子产品吸引时，很多风正从我们身边悄悄溜过。我们的感官并不是优秀的向导，它们有时很孩子气，有时又很喜欢跟风，渴望着一个又一个的新鲜事物。如果眼睛想要成为主导，记得提醒它们谁才是真正的老大：去感觉、去闻、去聆听我们身边的空气。对风保持敏感，那么每一天你都将发现很多小秘密。

第十四章　树

马进入森林会躁动不安，就像有些孩子一样。森林里昏暗的光线和突如其来的逼仄感会让人心生一丝忧虑，有时甚至是恐惧。可是，一旦学会如何探索森林里的小气候，这种焦虑大都会转变为惊奇。

夏天，你能看到昆虫成团成团地聚集在林地边缘。它们聚在这里，是因为这里有水和食物，比如美味的新鲜粪便。还有，林地附近的风会减弱，这一点对昆虫来说也很重要。它们喜欢温暖的地方，所以它们会在阳光下飞舞，却不会飞进几米开外的林地。动物们时刻关注着林地里和林地附近的天气变化，因为对于很多动物来说，这种觉察生死攸关。我们不必寻找森林旁的粪便，也能够重新唤醒这种觉察。

大家都知道，走到树荫下，太阳光就会被遮住，但你能感觉到我们从头到脚的温度是如何变化的吗？又或者，短距离内的湿度是怎样变化的？你能感觉到风的分层吗？你也许注意到，夏天的时候，森林里比附近其他地方更凉快；冬天的时候，森林里比其他地方更温暖。那你有没有注意过，在晴朗的夜晚，森林里能比开阔地温暖多少？你有没有注意过，天然林里的气温变化很剧烈，而人工林里的变化却是逐渐发生的？你有没有注意过，早上太阳升起来后，森林里却突然变冷了？

树会对天气产生影响，能形成特定的小气候。但它们也能反映出附近的天气。只要弄明白这两个方面，我们走进树的世界，就能得知接下来要发生的许多天气变化。

树冠毯子

让我们先从上面提出的最后一个问题开始回答，因为它能帮助我们深刻理解树的世界。日出之后，森林里为什么突然变冷了呢？假设在一个晴朗的秋日下午，你走过一片有树林也有开阔地的乡村。温暖的阳光照在你的脸上，空气热乎乎的。然而，你一走进树林，不出所料，环境变了：没有了阳光直射，周围的空气明显感觉比刚才更凉了。如果你站着不动，过不了几分钟，你可能就会开始哆嗦。

为了搞清这背后的科学原理，也为了让自己安心，你决定重走一遍这条路线，这次天还没亮你就出发了。你头顶着漫天繁星，迎着刺骨的冷气，走过结霜的蓟丛。这时，当你走进树林，就感觉到一股暖流。这不是你的错觉，森林里**确实**更温暖。开阔地辐射出来的热量，被森林里郁郁葱葱的树冠拦住了去路。树本身也残余着一些热量，这些热量被辐射到了你的身上。

你决定等一个小时，等太阳温暖了大地，再勇敢地从树底下走出去。太阳出来了，你期盼着温暖的第一缕阳光照在你身上。可你惊恐地发现，森林里的温度突然下降了。这是怎么回事?

升起的太阳温暖了局部大地，造成了一些轻缓的空气循环。因此产生的风一扫林下的暖空气，取而代之的是外面寒冷、冰凉的空气。是时候从树冠毯子下面走出来了。此时，森林内外的温差可高达4摄氏度。如果天本来就很冷，这个温差可够人受的，再加上风，那就更是雪上加霜了。

在晴天的日落之前和晴夜的日出之前，走到一棵孤树下，也能体验到同样的温度变化过程，只不过变化没有上个例子明显。当然，白天的时候，一棵树的树荫能带来阴凉；到了夜里，一棵树的树荫下也能感受到温暖。

不同树种下面的气温变化方式也会随着季节变化。常绿针叶树下的气温变化一年到头都差不多，夏天时树荫下比周围更凉爽，晴夜里树荫下比周围更温暖。而落叶阔叶树林下的气温变化，在冬天时和开阔地差不多，夏天时暖被效果又很明显。

观察树冠毯子的诀窍和观察霜的方法紧密相关。在一个空中没有任何遮挡的地方，晴朗的夜晚一定会非常寒冷。

晴朗、温暖的一天结束后，你开始搭帐篷的时候，可能没想到，你所在的这片空地，到了夜里温度会降到冰点以下，然而旁边树林下的地面则能保存大部分热量。如果你非常怕冷，那就记住“冷了就穿‘杉’”吧。花旗松为地面保暖的效果比其他树种强很多。杉树下面的温度能比松树下面的温度高出近5摄氏度，比光秃秃的栎树下面的温度高出近10摄氏度。

在浓密的树林里寻找露水或霜完全是徒劳，只要上方有树冠遮挡，地面就不会结露或结霜，原因前文中已经解释过。如果森林周围的地面上结了很多露或霜，那就请务必离远一点看看这些树，尤其是在日出后不久的时候。露水或霜有可能停留在树顶上，阳光一照射过来，森林就会闪耀出光芒，这种美景几乎转瞬即逝。随着太阳光入射角度的变化和湿气的蒸发，它每分每秒都有可能消失。

树还能反映一个地方的天气极端程度。针叶树的出现说明这个地区倾向于发生极端天气，因为它们比阔叶树更能耐受恶劣条件。这是一个很宏观的标志，但每一棵树也在试图告诉我们一些细节。

冬青栎（又名圣栎）是一种不耐寒的植物，但这种树的存在并不意味着当地气候温暖。它所蕴含的信息更隐晦。实际上，冬青栎能忍受相当低的气温，但坚持时间不长。哪怕气温骤降到零下20摄氏度，它们也能够存活；但它们连零下1摄氏度的长期低温天气也忍受不了。在寒潮天气里，如果你看到一棵冬青栎活得好好的，那么它就是在悄悄地告诉你："别担心，寒潮很快就会过去。"

世界各地的棕榈科植物标志着该地区不会结霜。可想而知，热带地区有相当多的棕榈科植物；但在稍微凉爽一点的温带地区，棕榈科植物主要出现在沿海一带，因为大海能够缓和冬日的严寒，温暖陆地。如果你在仲冬时节看到几棵棕榈科植物，那么不管天有多清透无云，你都可以预见到，气温会始终保持在0摄氏度以上。

树冠雨伞

天下起大雨的时候，大家肯定都会冲到树底下去避雨，但很少有人会在避雨前挑选一下树种。其实，不同树种下面的避雨体验差异相当大。再遇见阵雨的时候，稍微想想这个问题。一旦沉迷解读树冠雨伞的艺术，你就会迫不及待地盼望天上下雨，好进一步探索其中的奥妙。

树冠有疏有密。云杉、欧洲栗、刺柏和山楂的树冠都非常厚实；桦树、落叶松和柳树的树冠稀疏而开阔；欧洲赤松、桤树和栎树介于前两者之间。但树冠的密度不是唯一一个我们要考虑的因素。

树叶的大小和防雨效果之间有着惊人的紧密关联。树叶越大，树下漏雨越厉害。而且匆匆跑到树下躲雨的人，脑子里通常会有相反的印象。下大雨的时候，水青冈的漏雨量可达到松树的2倍。栎树的挡雨效果最差，它们挡住的雨还不如漏下来的雨多。如果你觉得难以置信，好奇其中的原理，那树叶的结构会给你答案。阔叶树的树叶能将雨水朝叶尖导流——所以在多雨的地方，尖头的叶子更常见——可这种树叶的尖头一次只能承载一大滴雨水。针叶树的叶片更细长，每根针叶都能挂住一滴雨水。在一片阔叶树树叶那么大的空间里，能容纳十几根甚至更多针叶。有风的时候，所有树的挡雨效果都会变差，因为每阵风吹来的时候，树上都会有雨水被抖落。

雨越小、持续的时间越短，树冠之下保持干燥的可能性就越大。所有树的树叶早晚都会承载不住雨水，但不同的树种排水方式大有不同。有些树很照顾避雨的行人，它们会把收集到的雨水沿着树枝导流到树干上，雨水沿着树干流向地面，在树皮上形成了一条条小溪流。有些树会把雨水向外导流，远离树冠中心，朝向树冠半径最大的地方，就像塑料雨伞的导流效果一样。有些树上的雨水则会化作大大小小的雨滴，直接从树枝上落下，砸在你头上。我不知道你会有什么感觉，但至少我觉得，树外面持续稳定的雨要比树下见缝插针的坏心眼大雨滴让人好受得多。比起后脖颈进水，还是观察雨水顺树皮而下要更有趣。所以，躲雨之前值得想一想，哪棵树是好心，哪棵树会害人。

寻找树冠雨伞的诀窍在于树枝的样式。比起水平的树枝，朝天翘或者朝地斜的树枝遮雨效果更好。像云杉、花旗松和一些其他针叶树的树枝就是斜向下倾斜的，雨水会沿着树枝流走，避开树的中心部分和你的脑袋。下大雨的时候，大滴的雨水从树的外边缘流下，仿佛形成了一片水帘。

杨树、水青冈、柏树、刺柏、一些柳树和针叶树的树枝向斜上方延伸，这类树枝会把雨水引向树干。大雨下了一段时间以后，站在一棵水青冈旁，你就会看到水沿着光滑的树皮流下，并跃过途中的一团团苔藓。（苔藓正是靠这些雨水生长起来的，而不是像很多人想象的那样生长在树的北面。）

栎树、雪松、落叶松和欧洲赤松的很多树枝是水平延伸的，这意味着它们对躲雨的人不太友好。雨水会聚集在树冠上，直到超出叶片的承载上限。这时，树枝不会向内或向外引流多出来的雨水，而是直接任由它们硬生生地滴落在我们头上。

刺柏也许是最让人惊喜的一种遮雨树。它厚实的针叶树冠配上树枝的形状，堪称遮雨树中的典范。它的挡雨效果太好，以至于树下有时会形成一个微型沙漠，出现干旱地区特有的生物体系，比如大量真菌。不过，刺柏身材矮小，刺又多，很少有人会跑到这种树下躲雨。

综合考虑针叶树冠的密度、恰到好处的高度和宽度、出色的树形以及相对常见度，最佳树冠雨伞奖的得主就是欧洲云杉了。下大雨的时候，我喜欢躲在干燥的云杉树下，饶有兴致地看着雨水浸透旁边的树干。在倾盆大雨之中，欧洲云杉能持续遮挡雨水的时间，总是出乎我的意料。

当强风伴随着大雨出现的时候，雨水就会被刮到树干上。暴风雨过后，走进我家附近的水青冈树林里，就能注意到雨水在树干上留下了两种纵向条纹：一种是我们上面讲到的，雨水沿着树枝流向树干汇成的水流；另一种是风吹出来的图案。两种条纹有时重叠在一起，有时各流各的；它们通常交织在一起，在树皮上形成一片网状水流。任何人第一次看到这种场景，都会觉得其中没什么规律，但只要你能认出两股不同水流的成因，每股水流的意义就清晰了起来，它们杂乱无章的面纱就会被揭开。

不下雨的时候，你也可以在树林里欣赏到雨水的不对称美。请留意一下，林下的地面每隔10英尺距离都会有变化，比如落叶层、林下植物，还有裸露的地面和树桩等等。出于上述原因，林下不同位置的湿度差异巨大，最潮湿的位置通常会出现苔藓等植物群落，因此和旁边干燥位置的样貌截然不同。比比看，云杉树下和栎树下的地面有什么不同？遮雨效果最好的那些树，并不是对所有的生物都友好。

林下风

正如大家所想象的那样，树下的风速会比树外面或树顶上小得多。在接近地面的位置，风速接近于零，但永远不会等于零，除非你紧贴着林下的地面。

一般情况下，在森林里，越高的地方风速越大。树顶上的风比低处的风强劲许多，但树下的风有一个反常的特例，那就是林下风。在距离地面一两米高的地方，风力会显著增强，而在稍高和稍低于这个高度区间的位置，风速都没有这么大。巧的是，我们的头和手通常位于这个区间内，这恰恰是我们感受风的高度。我在树下散步时，有好几次注意到这样的情形：明明能感受到微风拂面，可一旦我举起手或弯腰把手伸向地面，风就消失了。在针叶树下，这种感觉比在阔叶树下更明显，在热带雨林里也能感受到这种情况。

也许是因为，树冠和地面之间的低处树枝密度较低，能够允许空气通过，才形成了林下风。林下风是第一章中介绍过的树荫空调的放大版。

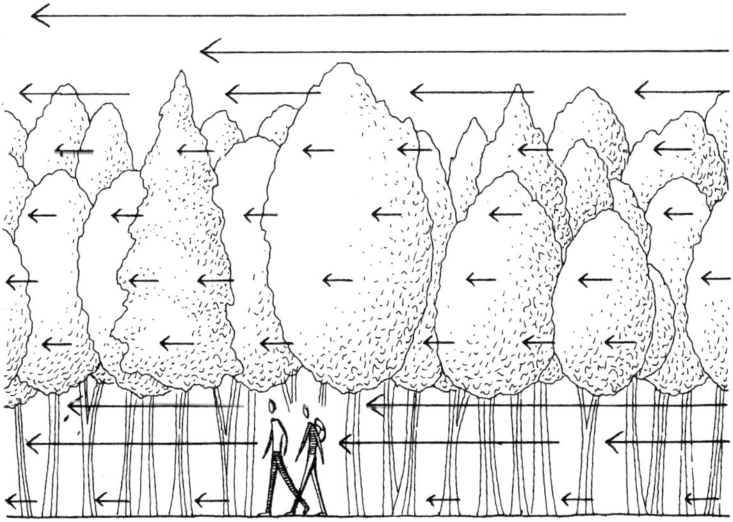

林下风

林地湿度计

前文中介绍过，最底层的云的位置可以反映大气的湿度：湿度越高，云的位置就越低。但在森林里判断湿度的方法有点儿不一样。第一种方法最简单：干燥的天气里，森林里会有更多咔嚓、噼啪和嘎吱声；同一条路，2月去和干燥的6月之后去，脚下的声音会完全不一样。

第二种方法是观察附生生物，即苔藓等长在树皮上的生物。树木的生长意味着附近有水源，毕竟沙漠里最干燥的地方是不会长树的。不过，树木也会改变地面附近和空气中的湿度：树林里会比树林外更潮湿。观察一下树旁边的墙，你就能发现湿气存在的证据：潮湿的地方长满了绿色和灰色的藻类及地衣。

在森林里找一块特别潮湿的地方和旁边一块更干燥的地方，仔细观察这两处的树干基部。林下的地面越潮湿，苔藓在树干上长得就越高。附生生物生长所需要的所有水分都来自空气，所以它们能够充分反映空气的湿度。

多观察上面说的这些细节，你就能更精确地推断湿度了。找找看，树干基部通常长着不止一种苔藓。我们不必拿着放大镜，一个个去查它们叫什么名字。只要记住这一点就可以：到达一定的高度，苔藓的分布就会出现变化。最低处的苔藓对湿度也最敏感，也就是说，它们最能吸水；而最高处的苔藓最耐旱。

树还能预示干旱天气。缺水的树会早早地开始落叶。如果一片树林比旁边同种的另一片树林落叶更早，那就说明它们正在干燥的土壤中苦苦挣扎。

松果的鳞片会在干燥的天气里张开，在潮湿的条件下闭合。这正是第三种林地湿度计。松树演化出这种机制是为了繁衍生息。一种松树能否存活的关键就在于松果，因为松果要承载和散播松树的种子。松果的鳞片可以伸缩：湿度高时鳞片闭合，更好地保护种子不受潮气侵害；天气干燥时，鳞片再次张开，更有利于种子的散播。

哪怕松果已经从树上掉落了很长一段时间，它也会继续发挥这种作用，因为鳞片的伸缩反应是机械和被动的。就算离开了树，湿气也会导致鳞片发生膨胀、闭合。

消失的树

风大的地方树长不高，所以海边和山上的树都比较矮。最高的树往往长在深入内陆的低地。在海拔过高、冷风过于刺骨难耐的地方，树甚至没法存活。

低地的山谷里有栎树和水青冈这类落叶阔叶树。往山上爬，就会看见这类树越长越矮，直到第一片更耐寒的针叶树林出现。矮小的阔叶树和高大的针叶树混在一起，说明你正位于海拔的过渡带。在这里，阔叶树苟延残喘，针叶树茁壮生长。让我们继续往上爬。再往上，阔叶树不见了踪影，连针叶树都不那么嚣张了。继续往上一点，针叶树也失去了威风，长得还不如小木屋高了。我们已经来到了“高山矮曲林带”，再往上就是“矮曲林”，只有几棵歪歪扭扭的树能零星存活下来，保留着各种极端天气肆虐的痕迹，它们扭曲、多节的形态就像恶劣的天气一样野蛮（热带地区的矮曲林带有一个更神奇的名字，叫“妖精森林”）。再往高处走就没有树了，只有低矮的植物，比如长满欧石南和欧洲蕨的草甸。

我们已经来到了林线的位置，从这里开始再往上，气温太低，没有树能存活。受到气候、离海岸的远近程度、受冻程度、地质和地方性风等许多因素影响，林线的海拔会有所不同。在热带地区，林线的海拔可高达3千米；而在海岸附近或高纬度地区，林线的海拔还不到300米。

如果一座山旁边有群山环绕，那它的林线海拔会更高；孤山上林线的海拔会更低。这是受到了山体效应（德语里叫作Massenerhebung，德国人可真是起了个朗朗上口的小众林业术语）的影响，因为孤山上风力更强。

林线的高度主要反映当地的气候，但结合林线的地方性变化来考量，你就能得知更多有关天气的情报。天然形成的林线从来都不会是水平的。它反映的是盛行风的情况，在山的背风面更高，迎风面更低。那为什么林线上有的位置向上凸出，有的位置又向下凹陷呢？林线的波动反映的是局部气候条件的差异，比如有的地方有遮蔽，有的地方更暴露。缓坡上的林线能延伸到更高的位置，而在陡坡或风汇聚的位置，树木的生长会戛然而止。山谷旁的树会长得更高，山脊上的树更难成活，这些差异都为我们标示出了当地的平均风速。

所有的反常现象都隐藏着有关天气的线索，如果你发现一条林线不对劲，那最好花点时间调查一下，它正试图向你传达当地天气的讯息。1898年，独自一人环游世界的航行者约书亚·斯洛克姆发现，在他泊船的水域附近，有一片山坡上竟然没有一棵树，这让他大吃一惊。他在《一个人环游世界》里写道：

> 表面上看，这天会是一个微风吹拂的好天气，但火地岛的天气表象可不一定可靠。我一边琢磨着停泊点旁边的山坡上为什么没有树，一边心不在焉地放下了帆，拿着枪上了岸想打点猎物，顺便再检查一下沙滩上一块白色的大卵石。这时，小溪附近吹来了一阵威利瓦飑，风力大得吓人，一下子吹跑了我的“斯普雷号”——我可是下了两只锚——就像吹起一根羽毛一样。只见我的船被吹离了海湾，漂向了深海。难怪山坡上不长树！风神哪！树要是长在这么狂暴的风里，恐怕有多少根系都抓不住地。

“威利瓦飑”是航海圈的人给猛烈的地方性下降风起的绰号。在约书亚·斯洛克姆的这段经历中，火地岛山上的冷空气飞速流下山坡，向海面涌去，这和100多年以后我在冰岛遭遇的那阵风（见本书第十三章）是同样的原理。

树与风向

在我之前的作品里，我已经详细介绍过了树和风向的关系，因为这是自然导航的必备知识。因此在这一小节里，我会对相关知识做一个简单的复述，然后增加一些和这个话题有关的新观察。

树通常会被盛行风吹歪，在英国，盛行风由西南吹来。在没有遮蔽的高地或沿海地区，这种趋势更明显。但城市里的树顶上也能观察到这种现象。其中的规律是：树的弯曲趋势越不明显，你就越是得观察树的更高处。长在海边岩石上的山楂树，恨不得用整棵树指明风向；而伦敦摄政公园里的悬铃木，有可能只有最顶上的寥寥几根树枝歪向风的方向。

暴露的树顶会蔫头耷脑（flagging），暴露最多的树枝甚至一侧枯萎，只有背风的那一侧苟延残喘。这种情况多出现于针叶树上，因为阔叶树暴露到这种程度根本没法存活。活下来的树枝就像“旗帜”（flag），指向下风处，和真正的旗帜一样，指示着塑造了它们的风的方向。只不过，风停以后，树枝的“旗帜”并不会垂下，而是长久地留存着风的记忆。

如果一棵树蔫了的部位有点令人费解，那就应该明白它不仅能反映盛行风，还能反映地方性风。我曾经对山坡上一些树蔫了的部位感到很不解，因为它们耷拉的部分指向了“错误”的方向，和当地的盛行风方向相反。后来我去了法国境内的阿尔卑斯山，才解开了这个谜题，我意识到无论那些树暴露与否，它们耷拉的部分清一色指向山下——白天的风不会对树造成什么持续伤害，但到了夜里，冰冷的下降风从峰顶吹下，蹂躏着沿途的树木。

暴风雨吹倒树木的方式有两种。如果一棵树被整个儿连根拔起，歪七扭八的根系支棱在外面，那它就是“风倒木”，这种风吹倒树木的方式比较常见。另一种“风折木”更少见，指的是树干直接被强风吹断，折成了两段。两种情况下发出的声音都很骇人。

健康的树木也经常惨遭“风倒”，但“风折”通常意味着这棵树之前就已经患病，暴风雨只不过是给了它最后一击。通过观察两种倒树的方向，我们可以推断当地的暴风雨通常会从什么方位吹来。谁也不敢保证今后的暴风雨还会沿这个方向吹来——狂风可以来自四面八方——但你身边倒下的树指出了概率最大的方向。

出乎意料的是，树对风非常敏感。如果它们每天被风摇晃上短短30秒，那它们就会比旁边避风处的树矮上20% ～ 30%。森林边缘的树更矮，因为这些树更容易受到盛行风影响。因此，森林的边缘是有弧度的，这叫作“楔效应”。

为了在更强的风中站稳脚跟，这些树在迎风的那一侧长出了更粗、更长和更结实的树根。在树干基部附近，这些树根有时候会冒出地面。杨树之类的一些树种，树根基部甚至会长成板状，立在树迎风的那一侧。

在同一片森林里，迎风面和背风面的树看起来也不一样。迎风面的树不仅会被风吹到，还要经受风从周围环境中卷起的微粒的击打，背风面的树就没有这种困扰。空气中尘埃的成分决定了树皮上会有哪些附生生物出现。来自海上的空气对附生生物影响很大，因为其中的盐分能抑制很多附生生物生长。从肥沃的土地上空飘来的尘埃富含氮，能促使大量地衣在树皮上生长。

前文中提到过，吹到树林边缘的风会出现异常，搅起涡旋，这种效应在森林的迎风面最强。如果一片森林旁有一排谷物被吹倒，那肯定是大风造成的涡旋和骤雨干的好事儿。我家附近的田地里每年都会出现这种现象，倒伏的谷物带界线如此分明、破坏如此彻底，看起来就像有人故意在田边上踩坏了一片谷子。（这和麦田怪圈是两码事儿。麦田怪圈通常出现在田地中心附近，要么是有人闲得没事儿搞出来的，要么是外星人的杰作，随你怎么想。）在有防护林带的区域，田地有了树篱挡风，长势就会更好一些。

如果田地或者高高的草地里有一棵单独的树，你就可以研究一下树的周围，说不定能发现成对的、向后旋转的涡旋图案。当风分别从树两边吹过，两股气流反卷形成了一对“反向风”涡旋，并在紧挨着树的下风处汇合，形成了一阵朝树吹的“搞错方向”的风。我喜欢把它们叫作“心形涡旋”。

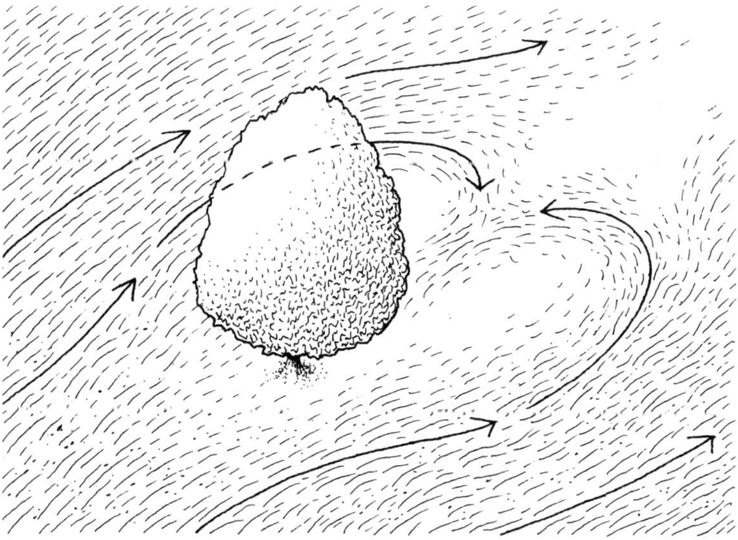

心形涡旋

在林中

树林内部风向多变，因为涡旋无处不在。在一片典型的阔叶树林里，夏季时人的头部高度（林下风的波峰位置）的风强度约为树林上方风强度的十分之一，冬季的这个比值则为五分之一。在茂密的针叶树林里，林下风明显更弱；而在稀疏的树林里，林下风明显更强。所以，在树林里散步的时候，我们常能听见树顶传来沙沙响，却只能感觉到微弱的风。到了夏末时节，如果树林里感觉不到一丝微风，那就停下脚步，观察一下那些飘过你鼻尖的种子。它们倔强地宣示着风的存在。只需大概3千米每小时的超级微微风，蓟的种子就能在空中翱翔。表面长着很多绒毛的种子就像一个降落伞，导致它仅仅下落1米的距离，就要足足花上8秒钟!

仔细研究一块地面，你就能找到最底层风留下的“地图”，尤其是在树的旁边。去年的落叶搭着风的便车，当它们从你面前飘过，不妨跟上它们的脚步，去往落叶的休息站。地面不是完全平坦的，一系列微型的地形波风把地面分成了一个个裸露区和收集槽。有苔藓的地方是裸露区，因为落叶层下面不长苔藓。苔藓丛附近有积满了落叶的小坑。这种效应在花圃里尤为明显，我喜欢沿着一条条长满苔藓的土坎走，把脚伸进土坎之间堆满落叶的地沟。如果你也像我一样时不时会在林下躺一会儿，可以参照落叶形成的风的地图，选一块地方。裸露区有风，而落叶堆积的低洼处无风。

当你来到森林的缺口——任何一种空地都可以——周围的小气候就会发生翻天覆地的变化：采光极大改善，各种风出现，降雨更多，地面更潮湿，空气更干燥。气温也变了：如果是在白天或夏季，气温会升高；如果是在夜晚或冬季，气温会降低。周围的植物和动物也会发生变化。

出于直觉，露营者会选择这样的地方扎营，不过在一年中比较冷的季节，这种地方通常又招霜又招雪。林中空隙的降雪量可达附近开阔地的150%。来到林中的空地时，先停下来想想这是暴风雨造成的还是斧头砍出来的。否则，要是碰上了暴风雨，那可就是雪上加霜了。

沙沙声与敏感度

托马斯·哈代在他的《绿荫下》里写道，通过风吹拂树叶发出的沙沙声，我们可以判断它是什么树：

> 对于森林里的居民来说，每种树不仅长得不一样，发出的声音也不一样。一阵微风吹过，冷杉的呜咽和呻吟不亚于剧烈摇摆时的咆哮；冬青的枝条互相较量，发出阵阵呼啸；梣树抖了抖，嘶嘶作响；水青冈扁平宽大的枝条上下摇摆，发出一阵沙沙声……

这其中的原理很简单：每种树都有独特的叶形和树枝形态，空气流经不同形状和大小的缝隙，就会发出不同的声音。每种树的声音都不一样，树的声音组成了一座营地剧场。有一位作家写道，苹果树是大提琴，老栎树是古提琴，幼嫩的松树是柔和的小提琴，还有“雪松嘶嘶的吹气般的声音”。这不是说笑。日本人听“松风”，听的就是松树林里的风声，就自然和美学角度而言，松风确实值得一听。中国明代文学家刘基更是巧妙地把对音乐的敏感度和语用学视角结合了起来："而草木之中，叶之大者，其声窒；叶之槁者，其声悲；叶之弱者，其声懦而不扬。是故宜于风者莫如松。"

至于我们能不能达到这个高度，就看你的个人选择了。可具体该怎么做呢?

要靠听声音区分针叶树和阔叶树并不难，但要区分一棵冷杉和一棵云杉就有点难了。也就是说，就像观鸟爱好者认鸟看"气质"那样，我们也可以抓住树叶声响的"气质"。(鸟类专家的鸟种辨识能力令人叹为观止，他们看见远处一只鸟的身影一闪而过，或者是听了2秒钟鸣唱，就能说出这种鸟的名字。经过调查以后我发现，这里面没什么猫腻，只不过是他们对整个环境非常熟悉。) 在大自然中，这又是一种非常有用和重要的技能，值得开发一下，它能帮我们听声辨树。

假设你刚开始拼一幅1 000块的拼图，还没拼完多少。四个角拼好了，一条边的一部分拼好了，仅此而已。旁边一个小孩给你递了一块拼图。这块拼图很普通，它是污白色的，除此之外没有什么可以辨认的细节。

"哦，谢谢你。"你说，"我好像知道这一块在哪里。"你把这块拼图放在了一片空白处。旁边的小孩困惑地看着你打算怎么做。你指了指拼图盒子上面的图片，那是一幅透纳的风景画

《从迪恩山上看塞汶河上的纽汉姆村》。你解释说，画面中有深色的树和其他地貌特征、一片蓝天、几朵灰云、几朵白云，还有一匹苍白色的马。典型的透纳作品元素。白色的这一块要么是云，要么是马，但仔细看，马的颜色比云的颜色更加灰蒙蒙的。所以，这块白色的拼图肯定是属于画面远处的积云。根据上下文和排除法，它的身份就明朗起来。单看这块拼图，你绝对想象不出来这是一朵云；但在整幅拼图里，它只有可能是一朵云。如果换成别的拼图，这样一块白色可能属于一幢建筑物，也可能属于一片反光的河面。自然观察专家就是这样辨识动植物的。单听鸟鸣声和树叶的沙沙响并不能确定它们的身份，但可以大大缩小选择范围，甚至得出明确的答案。假如你对整幅拼图足够了解，明确其中一块的位置就绝非难事。

一位鸟类专家曾经跟我解释说，他们明明很熟悉某种鸟类，但如果在室内听到这种鸟鸣声的录音，他们却往往很难认出这种鸟来。他们需要鸟鸣声出现在原本的环境里。无论是听树叶声，还是观察和聆听自然中的其他事物和声音也是一样。越来越熟悉某个地点，就像越来越熟悉一个拼图盒子上的图案。一个一闪而过的身影，或是短短的一段叫声，就是你手上拿着的一块拼图。

那该怎样实际操作呢？我的建议是，先找一个地方，充分熟悉风吹过时树发出的声音，把它们收集起来。别想着跑去许多片不同的林子，走进去，眼睛一闭，等着那些树开口跟你自我介绍。后者的任务太艰巨了，只会让人感到沮丧和气馁。先在自己熟悉的树林里掌握几种最有特点的声音，你就会发现，哪怕换一个新地方，你也会开始认出它们的声音。

我认识的第一种树的声音是梣树的噼啪声。在树林的边缘，梣树高处的树枝噼啪作响，发出断断续续的响动，我花了好几年时间才渐渐熟悉了这种声音。早些时候，换个环境听到这种声音，我还不敢断言，只能确定那个声音来自树林边缘。开始时做到这种程度并不难，因为这个声音的出现还伴随着许多其他现象：枝叶间的嘶嘶风声越来越响、光线的强弱变化、地衣和常春藤变多、野花的种类变化，这些现象都意味着同一件事。后来，我的脑海里形成了条件反射，某个特定环境下的某个特定声音，答案只有一个。

不久之后，我在同一片林子里的另一个地方听到了同样的声音。还是那个熟悉的声响，但这次出现在一片水青冈树林深处，周围的环境倒是没有什么其他差别，给人感觉很异样。我没有自信满满、当机立断地下判断，而是产生了一种“奇了怪了”的感觉。我看了看四周，寻找着声音的来源和合理的解释。哦，原来，人们为了开路，曾经清理过一片树，这块小小的空地如今被梣树占领了。

很快，我在别的树林里也能认出这种声音了。树叶的沙沙声一响起，栲树的噼啪声就更明显和响亮起来。事实证明，栲树的声响是一种很难认错的声音，哪怕在我第一次去的树林里也是一样。不久以后，我就能从一片陌生的、更杂乱的沙沙声中认出栲树的声音来，就像在一片嘈杂声中接收到了信号一样。

这是一个非常激动人心的时刻，因为从这一刻开始，不可能变为了可能。只要我们能轻松听出来一种声音，就开始“上道了”，因为每一种我们认出的声音都是一块拼图，一旦拼上一块，其他部分也会变得一目了然。比如夏天一阵狂风吹过水青冈的声音，就仿佛远处的海涛拍岸，冲上一片卵石滩。再比如杨树的低语。黑杨树长在水边，在我听来，它们的嘟嘟囔囔就像卵石上的流水。随着声音收藏的不断增加，我们似乎达到了临界点，嘈杂声就会消退，耳中就只听得到风的信号。

上文似乎跑题跑得有点厉害，但我是故意带大家绕了个远路，现在让我们回到刚才说的那个营地。只要多加练习，学会听风吹过每种树的声音，就不可避免地会对风的变化更加敏感。如前文所说，任何风的变化都意味着天气的变化。一段深入树叶沙沙响的探索之旅，不仅会带来极大的乐趣，还能提升你的敏感度，让天气的变化再也不会从你身边偷偷溜走，哪怕你身在茂密的森林里。

但是请小心：敏感度越高，神经也就越脆弱。一旦你的听觉适应了风吹过栗子树这种最细小的声音，再听风突如其来拉响你头顶的松枝这类声音，你都会肾上腺素飙升，大夏天里吓得一激灵。尽管你的同伴毫无觉察地继续向前走了，你还是会停下来，转身去看发出声音的树。等你自己亲身经历一次，就明白我说的是什么意思了。

红叶与阳光

从树林里出来之后，找找周围的红色。森林深处可不太常有这种颜色。当我们从树荫中走出来，光线突然变强，红了的叶子便是很多树对光的回应。叶子的红色是由一种叫作花青素的物质造成的，葡萄、黑莓和李子浓重的色彩都要拜它所赐。如果树叶暴露在大量日光下，树木就会生成花青素，防止树叶被晒伤。我觉得，把这种化学物质和它的颜色想象成防晒霜更好理解一些。刚长出来的山楂树嫩叶很脆弱，它呈现出红色来保护自己。在灌木丛朝阳的南面，你可以看到悬钩子属植物的叶面也有同样的变色。

很多树都会有“古铜色”的兄弟姐妹，尤其是经人工培育用来赏叶的树种。古铜色的水青冈看起来和其他水青冈没什么两样，只不过前者有着浓重的、紫红色的锈斑，或呈古铜色。受日光照射最多的叶片变色效果最强，所以变色更常见于树的南边，而背阴处的叶子还保持着绿色。到公园或花园里绕着树走走，你会发现各个方向都有这种变色叶子，因为树的每一侧都能接收到部分阳光，哪怕不是直射阳光。但是，窥探一下树冠内部，你就会发现南侧树叶的深色深入树冠内部，而北侧的只停留在表面，更内侧的树叶还是绿色的。古铜色标示出了每棵树的小气候图。

水果的着色也是不均匀的。很多人觉得又红又绿的苹果才是好苹果。也许这是因为又红又绿的苹果酸酸甜甜，口味刚好。又或者是因为，如今好几千个苹果品种都有着同一个祖先，那就是野生苹果——新疆野苹果，它的果实就有着红绿相间的鲜艳色彩。新疆野苹果现在依然生长在哈萨克斯坦的山区里。

100多年前的果农们做了个实验，把带有字母图案的贴纸贴在了尚未成熟的苹果上。苹果熟了以后再把贴纸揭下来，可见被遮盖的果皮还是绿色，周围的果皮却都已经变成了红色。这是一个简单的实验，证实了苹果着色和阳光直射之间的关系。

观察还挂在树上的红绿相间的苹果，你就会发现红色通常朝着向阳的南面。不知怎的，我一看到掉在地上的苹果，心里就直痒痒，想通过苹果的颜色判断它挂在树上的时候是朝着哪个方向的。而且像我这样的怪人，看到厨房果盘里的苹果都不想放过……我会忍不住想把它"摆正"回它在树上的位置。每到这种时候我就知道，我又该出发去山里啦！

第十五章　植物、真菌和地衣

在博茨瓦纳的奥卡万戈三角洲，有研究人员做了一个调查，对小农场主群体进行了采访。他们找了592个家庭，问他们是否同意以下说法："通过某些特定的植物，我可以预测天会不会下雨。"

有四分之三的受访者表示同意。

巴布亚新几内亚的原住民会观察一种常见的芒草，他们管它叫gaimb。当芒草毛茸茸的种子开始飘散，就说明短时间内的天气会保持晴好。墨西哥特拉斯卡拉州的自耕农则会关注它们口中的izote，即丝兰属植物，这种植物冒出花芽，就意味着天要下雨了。

世界上每一种文化似乎都相信，植物可以帮助人类理解和预测天气。在离我家更近的地区有一种植物叫琉璃繁缕，它们有很多传统俗名，比如"牧羊人的晴雨表""牧羊人时钟"，因为快下雨或天色渐晚的时候，这种野花就会合上它的花瓣。

现在已经没什么人会用植物去预测天气，甚至连乡下人都很少这么干了。但人们还是普遍相信，用植物预测天气是可行的。众所周知，植物会根据天气变化做出反应，所以认为植物和天气之间存在联系的观点根深蒂固。植物还能辅助天气预报，事实上确实如此。但我们必须客观地看待这种预测的时间和空间局限性。关于一个地区接下来一个星期内的天气，野花说的难不成比专业气象学家还要准吗？显然不是。但野花可以透露小规模的天气变化，预测我们周边接下来几个小时或几天的天气，后者的信息并不会出现在正式的天气预报里。

借助植物理解天气最有效的办法，就是利用它们呈现出来的时间和空间地图。我们先来考量气候和季节，然后把范围缩小到小气候和小季节上，植物栖居的那个小小的天气世界（其中充满美丽的细节）就会展现在你面前，我们可以对它进行预测。

大家总是下意识地觉得，天气和植物之间存在紧密联系。如果我们坐飞机从英格兰飞往西班牙南部，从下飞机的那一刻起，你就会注意到周围的草更少，裸露、干燥的土地更多，上面生长着更多松树和棕榈科植物。下一年我们可能又会飞往美国佛罗里达州，这里也有很多棕榈科植物，但环境里有更多葱翠的绿色，更少裸露的土地。退一步说，就算看不到裸露的土地，大部分人也能看出西班牙南部和美国佛罗里达州的景色区别，明白这两种环境一个温暖而干燥，另一个温暖而湿润。

把气候和季节结合起来看，我们就能推断出几种可能出现的天气，但没法明确每种天气出现的概率。1月的达特穆尔高地（普利茅斯北面大约30千米处，位于英吉利海峡的一侧）上出现炎热、干燥天气的概率很低，但不为零。1月的佛罗里达州下雪的概率很低，但也不为零。1977年1月，美国的迈阿密州就下过一场雪。

每一种植物都在向我们传达关于气候和季节的信息。两种信息组合在一起，我们就能得出特定天气出现的可能性。通过植物预测天气是一种非常基本但科学的方法，其中的原理再简单不过。这种程度的预测不过是常识，但只要我们不断打磨基本技巧，也能推测出一些有趣的信息来。已知过去和现在，我们就可以了解不久之后的将来。

一开始，你可能只想关注植物物种的明显差异，比如，山坡上更潮湿的一侧会长更多需水量大的植物。从远处看，这种区别最先体现在树木上。包括欧洲赤松和黑松在内的所有松树都喜欢大量日光照射，但欧洲赤松比黑松更能耐受潮湿的地面。因此在潮气重的地区，欧洲赤松比黑松更常见。但如果光照和土壤的条件都合适，这两种松树同时生长在一个区域，那么在山坡上潮气更重的上风处，欧洲赤松生长得更好，而黑松喜欢更干燥的下风处。如果空气潮湿、积云高耸，其他种种迹象也表明天要下阵雨，那么周围的松树就会告诉你，雨是会落在这里还是落在别处。

自然导航与锋利的手术刀

对自然导航早有兴趣的人会注意到，植物绘制了阳光、风、水和其他许多变量的地图。让我们先给自己的神经热个身，花点时间享受一下自然导航线索的丰富和精妙。等我们要寻找天气征兆的时候，我们的感官才会像手术刀一样在关键时刻足够锋利。

无论是在山坡南面，还是树林、石头和其他任何能挡光物体的南面，你都能发现更多喜阳植物。花朵也会迎着太阳生长：在开阔的地方，它们通常会面朝南方和东南方之间。在极寒之地，所有植物都长在面朝赤道的那一侧，因为这个方向的适宜气候持续时间最长。英格兰的葡萄都长在南边的山坡上，也是同样的原理。但在过于炎热的地区，植物会长在背向赤道的那一侧。因此，在炎热、干燥的阿特拉斯山脉（横跨摩洛哥、阿尔及利亚和突尼斯三国），森林通常生长在北面的山坡上。凑近看看，就会发现植物还包含着更多丰富的细节。

对于自然导航者来说，这是一门艺术。每一种植物都会反映它周围的环境，同时也扮演着指南针和地图的角色。我们得意识到，不仅我们遇见的每一株植物都蕴含着某种信息，每一株植物的每一个部分也是如此。柳树的出现意味着附近有湿地甚至是河流，除此之外，在向阳的南面，它们的柔荑花序还会率先开放。

像蒲公英之类的一些花在山坡的南面和北面都可以生长。蒲公英在南坡更常见，在北坡花期更晚，仿佛逐渐开放的花朵翻越了山顶一样。当然，花儿哪也没去，它只不过是忠实地反映了周围的环境，还有它所经历的气候和天气。朝南的山坡更温暖、日照量更大，而北面的山坡更阴凉，因此南面的花开得更早。

从3月中旬到4月中旬这段时间，如果你沿着山上同一条路线散步，可能就会误认为蒲公英花只在南坡开放。5月，走过同一条路线，你又会怀疑它只在北坡开放。有些蝴蝶会在花期的早些时候出现在南坡，晚些时候又在北坡出没，比如北美洲的艾地堇蛱蝶。蒲公英和蝴蝶描绘出了一幅山的地图，向我们传递着方位和小气候的信息。对植物栖息地和行为的敏感度达到这种程度，就会发现植物所反映的天气信息和其他天气线索高度重合。

我们知道，降雨从来都不是毫无规律的，而是取决于地方性温差和地形。降雨背后的逻辑决定了哪些地点更常下雨，哪些地点不常下。与此同时，所有的植物都对湿度很敏感。当我们凑齐了所有拼图，就会发现某一种特定的植物会试图告诉我们，雨水将会在哪里落下。我们不用去记住所有喜湿植物，只需在碰上大雨的时候，留意一下身边有哪些植物，再看看这个地方和高地、城镇或林地处于怎样的相对位置。然后你就会开始发现一些现象，举例来说，山坡的迎风面上有些特定的植物喜欢规律性的降雨，它们不会出现在背风的山坡上。正是这些植物将为你指示出下一场雨的位置。

就像我们之前讲的发生在阿拉伯沙漠里的那个例子一样，干旱地区一旦下雨，花朵就会绽放。干旱地区的花标示出了有水的地方。这种现象叫“集中开花”（雨后不久花朵的爆发式开放），它不易察觉，但其实非常常见。在有的沙漠里，植物演化出了在干旱条件下休眠很多年的本事，等一个痛快的雨季过后，花儿就会一股脑儿冒出来，集体开放。在美国加利福尼亚州卡瑞索平原上的草地，集中开花现象大约每10年会发生一次。

我在湿气比较重的地方散步时，会看到一排名叫灯芯草的植物。如果它长在河边或大型静水水体旁，我就不会参考它来预测天气，但哪怕它的位置比河水高一点儿，我都会质疑它的来头。答案通常会是频繁的暴雨。如果天要下暴雨时发现了灯芯草，可想而知暴雨很有可能落在我的头上。

那如何判断暴雨是否即将到来呢？除了满天的云、风还有我们讲过的其他各种线索，植物也在诉说着要下暴雨的迹象。空气湿度上升后，人的嗅觉就会增强，所以很多人声称下雨前的花更香。但有些植物经不起风吹雨打，临下雨前会合上自己的花朵，比如蒲公英、旋花、毛茛、郁金香、番红花、雏菊、万寿菊、刺苞菊、龙胆、田野牛漆姑和蓝花赝靛，它们都会赶在坏天气前合上花瓣。白花酢浆草和车轴草在下雨前会合上叶子；栎木银莲花不仅会合上花瓣，还会垂下茎。

不同的植物会做出不同的反应，它们的行为机制也不同。郁金香和番红花合上花瓣是因为温度下降，而蒲公英对温度和照度的下降都有反应。有些花会对湿度变化产生反应，这些花通常都是夜间开放，比如蝇子草属的植物。

有科学考察和个人观察声称，天气剧变前，花朵也会变化。但我还没有找到任何证据能够证明，植物的反应会比前文中讲过的其他天气征兆更快，至少没有云和风的征兆快。所以，尽管植物能帮助我们预测天气变化，但它们不是最早出现的征兆。

草的征兆

草里面蕴含着一些简单的信息。这是件好事。因为大部分生境里都长着许多草。比较高的草的倒伏方向，可以反映出近期或当下的风向。风向变化是一个非常重要的天气征兆，能注意到草丛的图案，就相当于多了一种关注风向变化的好方法。如果一片草早上倒向一个方向，下午又倒向另外一个方向，那晴朗的天气可就持续不了多久了。

既然你已经在读这本书，我就不怕讲太深奥的东西会把你吓走了。你最好能有这样的意识：没有草不敢说的，只有你不敢信的。草丛里隐藏着关于光、风还有天气趋势的小秘密，它们是天气的记录者。草丛里有些细小的线索，真的很锻炼人的感官敏感度。

常见的鸭茅会非常缓慢地朝着风吹来的方向移动。它的草叶被风吹得倒伏在地，但和其他长得比较高的草一样，新芽在草丛迎风的那一侧长得更好。这是因为落叶和其他小碎片会在草丛的背风处堆积起来，迎风处则被风“打扫干净”了，更方便新芽冒出来。也就是说，草丛会缓缓地向风吹来的方向蔓延。根据草丛的形状可以得知，昨天的风、上星期的风和去年的风都从哪儿吹来，因此也可以推断明天的风最有可能从哪儿吹来。

沼垫草生长在山坡或沙丘上这种开阔、瘠薄的环境里。这种草丛向四周蔓延开时，阳光更好的南面长得更茂盛。时间一长，那些长在内侧的、年纪最大的草就会枯死。这两种变化使草丛呈马蹄形，两条细长的“尾巴”一齐大致指向北方，弧形的部分则指向南方。

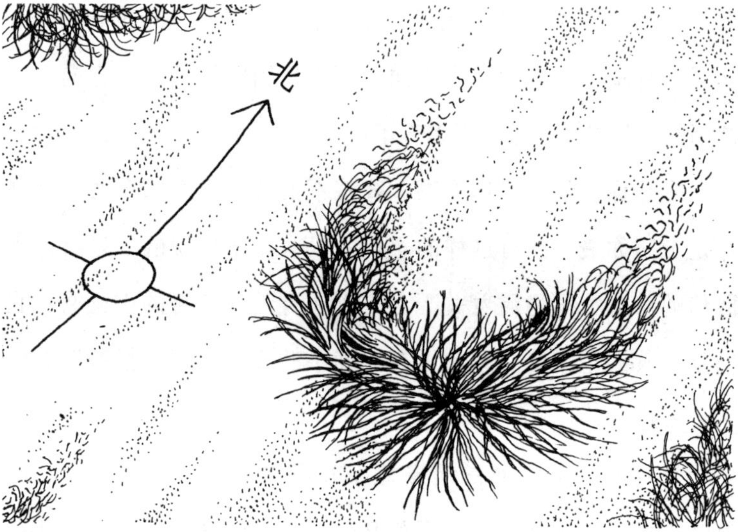

马蹄形的沼垫草丛

矮小的草丛也和高大的树一样，轻声诉说着关于天气极端程度的真相。每一种植物对天气的耐受都有极限。霜冻、洪水、干旱、高温和风都可以导致植物死亡，而植物的生命只有一次，所以不同的植物就为我们提供了不同的天气预报。帚石南承受低温、降雨和风的能力都不错，但遇上干旱天气就会很脆弱。所以，在帚石南生长的地方，我们可以推断，干旱的魔咒不会太持久。

欧洲蕨

欧洲蕨是个特例。这种高大、皮实的蕨类植物的生存空间和时间跨度都是最广的。它的踪迹遍布世界各地，而且是地球上的老居民了。在很多地区，欧洲蕨被当成惹人嫌的入侵者，不过，每一个想把它斩草除根的人，都要做好拉长战线的准备。在5 500万年前形成的化石里，甚至都能发现欧洲蕨的踪迹。

欧洲蕨喜欢不结霜的夜晚，因此背阴处的欧洲蕨标记了霜冻线的位置。在开阔的地方，欧洲蕨的高度反映了当地的平均风速，风越大，它长得越矮小。如果一块地方过于暴露，欧洲蕨就会让位给欧石南和草等其他物种。

一年生植物与多年生植物

无论在哪个季节，哪个地区，都会有某些物种能反映某种天气出现的概率。我不会一股脑儿列举几百种植物，而是会告诉大家一个有用的经验：一种植物为你提供的信息，只能适用于它所在的那个季节。一年生植物只能活一个生长季，因此它们能够生长的环境，夏天足够温暖宜人，但冬天会变得可怕而凶残，不过那时它的生命已经落下了帷幕。而多年生植物能活很多年，它们需要周围的环境能年复一年地满足它们的生存条件。

一年生植物只能向你透露春天和夏天天气的信息，至于晚秋或冬天，它所知甚少，或者一无所知。喜马拉雅凤仙花是一种喜欢长在河岸边和潮湿荒地上的植物，分布广泛，从英国到新西兰，甚至在北美洲的某些地区都能见到它的踪迹。它的花很大，微垂着，呈粉紫色，看似喜欢温暖、温和的夏季。事实的确如此。但是，要度过恶劣得超乎想象的冬季，它也有一个聪明的办法——作为一种一年生植物，它选择死去。在它原产地的山谷里，这是唯一一种值得一试的越冬策略了——作为一株植物，谁愿意在喜马拉雅山上过冬呢？

常绿植物则是多年生植物，所以它们能更好地反映出冬季极端天气的大致情况。而有鳞茎的植物一年中大部分时间都盘踞在地下，它们的存在意味着天气可能还没到最恶劣的时候。郁金香不仅能扛过严冬，还必须经历冬天的寒冷才能开花呢。

耐寒性与霜冻线

通过植物可以估测季节性极端天气。如果你想进一步精进这项技能，那就试着关注一下你所在地区的耐寒区吧。根据植物在冬天的耐寒表现，园艺学家对植物进行了评级。世界各地的评级系统有所差别，但原则相同。美国农业部把植物分成了从0区到13区这14个等级，0区的植物可以耐受低至零下54摄氏度的低温，而13区的植物是热带物种。举例来说，郁金香在冬天的耐寒程度介于3区到8区之间，意味着它能够耐受零下9

摄氏度到零下37摄氏度的低温。

这些信息反映的是气候，但如果和其他天气征兆结合起来考虑，也可以帮助我们预测天气。离开了园艺爱好者们的滋养，野外的大自然条件十分严峻。一片1平方英尺的土地上，可能就有上千种植物互相竞争。也就是说，每种植物的每一个竞争优势都有意义。我们认为每种植物都隐含着关于它的生态位的信息。有些植物只能在夜晚常年寒冷的地方生存，比如极地草茱萸，因此，它给出的天气预报简单易懂：日落之后多加衣。

如果在山坡上看到不耐寒植物和耐寒植物无缝衔接，那么恭喜你发现了一条霜冻线。在秋天晴朗的夜晚，我们就能看出哪里会出现极端低温了。虽然前文中我们已经讲过了霜，但这一小节里依然会有些超出一般人想象的情况。假设你10月份去露营，打算驻扎在一片山谷里，但在周围发现了些欧石南这类非常耐寒的植物，那我建议你最好爬到霜冻线以上，去那些欧洲蕨和其他不太耐寒、叶片更肥厚的植物生活的地方。在霜冻线的边缘，你会看到有些植物挑战失败的痕迹——那些是在去年的冰霜中枯萎的灌木。

时间与气温

昨天晚上，在一片水青冈树林里，我在护林员的高塔上坐了几个小时，感受4月里晴朗的一天过后，春天是如何从树林里升起的。那些最幼嫩、最矮小的树已经长出了完整的叶子，而水青冈的树冠还没怎么开始发芽。矮小的树总是比高大的树更早长叶子，通常要早几个星期，因为它们得赶在高大的树冠遮蔽天空之前收获几缕阳光。

物候学是一门研究季节现象的科学，人们赞扬着大片大片横扫而过的季节变换迹象。但四季并不是一口气降临在一个地区的。它们有自己的步调，带来一系列变化，有些是非生物的，比如气温和日出时间；还有一些是生物的，比如蝴蝶的飞舞和花儿的绽放。这些迹象在有的地方出现得早，有的地方出现得晚。在美国，春夏势力会从南方和西南方开始入侵，一路穿过整个国家，向北方和东方进发。在佛罗里达州喜迎温和的天气和嘹亮的鸟鸣时，缅因州有可能还被覆盖在寂静的白雪之下瑟瑟发抖呢。

等物候线是指地图上所有经历同一物候现象的地区连起来形成的线，它标记着某一季节通过某一地区的前线。一整个国家的等物候线看起来挺整齐，但我们越是把视角拉近，就越是会发现等物候线有多么弯弯绕绕。就像前文中提到的，对于蒲公英来说，一座山两边的季节并不相同。无论你通过什么样的征兆来判定某一季节的到来，你都可以肯定，它到达山顶的时间和到达山脚的时间是不同的。

这对我们理解天气又有什么意义呢？我们应该像看待气候那样看待季节：就像气候有小气候那样，季节也有小季节。有时候，一株植物里就能看出小季节的变化。看看山楂树里的春天：最靠近地面的树枝上开花的时间，远远早于高处的树枝。既然一棵小树上就能看出季节差异，那可想而知，在一个拐角的两边，春天的到来也会差上一个星期的时间。小季节的存在提醒着我们，哪怕我们只是绕着一棵树走，也应该能感觉到天气的变化。

气温的变化刺激了植物的季节性生长，并控制着生长速度。割草坪的人对这一点再熟悉不过。不同的草生长速度不同，但只要气温低于5摄氏度或高于32摄氏度，草就会停止生长。在更天然的环境里，那些长得最长的草为我们标出了温暖、潮湿和有遮阴的区域。

为了过冬，林地里许多低矮的植物都会在地下储存养分，比如雪滴花、蓝铃花、榕毛茛和五福花。早春时节，在那些迅速温暖起来的地方，它们最先迸发出生机。这些小片区域看起来相当明显——在我家附近的森林里，我可以眼睁睁地看着每种植物的花像滚轴滚过般绽放，首先是那些随着春天的第一缕阳光开始暖和的地方，最后是那些到了5月才会暖和起来的地方。上面列出来的最后一种植物——五福花，更是很好地体现出了纬度、海拔和气候之间的抱团关系。高纬度地区的气候更寒冷，那里的五福花生长在海拔更低、更温暖的区域；而在气温更适宜的低纬度地区，五福花生长在更凉爽的高海拔地带。在我家附近的小山上，我得爬到半山腰才能见到这种花。

山上的严寒把树木的生长限制在了一个特定的海拔高度以下。同理，暴露的环境和低温也会使低矮植物的生长受到限制，甚至改变它们的外观。比如，人工种植草地的产量会随着海拔的升高而下降，这很好理解，而且也在意料之中。粗糙灯芯草是一种很坚韧的草本植物，遍布英国，生长在开阔的欧石南荒原、沼泽和山区的湿地上。你越往山上爬，这种草的花柄就越短，开花数量就越少。全世界各地都可以观察到类似的现象。

我们身边的植物都在对气温变化做出反应，不过，它们也能改变我们的体感温度。在一个不大有风的日子里，每走进一片长着不同植物的区域，就能感受到气温随之发生变化。每种植物都用自己独特的方式回应着阳光的辐射，哪怕在阴天也是如此，所以它们升温和降温的程度都不同。从沙地走进欧石南地，温度的变化相对较大，但还有很多变化是相当微妙的。科学家们发现，彼此相邻但用途不同的草地上方，气温会出现差异。重施肥条件下的农业用草地要比附近任何一片野草地气温更低。气温太低，蚱蜢们的卵就没法孵化。蚱蜢之所以只出现在野草丛里，这就是原因之一。

树叶的线索

树叶里有一个世界等着你去发现。

树叶很容易受到恶劣天气的伤害。它们总是能反映出宏观气候和局部小气候，同时给我们提供这两方面的线索。但我们得结合其他主要因素来一起考虑，比如土壤。土壤越是潮湿、肥沃，叶片就会长得越大。想想看，热带丛林里的叶子又大又软，而沙漠附近的叶子又细又硬。一旦我们意识到这一点，叶片的生长趋势就能帮助我们感知小气候。

叶片受冻越严重，长得就越小；所以越往山的高处走，叶片面积就越是会缩水。一项研究发现，从海拔1 900米到海拔2 450米，羊菊的叶片面积可缩小一半。

凑近点看，我们会发现更多地方性的独特线索。仔细观察一株植物，会发现越是高处的树叶，生长方向就越是接近竖直。但这个变化不是均匀的，这种不对称性中就隐藏着一些线索。在阳光更好的南侧，更多树叶的叶尖指向地面，这样叶片表面就能接收到更多阳光。而北面的树叶会向外伸长，抬起脸迎着天空，因为在植物的北面，从上方洒落的阳光最多。

再走近一点，你也许会注意到，南侧的叶子长得更紧密，而北侧的叶子长得更稀疏。比起阳光下的叶片，背阴处的叶片会从茎上伸得更远。（用植物学术语来说，就是“节间”和“叶柄”会变得更长。）

而且，背阴处的树叶面积更大、颜色更深、厚度更薄。面积最大的叶片位于背阴但不避雨的地方。找一丛高大的灌木或树林，看看它北侧的低处，就是那些既足够阴凉、上方又没有遮挡的地方。这种位置同时确保了阴凉和雨水，因此能孕育出最大的叶子。在某种程度上，这些细节线索能用来自然导航，同时也能用来预测天气。一丛小、厚、色浅、茂密的树叶，说明这个地方能持久地接受阳光照射，并在短时间内维持着同样的趋势。

再走近一些，摸一摸叶子。叶片的质感能反映出一个地区

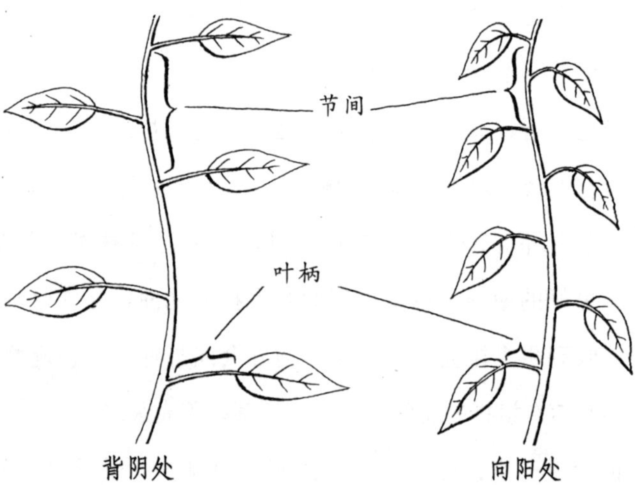

最常见的天气类型。如果叶片肥厚、肉质饱满，则当地最常出现炎热、干燥的天气。如果叶子摸起来有点儿硬，质感像皮革，那么当地更常出现寒冷、干燥的天气。爬山的时候，海拔越高，空气就会越冷、越干燥，所以叶子也会变得更具有皮革质感。

当你从一片风景中穿过，经历了丰富多样的小气候变化，从干燥、晴朗的地方到浓密的树荫下潮湿的地方，请留意植物的物种如何随之发生变化，叶片的形状如何出现改变。连叶片的弯曲程度都能提供小气候的线索：有些叶子刚开始向上生长，就朝地面垂下了头，形成了一个拱形。这类叶片大都出现在浓密的树荫下或潮湿的区域。毛地黄和有些兰花、很多草本植物会出现这种现象。

真　菌

采菌子的人对天气极度敏感，因为天气的变化对真菌子实体的形成影响很大。真菌能告诉我们很多关于土壤、附近的植物和小气候的信息。

一天下午，我儿子指出了一个非常明显，却被我忽略了的线索。那天他刚放学，我们一起坐在厨房的桌边，我开始聊起早些时候我见到的一些马勃。他发自内心地表现出一些兴趣，而我完全没想到放学后一场关于真菌的对话会有这样的效果。

我解释说，当一滴雨水落在马勃表面，它就会喷出一团烟雾，里面含有数百万计的孢子。我还跟他说，我们可以到树林里去，拿根小细棍子戳这种真菌，让它以为是下雨了，这样我们就能看到孢子喷射升空的场景。

“所以，”他含着满嘴吐司说，“只有潮湿的地方才会有这种蘑菇。”这个句子的结尾并不是升调。他不是在提问，而是直接告诉了我答案。我简直太骄傲了。不过我也有点儿担心，我这番灌输会把他下次考试要用到的三角函数还是什么其他知识给挤了出去。

真菌对光、温度和湿度的变化都很敏感。很多人在家就能证明这一点：当你发现房间里的潮气时，看到的往往不是潮气本身，而是在凉爽、背阴和潮湿的表面上长出来的蘑菇。

真菌利用光的方式和绿色植物不一样，它们不进行光合作用。但光的存在依然很重要，因为有光意味着真菌冒出了地表，可以形成子实体了。温度和湿度的浮动则更加重要。在夏末或秋季，很多真菌遇上突如其来的降温或温度剧变，子实体的形成就会加速。很多人认为，地表一夜之间冒出了蘑菇，就意味着湿度增加，坏天气要来了。但其实这个说法要看你观察的是哪一种真菌，因为每一种真菌的反应会有点不一样。长时间的干燥天气确实会抑制真菌的生长。所以，当极度干燥的天气突然变得潮湿时，就会刺激真菌的子实体冒出地面。

地上长蘑菇不太可能属于天气变化带来的最早的征兆。前文中讲过的很多线索要比蘑菇冒出来的时间早得多。真菌只是合唱团的一个成员，而不是领唱。初秋时节，气温出现过山车般的变化时，或地里下过第一场霜后，我才会花更多时间享受寻找真菌的乐趣。但从天气征兆的角度来说，只有当秋天的冷气团到来时，我才会把真菌子实体的形成和体感天气的重大变化联系在一起。比起天气征兆，真菌更像是天气变化的副产物，只不过它们观察起来也很令人满足就是了。

上文中说的这些生物学反应，只是真菌巨大潜能中的冰山一角。有些科学家认为，很多真菌会在感受到气压下降时喷射孢子，如果这一点能够得到证实，那么我们就能利用它们进行更多不可思议的天气预测。这意味着真菌会对环境中的任何一个变量做出反应。在真菌和天气征兆的联系上，还有很多令人兴奋的秘密等待着我们去发现。

地　衣

地衣蕴含着一些令人惊奇的天气线索。但在我们进一步深入之前，得先熟悉一下这种令人愉快的生物有什么习性，尤其是它们和水的关系。地衣直接从空气中获得水分。因此比起植物和真菌，地衣是一种更纯粹的小气候估测仪。有很多种地衣在海边茁壮生长，也有很多种地衣在海边几千米的范围内都不会出现。这种差异和当地的土壤类型无关，而是因为不同种地衣对盐分和空气性质的敏感度不同。

地衣和苔藓主要通过两个方面来反映一个地区的湿度。很多地衣只在潮湿的地方生长，所以如果看到大量这类地衣，我们大可放心地认为周围的环境是潮湿的。不过，寻找“地衣风向标”也是一件很有价值的事情。由于地方性风的特点不同，尤其是当盛行风特别潮湿或特别干燥时，树上的地衣就会一边长得好，一边长得不好。对于生长在表层和浅层的地衣来说，光的影响相对更大。但对于悬挂生长或球状的地衣来说，它们在树或其他障碍物的迎风面还是背风面长得更繁茂，是一个值得关注的风的信号。

在那些风不是主导因素的地方，就得看看雾。地衣描绘出了一幅雾的地图。（如果你不确定风是不是主导因素，那就看看那些最高的树的最顶端。如果树顶不是歪的，就说明当地的风很温和。）很多地衣都喜欢雾：雾给地衣提供了它们没法从土壤中获取的宝贵水分，让它们不必依赖有可能比雾更少见的雨水。

荷兰的研究人员有一个惊奇的发现：通过观察地衣，你可以判断当地一个月里会有几天起雾，甚至还能判断雾是出现在白天还是夜晚。（地衣更喜欢白天的雾，因为这样一来，它们到了夜里就能闭合起来，更有利于撑过最干燥的日子。）下次清晨爬山的时候，如果遇到晨雾，试着记住树上的地衣种类，观察一下，当你穿过晨雾走进更干燥的空气中时，地衣的种类有没有变化。记下那些喜欢长在雾中的地衣种类，等到没有雾的日子里，你就可以借助这些地衣预测和标记出下次起雾的地点。

很多种地衣的生长状况会随着空气湿度的变化而变化，空气越潮湿，地衣就越膨胀。就像19世纪的博物学家理查德·杰弗里斯说的那样："一球悬铃木长满黑斑的叶子垂了下来，但苔藓越长越厚，变成了深绿色；和夏天炎热干燥的那会儿相比，现在的地衣得到了滋润，小喇叭似乎张得更大了。"

黑莓的潜力

自然界中很多风的地图就藏在我们鼻子底下。夏末和秋初时候最适合出去找野果了。找几棵挂满成熟果实的黑莓灌丛，摘点黑莓尝尝看。你很快就会发现，每颗黑莓尝起来都不一样，其中的味道差异相当惊人。

黑莓有200多个亚种，这在一定程度上解释了黑莓的地区性差异。但在同一片区域内，向阳处和背阴处的黑莓也对比鲜明。水果的含糖量越高，味道就越甜，而合成糖所需的能量只有一个来源，那就是太阳光。开阔的、朝南的位置结出的水果更甜。

不过，相对于黑莓的巨大潜力来说，上面的推论很有可能只触及了表面。在南美洲，有人用和黑莓同属悬钩子属的灰绿悬钩子做了些实验，得出了一些不寻常的结论。灰绿悬钩子和我们熟悉的黑莓不一样，它长得更像罗甘莓，同黑莓只有一丁点儿相像。我在这里提到这种水果，是因为它可以让我们看到，只要人们花时间把当地植物研究透彻，它们就展现出多么巨大的潜能。

这种南美洲版黑莓能结出大量气味浓郁的果实，还能用来估测风速。每一颗灰绿悬钩子都是许多更小“小果”的集合体，其实，莓果上的每个小颗粒都是一颗独立的果实。数一数每颗莓果上小果的数量，你就能估测你所在位置的风速。小果数量越多，平均风速就越大。

这种水果风速计的原理是什么呢？昆虫可以帮助黑莓进行异花授粉，但黑莓也可以借助风来进行自花授粉。风越大，成功授粉的花就越多，每一颗黑莓上也就能结出更多小果。

植物中蕴含着一层又一层的信息，从不会让好奇心重又爱观察的人失望。一切现象的存在皆有理由，而且植物从不遮遮掩掩，它们很容易观察。夏天，在爱尔兰看见几棵棕榈科植物，我们可能会认为这里的冬季很温和，并感觉到我们处于温暖的小气候之中。不过温和的冬天和温暖或干燥的夏天可不一样。那么再看看，棕榈科植物周围是否有成片的大麦地，但没有小麦地呢？这个现象说明，此处经常下雨。

爱尔兰西南部的气候足够温和，适宜棕榈科植物生长，于是我们推测小麦也可以生长，但事实根本不是这样。这里的夏天太凉爽、太潮湿了。其实，因为爱尔兰西南部湿度太大，借助农作物预测天气的正确方式是这样的：如果周围有大麦，就说明天在下雨；如果没有，说明雨在半路上了。

当你经过一片小麦或大麦地时，你或许有兴趣了解一下日语里的“麦浪”（honami）一词，说的就是农作物的穗如何在风中形成波浪。

第十六章　小插曲：石林

那天一早我就忧心忡忡的。8点01分，我身在加拿大班夫，舒服地坐在一家名叫“图娄娄”的咖啡馆里。高桌上铺着薄薄的格纹棉布，桌边摆着老旧的木椅。空气中飘满了糖浆和脂肪的气味。我左手揣进了夹克衫的口袋，摩挲着一罐防熊喷雾。

就是在这天早晨我意识到，我怕熊。不管把现实情况在脑子里过了多少遍，我还是很难控制自己的情绪。我特地确认过，11月的班夫地区已经有几十年没发生过重大的熊袭击人事件了。然而人一旦被恐惧情绪支配，摆出再多数据也是无济于事。

我的恐惧绝非出于理性，其实大家在户外感受到的大多数焦虑都是如此。比如，光线变暗就要小心前进，这是出于理智；但害怕黑暗处的东西，这是任何冷静分析都无法解释的。

大部分被熊袭击后幸存的记载中提到，受害者会把喷雾放在非常方便拿取的地方。那天早晨穿好衣服之前，我特地练习了一下，为的是能一气呵成地从口袋里掏出喷雾并拔下保险栓。我又读了一遍国家公园指南里关于遇到熊时如何防身的那部分。显然，和熊狭路相逢时，我们必须从以下两种策略中二选一。

如果你认为熊正处于警戒状态，那接下来就要想办法让它安下心来。不要逃跑，因为这会引起熊的追逐行为，可想而知，你是跑不过熊的。最好的办法是缓缓地后退，同时发出一些轻柔、安抚的声音——要是谁和熊面对面时还能做到这一点，那么请接受我最热情的赞赏。如果熊继续朝你逼近，你开始着急了，那就躺在地上装死，用双手保护好自己的后颈。拜托，光是想想这个场景，我就浑身发毛了。

如果你认为熊打算发起捕食性进攻，把你当作某种食物来源，那我们就要采取完全不同的另一种策略了。拿起石头、刀等任何手边的东西进行反击，有什么就用什么。我倒是想知道，面对一头正在朝自己接近的熊，谁能有类似的经验，或者说谁又能保持镇静，去判断熊处在什么状态，并采取合适的生存策略呢？反正我不行。

问讯处的一个年轻姑娘告诉我，我这瓶喷雾的最大有效距离是5米。乍一听5米很远，但我又仔细想了想，要等一头熊跑到你面前，跟你的距离只有一辆车长那么近的时候，再按下喷雾的按钮，我不知道自己有没有这样的胆量。我真的可以等到连熊的眼白都能看清楚的那个距离吗？熊有眼白吗？没有。可是想想看，使用喷雾的时机不对，反而有可能引起熊的攻击。如果喷雾用得太早，防熊喷雾会变成激熊喷雾或者更糟糕的熊狂暴化喷雾吗？

我右手拿着的菜单也是我防熊对策的一部分。我听好几个人说，背着食物的人与饿着肚子的熊是一个危险的组合。因此我的解决方案是，这天徒步时，我身上不带任何食物。然而，不带吃的进雪山是个下策，但我会根据自己的情况对户外生存智慧进行“量体裁衣”，而且我不是第一次这么做了。这次的“裁剪”基于一个简单的事实：人不吃饭，能撑几个星期才死；而遇上一头又饥饿又愤怒的熊，人撑不过几秒就会死。

“裁剪”后的策略是否明智暂且存疑，但它意味着我得实实在在地吃下一顿加拿大式早餐。我对北美特色早餐期待已久：一大盘子食物，从开胃菜无缝衔接到甜食再到开胃菜。我喊了一位女服务员点单，她脸上坚定不移的笑容让我确信，我的选择是很明智的。在一个小费文化特别盛行的国家，哪怕是做最小的决定，人们也会产生一种自己很明智的感觉。

很快，一盘培根和菠菜煎蛋卷就上来了，旁边还配了一摞蓝莓煎饼。不过我很快发现，“蓝莓煎饼”充其量只是种委婉叫法：那堆东西里确实有煎饼，也有蓝莓，但它们都被深埋在一团绵软的发泡奶油、糖粉和枫糖浆下面。我听说，肥胖症是由很多方面因素导致的，其中有些因素现在就躺在我的盘子里。

那阵子我正在加拿大的卡尔加里工作，对这一天的休假期待已久。我的计划很简单。首先，早饭后爬个中等高度的山消消食，1 675米的峰顶在英国算得上是巨峰，但在落基山脉只不过是个小山头。好在我的起点班夫海拔已经有1 370米，大大缩短了我的攀登过程。下山以后，我打算稍微进行一些跨境自然导航，然后走另一条路去石林。什么是石林呢？

石林是又高又细的岩层。当一小部分软质岩石受到上方更硬、更重的石头遮挡，从而免受侵蚀，石林就形成了。它还有很多美丽的名字，比如地球金字塔、帐篷岩，还有我最喜欢的“精灵烟囱”。

这次徒步，我打算把对风的观察提高到前所未有的敏感度。我事先调研了这里的光、云、树，以及土地的形状和颜色。这天一早，我就感到有冰凉的山风迎面吹下来。这种情况正适合环形烟形成，这意味着我的气味会一会儿上一会儿下地飘动。

经过两片树林之间的空地后，我歇了一会儿，感觉到山口风从我背后吹来。这样我的气味就会被吹往前方，不像迎风走的时候那样很难惊动鼻子灵敏的动物们。每遇上一阵涡旋，我就感到一阵喜悦，因为我的气味也会跟着扩散成一个大圈，那气味宣告着“喂！我在这儿！”。然而，不可避免的是，我时不时需要长时间地迎风前进，我一点都不想这样。平时，我会很开心能增加偶遇动物的概率，但这次不行。

我沿着一条小路上山，周围的针叶树越来越矮。来到山顶后，周围的风更强了，涡旋更少了——我周围的每一棵树无不反映出风力雕琢的痕迹。我展望落基山脉，目光漫无目的地扫过远处的林线和雪线，就这样度过了快乐的半个小时。我发现在山的背风面，林线的位置显然更高。我还发现三条平行的陡峭山沟，沟里的针叶树林线比两侧开阔山坡上的林线高出来几百英尺。主雪线之下有上百个凹陷处，它们都是“雪洼”。

下山的时候，我竖起耳朵听风穿过松林的声音。我绕过石头的时候，风声会变调；我越是往下走，风声就越小。在一条小路的转弯处，有一个声音引起我的注意，我停了下来。是我出现幻觉了吗？两排松树之间出现了两条电线，连向不远处的一根电线杆。是那些电线改变了风声吗？我不知道。

我一会儿走在小路上，一会儿偏离小路，就这样走了几个小时，美味的煎饼已经成了遥远的回忆，我还没有发现任何熊出没的迹象。数据和事实对于驱散恐惧没什么效果，但体育锻炼和一丁点儿饥饿感却有奇效。一时间，往背包里装点零食似乎变成了值得一试的冒险。毕竟，我当时的位置距离繁忙的城镇并不远。接着，我听到了一个声音。那是一声吠叫，还是一阵咆哮？反正是某种动物发出来的，声音很大，距离不远。我僵住了。然后我开始唱歌。

唱歌是当地推荐的防熊策略之一——不是开玩笑！按理说歌声是人类独有的特征，熊一下子就能认出来，然后主动远离。在世界上的其他地方，比如斯堪的纳维亚，专家建议人们在背包上佩戴熊铃，铃铛声响个不停，就能告诉熊，有登山者正在接近，好给它们留出足够的时间撤离人经过的区域。但有一个老手劝我说，这一招在落基山脉行不通：显然，对于棕熊的北美亚种来说，铃铛的声响听起来就像流水，会吸引它们前来查看。

我可不想遇上什么前来查看的棕熊。我是个音痴，而且音域窄得只覆盖几个音符，所以没几首唱得拿手的歌，因此，我只熟练地记住了其中一首。树林里回荡着一点都不悦耳的旋律，那是莫尔·特拉维斯的《十六吨煤》。

歌唱到了第四节，我正用“一只拳头是铁，一只拳头是钢”这样的歌词为松林献上一首小夜曲，突然，周围的采光改善了很多，我的歌声听起来也没那么响了。我小心翼翼地走出树林。来到了一片草地。我感觉到周围的温度下降了。

我一下子很难看清周围。不过是在树林里走了几个小时，出来后的短暂失明效果就被放大，但我确实有那么几秒钟看不清东西。我看见眼前有几个棕色的影子在移动，便把手放到了防熊喷雾上。我看不清它们的大小和远近，不知它们和我的距离适中还是更近。事实介于两者之间：我看到的是一群加拿大马鹿。差不多12只加拿大马鹿正在郁郁葱葱的草地上觅食，距离我60多米远。它们的体型令人印象深刻，就像黇鹿的放大版和加强版。和我家附近的那些有蹄类动物比起来，它们身体的每一个部分看起来都更大、更结实。

我站在那里，静静地观察了它们10分钟。它们时不时抬头看看我，但没有因为我的出现而逃离。此前我听说过一些故事，说最近这个地区的加拿大马鹿如何袭击人类，也许这是因为它们担心自己的幼崽受到威胁。不过，此刻的我没有丝毫担忧。它们和其他食草动物实在是太像了，让我感觉我可以读懂它们的肢体语言，并希望它们也能够读懂我的。如果我继续待在草地边的这条小路上，我敢肯定我和加拿大马鹿们会相安无事，谁也不会害得谁心跳加速。一阵寒意钻进了我的夹克衫，我不情愿地转身离开，留下加拿大马鹿们继续待在它们的草地上。

这条小路一直通往石林。一路上我都得踉跄着爬下软岩石坡、泥坡和碎石坡。山上爬坡有一条铁律，那就是上陡坡时和下陡坡时的脚感完全不同，哪怕上下坡走的是同一条路。每隔几秒钟我就会感到脚下一滑，然后放低重心，尽可能抓住地面上凸出的树根，看着小土块从我脚下滑落。

石林远看很巨大，但走到跟前就没那么可怕了。我站在石林下仰望，只见蜂蜜色的石块只不过比我高几米。它们让我联想到白蚁丘，只不过白蚁丘更高、更细。我坐在苍白的地面上，仰望着这些沙质的大石头，度过了愉快的15分钟。我给它们画了速写、拍了照片，然后又跌跌撞撞地爬回山上去，站在坪坝上凝视它们的身姿。

回镇上的路途经一个停车场，里面有一帮游客，看上去他们已经见识过一两顿加拿大式早餐了。经过一早晨的漫步，习惯了大自然庄严的宁静，我发现自己受不了人的大声交谈，于是选择走野路子，穿过树林回到河边，绕远路回家。

石林

走在树林里，我感到一阵风迎面吹来，但再高一米或低一米的位置都没有风。树顶正发出声响，仿佛在和什么更强大的力量较劲。我沿着山坡往下，越是靠近水边，树干上的苔藓就爬得越高。我从树林底下钻出来，顿时感觉遇到一阵通道风，风跟着我一起沿河前进。水边没有树，地面上有积了很久的雪。在一块巨石的北侧，积雪就像个一头宽、一头窄的箭头，精准地指向了北方。空中飘满了云，在云遮住地面之前，正午时南边的太阳融化了深色泥地上的所有积雪，除了那些位于石块北侧阴影中的地方。

伦多山的尖顶高耸着，笼罩在峡谷之上。壮观的黑色山坡上布满了条条杠杠的雪。几百万年来沉积岩的扭曲变形，形成了这座指向天空的精巧山头。积雪就像侦探的指纹粉，亮白色的条状雪和乌黑的石头对比鲜明。每一笔、每一画都清晰得像有人写下的字。接着，我产生了一种感觉。它不是**像**文字，它分明**就是**文字。不过，认出某种东西是文字，并不代表你能理解这种文字的含义。岩石正在诉说，我正在倾听，可我们却不能理解彼此。

河边的天空开阔了一块，在斑驳的蓝白灰背景里，山影清晰了起来。对于哲学家弗里德里希·尼采来说，云中的闪电和无处不在的天空让他感到无助，而森林覆盖的群山是他的庇护所，能阻挡那些邪恶的力量侵犯他的思想。尼采这种情况，可能是精神错乱的一种初期症状。但是，就算是一个普通人从高山林地的针叶树林下走出来，大脑也很难抵挡住那种冲击。

太阳出来了，照得我脸上暖暖的。接着，我感觉到阳光从河边那块深色的土地上升了起来。空中的云堆叠起来，形成了高耸的积云。云底粗糙、破碎，位置比早些时候更低了。云顶边缘清晰，却在不断地爬升、变形，开始随着风弯折。这意味着天有可能下阵雨，也许是下雪，但还没有任何暴风雨来临的确切迹象。这是那种停停走走的天气。

我望向峰顶，期待看到某种峰顶会出现的特色云，比如荚状云或旗云。同时我注意到，当前的天气条件下，这两种云都不会出现。天上有云绕过了或是被抬升着越过了高地，上风处云稍多点，下风处蓝天更多些，但谁也不能保证某种云一定会出现。

在脖子的强烈抗议下，我停止抬头仰望天空，目光顺着干涸的河床向城镇的方向移去。天又开始下雪了。雪下得很轻，但雪花很大。没几分钟，我头上还飘着雪，天就放晴了。就在这时，我发现了几个星期以来我见过的最美丽的图案。

我脚边的小块石头有些异样，吸引了我的注意。我蹲下来观察这些卵石，然后趴下，手和膝盖着地，仔细研究其中的图案。我在铺满卵石的河床上匍匐前进了20米，直到被一块石头的锋利边缘割到膝盖，眉头一皱，然后揉掉了落在睫毛上的一片雪花，好更仔细地研究地上的石头。我从来没见过有什么东西像这些石头一样。

自然界中的很多力量都是这样：如果你事先知晓了它们，它们并不会让你吃惊；但如果你偶然碰到它们，就会为它们的神奇而着迷。这条河里没有水，因为现在还是旱季的末尾，再过六个月，等周围山上的积雪融化，河里就会灌满湍急的流水。翻涌着流过山谷的河水，扮演着筛选、分拣和塑形的角色。

上千颗圆滚滚的卵石铺满了河床的每一平方千米，它们被河水按照尺寸大小进行了完美的分类。在河流转弯处的内侧，卵石小而圆，尺寸几乎一模一样，每一颗都能正正好好地放进我戴着手套的手心里。在河流转弯处的外侧，有一堆更大、更不平整的石头，比我的手大多了。在这两个极端之间，河水沿着和水流垂直的方向，塑造出了一套完美的分级系统。

一阵强风吹来，载着刚落下的雪花飘过石头河床。雪花快速掠过了河流转弯处内侧更小、更平滑的石子，没有停歇，而在外侧更大块石头的石缝里安顿下来。在大块石头的下风处，我看见雪花从空中掉落。然后，在水边一块大石头旁，一阵微型暴风雪搭上了反向风，来了个180度大转弯，朝相反的方向吹去。这景象太美了，让我感到浑身发软，心中一阵狂喜。我在石头上坐了几分钟，把崇拜的目光投向大自然的艺术。这一刻，我感到了一种和大自然的连接。我甚至觉得自己能跟一头咄咄逼人的熊讲理，说服它跟我交个朋友了。

回城镇的途中，我经过了费尔蒙特班夫温泉酒店，它可真够雄伟的。能给人带来审美愉悦的酒店并不多，但这家酒店却令人叹为观止。我觉得它是我见过的最好看的酒店。在第二次世界大战时期的德国，有一所臭名昭著的战俘营科尔迪茨城堡，而费尔蒙特班夫温泉酒店就像那座城堡的美化版和无害版。可惜，住在酒店里的可怜人们看不到我眼前的这幅景象。

酒店附近有一条木栈道，没怎么被积雪覆盖。仅有的几小块积雪也不是随机分布的。大自然中很少有直线，因此每次有天然直线出现的时候，都会吸引我的目光。在木栈道的木板上，我看到的不仅仅是直线，更多的是错综复杂的图案：就像有人用一层薄薄的雪当画笔，画了几条白色直线，彼此交织成网状。这简直就是艺术，我的全部注意力一下子就集中在了这上面。一时间我有些困惑。接着，阳光照在了我的右脸上，一切就都说得通了。

夜里，有一层薄薄的雪落在了栈道上。几米开外的石头和土壤上没有积雪，雪只在悬空的栈道平台上积了起来。气温低于0摄氏度，到了早上，也没有一丁点儿积雪融化。我来到这里时，已经是下午早些时候了。暖暖的阳光照射过来，升华了木板上的雪，让它直接从冰晶变成了蒸汽，跳过了液态水这个形态。整个过程发生在短短的几分钟内，当时木栈道扶手的影

班夫木栈道的阴影形成的积雪图案

子投在木板上，导致阴影里的雪保留了下来。积雪白色的线条从木栈道的扶手底下伸出来，就像一个指南针，让我的导航之魂熊熊燃烧起来。不仅如此，这幅积雪的图案还是独一无二的。这是阳光、雪和影子短暂的交会形成的一幅画。我永远也不会再看到同样的图案。

真是充满愉快体验的一天，只要我们走出去，大自然的每一个现象都那么神奇。刚出发去寻找石林的时候，我满脑子全都是熊，现在回想起来觉得有点难堪。石林很壮观，不枉我出门走了这一趟。但是，无论一处自然景观有多令人难忘，天气都会始终在场，为每一次户外之行增添一层乐趣。如果我们留意寻找天气征兆，它们自然会在空中和地上展现出它精美的艺术收藏。

第十七章　城　市

度过了16年的田园生活（其间时不时会去趟伦敦）以后，我和太太苏菲觉得，是时候让我们的大儿子本去接受一下快节奏城市大爆炸的洗礼了。2019年10月，我们飞往纽约，在曼哈顿中区住了五个晚上。

本从来没有去过美国，而苏菲从来没有去过纽约。我去过几次纽约，所以从旅程的第一天开始，我就操起了一副导游的口吻。对付这一套，苏菲自有好办法。听了几个文化故事以后，她就把一个兴冲冲的十几岁男孩儿和他气呼呼的爸爸拖进商店，只要看到橱窗里有跑鞋或鲜艳的标志，她就要进到店里去。这样的店可是有很多很多。

要是在山里，哪怕从天亮走到天黑，我也不会抱怨半个字。可逛两个小时的商店，已经远远超出了我的忍耐范围。我努力表现得很好，希望能以此争取到提早释放的机会。于是大家达成共识，我们每天分开一到两个小时，晚点再集合。

这次度假很愉快，因为大家能互相理解彼此的不同兴趣，以及我非常有限的逛街天赋。行程的高光时刻，是我们在纽约中央公园的池塘上参加操纵遥控帆船比赛的时候。苏菲走进公园的咖啡馆，发现这里的咖啡味道好极了；本沉迷于比赛本身；而我很享受利用池塘对面的风的涡旋操纵帆船的感觉。

人行道上飘起来的一股蒸汽，也成了我们分头行动的起因。对于外国人来说，比黄色出租车更微妙的，是街道上升起的蒸汽，这幅画面经常出现在电影和电视剧里，已经深入人心成了纽约形象的代表。在第一次来曼哈顿前，我根本不知道蒸汽系

统是纽约市公共设施的一部分，就像供电系统和燃气系统一样。蒸汽作为一种供暖措施，在纽约市已经有很长一段历史。

像任何一位标准游客一样，我停下来给蒸汽拍了几张照。一阵咔嚓咔嚓过后，我还是不想往前走。苏菲发现这个街区前面有些东西，想走过去查看，可我却定在了原地，愣愣地望着蒸汽蜿蜒上升。从来没有哪座城市里的东西像这股蒸汽一样，这么热心地向我展示街道上气流的轨迹。我才不会放过这么好的观察机会呢！

在曼哈顿遇见梦露

当一阵风碰上高层建筑极其平坦、光滑的墙面时，就会向多个方向散开，其中大部分会垂直向下。垂直向下的风又遇上另一个极其平坦的表面，比如人行道和马路，它就会向侧面弹开，再次遇到墙面后上升。最后，这阵风给人的感觉，就仿佛它是从地面升起来的一样。这股上升气流能把裙子掀起来。这种现象有个名字，叫“玛丽莲·梦露效应”，出自1955年的电影《七年之痒》中的经典场景。玛丽莲·梦露站在一处地铁出风口，一席白裙被高高吹起，腰都快露出来了。在城市里，风撞上建筑物，向下、向外，然后再向上弹开，形成了一个循环。

我想编造一些理由，让大家觉得我们必须得去一趟四十二街，而且这并不难。我有的是合适的借口，还不用藏着掖着。但我想走这条街的真正原因是一个秘密，它不会出现在任何旅游指南或广告里，也不会出现在五光十色的霓虹灯或电影里。其实，我想去寻找都市里的峡谷效应。

风大的日子里，我们走在城市的街道上，经常会感觉到无风状态和一阵通道风突然出现的状态反复交替，非常奇怪。这种现象的原因之一，就是因为在城市环境里，山口风和通道风可以同时发挥作用。只要风向和我们行进的方向大致垂直，风就会沿着街道加速。对于风来说，街道就像是峡谷。每当我们经过路口，垂直方向的另一条路就像风道，把风导流了去。这两种效应组合起来好似一个开关，每当我们从人行道走回马路上，或者从马路上走上人行道时，开关就会开开关关个不停。

这种效应的一个极端表现叫作城市峡谷风。如果一条街特别直，街道两旁还有特别高的建筑，风道效应就会被放大。在欧洲，街道的峡谷效应就不那么常见，因为城市的建设太天然了，布局上充满弯弯绕绕。而更新近建设的城市，留给了规划师和建筑师更多画长直线的空间。说起来真是怪了，他们竟然会画直线，想想看，毕竟他们的电力设计搞得像喝醉酒以后的产物一样！

每当街道变窄或变宽，就会对风的强度产生巨大的影响，这叫作“文丘里效应”。打个最简单的比方，变窄的街道就像被手指堵住的软管口一样，风力会因此变强。再举一个极端的例子，被两幢建筑物挤压的风，风速可以达到宽阔街道处风速的3倍。这也是一种山口风。

风吹过城市里的峡谷，会产生各种各样的涡旋。同一条街道上的风，可以同时吹向六个不同的方向。天上的云吹往一个方向，地上的旗子飘往另一个方向，过马路的时候你还能感觉到三种不同方向的风。在这些涡旋带来的副作用里最奇怪的一个，就是空气污染的巨大差异。汽车排出的尾气被吹往街道的背风一侧，迎风侧的街道则能获得来自上空的新鲜空气。

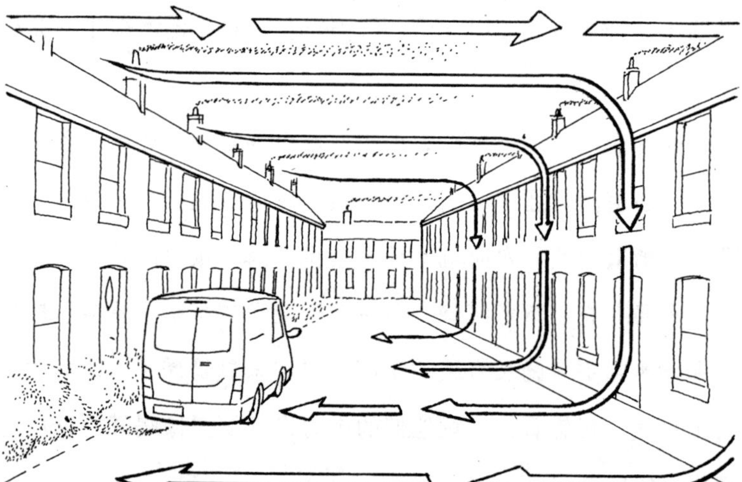

空气污染效应

热岛与城市风

一天，我正在跟人打电话，对方在办公室，位于离我们家最近的奇切斯特镇。对方说："我看到窗户外面有几只鸢。"

"是在盘旋吗？"

"对？"

"它们是在找停车的地方吗？"

"什么？"

"它们是不是在停车场上面？"

"是的，你怎么知道？"

"现在才上午10点左右，在你周围那一片，这么早就有足够热量产生上升气流的地方，就只有北门停车场的柏油路边了。"

大规模天气现象会对城市的天气造成影响，但有些天气效应只出现在城市里。城市里上百万吨的沥青和硬邦邦、直挺挺的建筑与天气之间形成了一种独特的关系。

比起天然物质，建筑物和道路受阳光照射升温的效率更高。所以，晴天时城市升温更快，温度更高。黑色的物体能吸收更多太阳辐射，而建筑物的表面积也要更大。天刚亮时，在低斜的太阳照耀下，摩天大楼的升温效率远远高于一棵树。太阳下山后，城市周围的热量迅速辐射出去，此时的建筑物和道路就像蓄热电池一样，把热量辐射到了城市里。郊区的树表面有水，水的蒸发会引起降温。而城市里的水，一转眼就沿着钢铁、玻璃流走，汇入下水道去了。城市里还有人类活动、供暖，有工业排气和交通工具排气。这些因素合在一起，制造出了“热岛”效应，导致城市里的温度能比附近的乡村高出12摄氏度。

前文中提到过，局部升温会导致积云形成。积云像泡泡一样从城市上空冒出来，然后随着微风慢慢变形或飘动。热岛本身也会形成风。温暖的城市空气上升并膨胀，就会形成类似海风的那种循环（请见第十三章）。城市近郊温度更低的空气开始流向城市，在温暖、晴朗、无云的日子里，上午早些时候感觉不到任何明显的风，但到了下午3点前后，城市就会制造出一阵流向城市中心的微风，这就是城市风。

只有在主风不明显或没有主风的日子里，人们才能感觉到城市风。如果主风比较轻，城市下风处的温度要比上风处高几度。但在大风天里，城市的热岛效应会被完全吹散，大风带来的降温效果也会加倍凸显。举例来说，如果夏季的高气压系统来临，连续几天都是温暖、风平浪静的天气，突然一个锋过境，那么它不仅会卷走温暖的阳光，还会卷走整个热岛效应。短短的一天之内我们就能看到，公园里的人从光着膀子变成了裹着外套、缩着身子。

城市切割机

城市是一个切割机，会把经过城市上空的天气切割开来。站在高楼楼顶你就能看到，如果一团雨云朝城市逼近，就会被城市割成两半，从城市中心的两边绕过去。

这个现象之所以发生，主要有两个原因。第一个原因与我们前面说的热岛效应和城市风有关。高温的城市能产生出一股温暖且不稳定的气流。外来的风会被这些上升气流挤开，如果热岛效应足够强，风就会绕过气流，就像被劈成两半一样。

第二个原因是高层建筑会“绊倒”风。它们把平稳流动的风变成了动荡、混乱的风。对正常流动的气流来说，高楼形成了一道屏障，迫使周围的气流形成湍流。

这两种效应组合在一起，甚至能把风暴系统一分为二。被城市割裂的天气现象通常会在城市的下风处重新汇合。

建筑的意义

城市可以塑造风，风也会改变城市。在过去，那些最不讨人喜欢的区域总是被安排在城市中下风的那一侧，经济条件更差的居民不得不忍受一阵阵工业烟尘和其他“难闻的味道”。现在，这种问题已经不复存在，天空不再被烟尘遮蔽，大部分工厂也搬去了地价更便宜、人口更少的区域。不过，天气现象依然会在城市建筑物上留下印记。

我们全家一起度假的时光，有很多个夏天是在布列塔尼的郊区度过的，我们在那儿有一个很小、很简易的住所，法语里把这种地方叫“乡村度假别墅”。别墅里有炉子、水壶、几把椅子、一张桌子和几张床。那里没有电视，没有网络，甚至没有收音机，但我爱死了那个地方。房子的墙特别厚实，窗户特别小，还有个巨大的壁炉。我曾经跟当地人问起这栋房子，他们说我们这栋足够两家人住得舒适的别墅，在以前是四五家农户一起住的。这里夏天炎热，冬天湿冷。夏天的时候，厚厚的墙和小窗户可以在白天保持室内凉爽，在夜晚保留一丝温暖，缓和昼夜交替的温差。冬天的时候，壁炉里生起火，厚厚的墙能储存热量，也能维持室内温度恒定。

这栋别墅看上去有些不同寻常，但它的建筑结构反映的是当地的天气。世界上的每一栋建筑物都是如此，试图向我们传递着有关当地天气的信息。对于无视天气的建筑师，天气自然会给他们好看。2013年，伦敦新建了一栋摩天大楼，因为形状稍微有点凹陷，所以被亲切地称为“对讲机大楼”。不过，凹面反射的阳光汇聚成一点，照在楼下的街道上，导致一辆车的局部被熔毁了。从此那条街上不准停车，车主也获得了赔偿，而且，大楼的开发者也丢尽了面子。

在极端情况下，建筑物和当地天气之间的关系有时会很高调。我曾经去过瑞典境内北极地区的城市基律纳，看到过一些当地建筑物，它们长得就像未来人在月球上的住所一样。而在天气极其炎热的国家，风是宝贵的资源，人们对风的态度也反映在了建筑物之上。在中东地区的一些地方，街道上空就有风塔，为的是不放过任何一点儿风，把它们捕捉和导流到下方的生活区去。在印度的海得拉巴这样的城市里，风塔和通风口则朝着风吹来的方向。不过，大部分情况下，建筑物和天气之间的关系更隐晦，要在城市里注意到这些线索，需要多角度的思考和仔细的观察。在建筑物的南侧，你会看到更多窗帘和百叶窗，太阳能电池板也面朝这个方向。

在多风的地区，建筑师成了玩转风的高手。一栋房子的面越多，抗强风性就越强；面对无情的风暴，六边形或八边形的建筑赢面更大。多角度的屋顶也比简单的直上直下的人字形屋顶更耐用。

在很多温带地区，夏天的天气有点热，冬天的天气又太冷。一种简单的屋顶结构设计就能缓和这两个季节的极端气温。这是我最喜欢的建筑结构之一，我们家用的就是这样的屋顶。让我先给你个提示：夏天时太阳在空中的高度比冬天时更高。如果让你设计一栋建筑，把冬天时的采光最大化，夏天时的采光最小化，你会怎么做呢？

窗户上方延伸出去的屋檐或其他屏障有着双重功效。它既能遮住夏天正午高照的艳阳，又能让冬天低斜的阳光射入。在我们家，我在长屋檐的窗前放了一张桌子，晴朗的夏天这里有遮阴，晴朗的冬天这里有阳光。在这里工作，夏天时要比冬天时更舒服些。

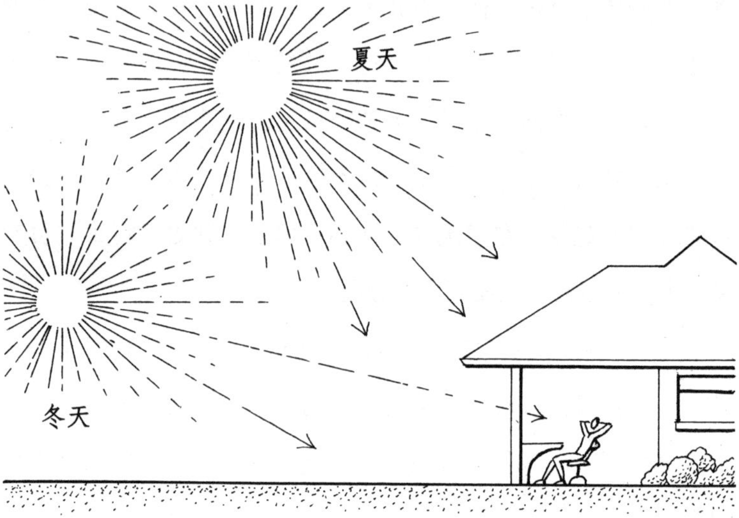

曼哈顿的建筑物上插着不少旗子，它们和蒸汽一起，为我标示出了低处风的方向。其实在城市里，还有很多看起来不像旗帜的旗帜。停歇在屋脊上的鸟儿也会为你指明风向。如果鸟儿们全都面朝一个方向，那就说明那个高度上有风从小鸟对面吹来。鸟儿喜欢迎风站立，因为它们要乘风起飞，而逆着风飞会弄乱羽毛。如果鸟儿们面朝的方向不太一致，那就说明空中有多变的轻风。高气压系统下经常出现这种现象。如果你发现，鸟儿们先是面朝同一个方向，晚些时候它们又转去了另一个方向，那就说明风向有变，天气也要变了。当然，这个观鸟识风的技巧也可以用于观察树上或是野外环境里的鸟。

谚语的变化

现如今，全世界一半以上的人口都居住在城市里。据估计，从乡村搬到城市居住的人，可以达到每星期300万人次。那么，到了21世纪中期，城市居民数就会达到全世界人口总数的三分之二。[1]这个趋势带来了一些副作用，那就是人们对于城市和城郊中的自然表现出了爆发式增长的兴趣。从天气谚语的变化中，我们就可以看出这种副作用带来的第一波冲击。因为天气谚语中表示空气潮湿和变天的预兆，已经从对野花的观察无缝衔接到了对椅子吱嘎声的察觉。而弹簧床垫嘎吱作响，则意味着空气干燥，天气良好。

问题在于，不等天气的谚语追上我们的新生活方式，人类就会先行一步改变生活方式和制造工艺。我印象中的椅子和床

1 我写到这里的时候，据传已经有些早期征兆显示，新型冠状病毒的流行也许会逆转这个趋势。时间自会证明一切。

的确会嘎吱作响，不过绝不是最近十年的事情了，所以我不敢保证上面说的这种天气预测方法还有效，甚至不敢保证你还能观察到这种现象。我倒是还能经常听见地板嘎吱作响，这应该意味着空气潮湿，但我不敢说它是一个可靠的天气征兆。

石头的热传导性很好，所以哪怕在暖和的天气里，石头摸起来也非常冰冷。如果潮湿的空气接触到冰冷的石头，水蒸气就会凝结，石头表面会形成小水珠。就像那句古老的谚语所说："石头出汗，天要下雨。"（When stones sweat, rain you'll get.）暴风雨来临之前，盘子和香皂也会"出汗"，一定也是因为同样的原理。（不过，我怀疑香皂出汗这件事，比起预示暴风雨，还是说明有人刚用它洗过热水澡更靠谱些。）

据说空气潮湿的时候，地垫会膨胀，芝士会软化，伤口会发痒，绳子会变紧，缠绕的细绳会松开。这些现象可能是真的，但我从来不觉得它们有什么用。在船上或在任何水体边待过的人都会发现，空气湿度增大时，盐确实会结块。但我的经验告诉我，这种现象并不能向我们预报天气。我还曾注意到，暴风雨来临前空气潮湿，窗户和门就变得更难开关。我们家就有这样一扇门，它在一些特定的条件下关不上，尤其是在又湿又冷的天气里。

在我听过的城镇天气谚语中，最神秘的恐怕就是本垒打天气预报了。在潮湿的空气中，球和包括子弹在内的投射物可以飞得更远。这听起来有些违反常识，因为闷热潮湿的空气给人一种厚重的感觉，更何况水比空气密度更大。但其实，潮湿的空气比干燥的空气密度更低。这意味着从理论上来说，坏天气来临前夕，棒球本垒打的成功率会更高。无论你喜欢哪种球类运动，你都可以试着从中总结出一些奇怪的天气规律来。千万别急着靠这个下赌注：对于大多数比赛来说，空气湿度并不能改变比赛结果，因为球类因此多飞出的距离不会超过干燥条件下飞行距离的1.5%。

城市勇者的6种风

钟表还在嘀嗒嘀嗒地转个不停。我的单独活动时间有限，得抓紧时间。因此，我沿着曼哈顿的大街在建筑物之间穿行。我正在进行一场狩猎，渴望把尽可能多的城市风收入囊中。这是属于勇者的冒险，只有坚定的人才会有收获。

我跟本和苏菲会合的时候，他们俩已经套上了一层层品牌服饰。大家都笑得很灿烂。我找到了16种风里的7种，包括6种主要类型，而我的妻子和儿子为商业的发展做出了贡献。他们买了一只棒球手套。运用我非常有限的棒球知识，我指出右利手应该是左手戴手套。因此，我们不得不返回一家运动用品商店去换货。不过大体上来说，大家都圆满地完成了任务。我们大步流星地走开，一心想着去庆祝了。热狗摊的摊主露出了害怕的神情，他怕得没错。

至于我在市中心扫荡这些风的详细过程，你肯定不想听。我不用骗自己，毕竟这又不是那种需要观众的体育竞赛。只有你自己也去找出来这些风，才会感到满足。这个任务看起来有点让人望而却步，很多人会想回避它，但既然你已经读到了这里，我相信你可以战胜它。

当一阵风遇到一幢高层建筑物，它就会产生16种其他类型的风。其中很多种位于高空中，不太容易察觉，除非你是玻璃清洁工。但我们不需要任何工具，就能收集到其中6种，有些类型是你已经熟悉的。这一章的前文中已经介绍过其中1种，还有1种跟树的下风处产生的风是一样的。

我们已经知道，遇上高层建筑表面的风会被向下反弹。这是我们将感受到的第一种风：在地面上，我们站在高层建筑附近，位于上风处，就会感到一阵向下的气流（1号风）。可想而知，这阵风会发生旋转，形成涡流。假如我们站得离建筑物远一点，我们应该就能侦测到玛丽莲·梦露效应，也就是一阵先远离建筑物，然后再向上吹拂的气流（2号风）。再站远一点，你就会找到一个奇怪的无风区。在这个位置，朝着建筑物吹的风遇上了反方向上反弹过来的风，它们在一定程度上相互抵消，形成了一个无风区（3号风）。

然后我们走到建筑物的一角，风就像被人转动了旋钮一样，加速拐过了转角（4号风）。接着我们也走过去，来到建筑物下风处的拐角，你就能感受到“吹风机”平息了，只剩下微弱、变化无常的风（5号风）。绕过建筑物，走到下风处，我们会发现风形成了两个涡旋，就像一棵树的下风处会出现的那样（6号风）。站远一点，就会发现有一阵风朝向建筑物吹去（7号风），然后仿佛停了下来（8号风），接着又朝远离建筑物的方向吹去了（9号风）。上面说的前6种风就是城市风的六大类型，也就是城市风的猎人们想要收入囊中的几种类型。

我还要补充一点：如果你站在屋顶上，可想而知风会做出各种奇怪的行为。在这里，你没办法准确预测体感风，就算是

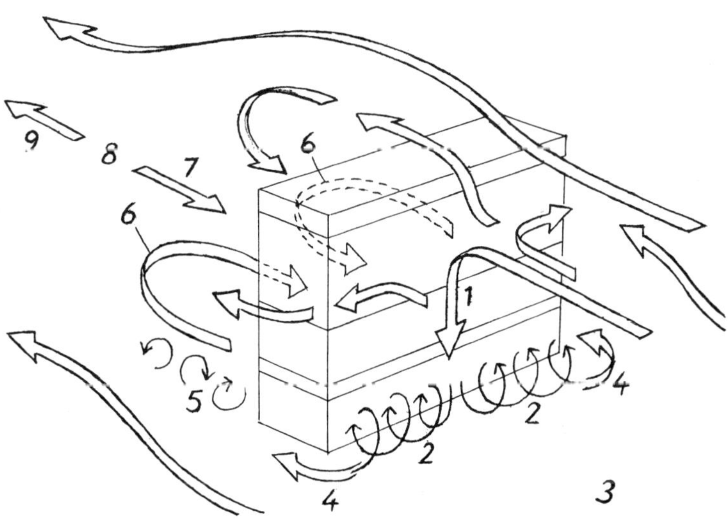

电脑也会被它绕晕。但有一点是肯定的，那就是你每走几步，你感觉到的风就会发生巨大的变化。知道了这一点，下次你参加屋顶派对的时候就会注意到一些好笑的事情。屋顶派对里总是有人感觉舒服，有人感觉不舒服，而且通常谁也不知道为什么。会有一群人穿上外套，抱怨着这里的空气多么新鲜、多么冷。然而，就在十米开外的地方，会有另一群人忙着要脱衣服。要想舒舒服服地参加屋顶派对，关键不在于衣服的多少，而在于你选择的位置。

出去找找这些风吧。这场狩猎会很愉快。我发现，找风的时候如果不透露自己的真实目的，成功的概率会大大增加。毕竟，在我们的社会里，有太多人觉得他们自己做的那些荒唐事比我们的事更重要。

第十八章　海　岸

太平洋群岛由数千座小岛组成。在马来西亚、密克罗尼西亚和波利尼西亚等地区，传统生活方式依赖岛屿之间的关系，导致当地居民跟航海和自然导航产生了紧密的联系。

农民们知道，天气不好会导致田地颗粒无收。但是，即使是对农业生产来说最糟糕的天气，农民还是可以站在屋檐下观察它，并眼睁睁地看着它带来的凄凉后果。然而在太平洋群岛，如果误判了天气征兆，捕不到什么鱼还算运气好的，更糟的是几分钟内就在暴风雨中丧命，或者迷失了方向，在海上漂流几个星期。在这种社会文化里，人们会在那些其他文化忽略的形状、颜色和感觉中寻求意义，也就不奇怪了。对天气征兆的解读，成了一个生死攸关的技能。

有些预测天气的方法地方特色太强，不适合广泛应用。在位于基里巴斯的一座环状珊瑚礁岛尼库瑙，当地人导航的时候会观察一种珊瑚：平稳的天气来临前，这种珊瑚会排出一种透明液体；而在暴风雨来临前，珊瑚排出的液体是浑浊的。不过还好，太平洋群岛岛民们使用的主要方法，其实还是前文中讲过的那些法则的改良版。所以，你会觉得新鲜，但应该不会感到惊奇：我们可能会对太平洋群岛的文化、传统和生活方式感到陌生，但那里的空气、水和温度却遵循着同样的法则。

陆地的升温速度比海洋更快。海岛升温之后，上方的空气上升、冷却，水蒸气凝结，积云开始形成。当温暖潮湿的空气遇上火山岛上凸起的地面，被迫抬升，云也会形成。这里的人们说“愿哈维奇的山峰高耸入云！”，但在我们家附近的小山上能看到的天气变化，同样也会在这里发生。

两者之间的主要区别在于观察的细致程度。大部分人不会注意云，我们能发现云，或许就已经觉得可喜可贺了。可是，我们曾留意过它们的具体形状、颜色和其中更深一层的含义吗？就算我们有意去寻找这些隐藏在征兆背后的征兆，我们还得问自己另外一个问题：我们足够有耐心吗？

在自然地理上，马尔代夫和太平洋群岛有很多共同之处。它们都由上千座珊瑚礁环岛组成，都位于赤道附近，都远离大面积的陆地。两地的文化可能不同，但是天气征兆是相通的。过去几年间，我在马尔代夫从事了一些教学工作。我的学生是当地人、外侨工人和游客，我教授的正是如何解读这些征兆。

整个授课期间，最让我印象深刻的是时间和耐心的重要性，对于我来说是如此，对于我的学生来说也是如此。当然了，天气征兆不是你想看就能看，就算它们出现，它们也从不高调宣扬自己。那些颜色、形状和动作里蕴含着许多信息，但它们却甘愿隐藏在背景之中。我们得足够细心，才能发现近在眼前的秘密。刚开始观察的时候，你要是知道怎么强制自己去留意会更好。

你可以试试以下实验：观察一栋高楼，然后闭上眼睛，试着回忆你的观察。然后再观察同一栋高楼，假设你过一会儿就要转身背对它，大声地列举出你能观察到的每一种形状和颜色。你可以想象你旁边有一位艺术家，他面朝另一个方向，看不见这栋高楼，而你要向艺术家描述这栋高楼的特点。如果有一位搭档愿意和你一起，那么练习效果就更真实了。但只要对自己诚实，我们即使独自一人也能做到。我也得如实承认，就连我自己做起这个练习来也有不顺利的时候。在马尔代夫时，我就不得不反复重新集中注意力。第一天到那里时，我站在码头边上等人，因为对方迟到了，我等了足足两个小时，这倒是帮我集中了注意力。你不妨也把自己定在一张长椅上，面对同一片风景，持续观察几个小时，而且是用艺术家的视角来观察。

海洋与季节

讽刺的是，在极端情况下，陆地和海洋之间的关系规模过大，反而让人很难观察。这种关系产生的风系统能持续几个月，因此不仅仅是太平洋群岛的居民，其他地方的人也有必要关注这种风。“季风”（monsoon）这个词来自阿拉伯语里的“出航季节”（mawsim）。每当季节变迁，太阳从大块的陆地移向海洋时，气压系统就会发生变化，海风也会随之改变方向。

航海时代的印度洋上有两个传统的经商季节，分别叫作awwal al-kaws和akhir al-kaws，它们是根据季风时间划分的，时长都不超过两个月。这些关键风季成了沿岸文化中不可分割的组成部分，而风季的到来则与枣子的收获和雨的到来紧密相连。在这些文化里，天要下雨的征兆和前文中讲过的线索一致，但它意味着整个地区的天气即将发生变化，一变就是好几个星期。如果错过了这些季节性变化，再去寻找其他更小的征兆就会难得多。

过去的几个世纪以来，西方人来到这个地区并出海，如果对这些当地智慧不以为意，或是没能理解当地的天气变化，就必将为自己的傲慢付出代价。1818年，明斯特伯爵乔治·菲茨克拉伦斯不情愿地得出以下结论的时候，已经太迟了：

> 这里几乎整年都吹着西北风，导致我所有的愿望和期待都落空了。有人劝我说，在这片海域，通航的好时节只有11月和12月这两个月。到达红海之前，浅滩之外只有零星的船只。航道如此冷清，背后一定有充足的理由，要是我多动动脑子，就能提前发现端倪了。

如果天气规模太大，不容易发现，还可以采用以下两种方法：第一，在当地多待几年，平时多观察；第二，在抵达的第一天就找当地人谈谈。

幸好，更小的时间和空间范围内的天气征兆要好观察得多，海岸边和岛屿附近都有不少这样的征兆。

岛屿上空的云

内陆的山脉会导致云的形成，大型火山岛也是同理。山的上风处会出现层层叠叠的积云，下风处会出现荚状云、旗云和其他下风处该有的天气现象。和其他所有山一样，火山岛也能把云一分为二，只不过这种现象在海上更明显。想想看，在一条浅溪里，水流经一块尖石头，就会被分为两股。高高的山顶也有着和尖石头一样的效果，一朵云会被一分为二，翻滚着从火山岛的两侧驶过。这种效应有时候特别明显，在太空里也能看出来。

至于更小、更矮的岛屿，我们就要说回太平洋群岛的岛民们。他们学会去发掘的那些小细节，同样也值得我们去发现。小岛上的局部升温导致上空出现积云，根据空中风的不同，积云会形成特定的几种模式。上午10点之前，积云不太可能出现，因为这时太阳向地面辐射的热量还不够。等到午饭过后，扫一眼地平线，研究一下陆地和海洋之间的关系，然后估测一下风向。

如果空中无风，事情就简单了：找一朵飘在岛屿上空的积云，云的最高点会位于岛屿的中心点上空。如果岛的面积足够大，岛上的地形类型足够多，你就会发现云的最高点位于城镇或林地之上，因为这些地方的温度最高。

如果空中有微风，云就会被吹跑。云的大部分还是会位于岛屿上空，但云顶可能会随风倾斜。岛屿的上风处不会有云，而云顶比较高的部分大都会偏向岛屿的下风处，或刚刚飘到海面上空。在岛屿下风处的海面之上，经常能看到空中飘着的几朵最大的云。这会形成一种阶梯效应，从岛屿的下风处到岛屿的上风处，空中的云逐渐由大变小，最后消失。阶梯状的云排成了一条同风向平行的线。

岛屿上空的云时时刻刻都在消散和形成。所以，要判断一朵云是不是岛屿造成的，就要看它和空中的其他云相比是不是相对静止的。天气好的时候，蓝天上飘着积云，它们通常会随着微风轻轻飘动。而岛屿造成的积云看起来像是扎了根，要动也是只动一点点。它仿佛被地面拴住了，从某种程度上来说，它也的确是被拴住了。

从远处看，让我们能够识别出岛屿云的，除了它们静止不动的特性，还有它们的外观。它们的大小、形状和亮度都和同一片区域内的其他积云不同。它们的宽度和高度通常更大，而且看起来更亮。

静止原则有一个例外。如果空中有恒定的风，岛屿足够大，地面受热足够强，空气足够潮湿，那空中就能形成一排足够大的云，形状像火车一样，它们哪怕被吹离了岛屿，也不会消散。一旦这种云破碎开来，它们顺风飘散的速度就会和其他积云飘动的速度一致，有时候会形成长长的平行线。

在我所知的范围内，最罕见的岛屿云是成对的眉毛般的云，岛民们把它叫作te nangkoto。如果天上没有风，地面受热又很强，积云就会出现。然后，如果热气流足够强劲，它们就能把云劈成两半，形成一对形似眉毛的云。我在岛屿上空见到过好几次这种裂开的云，我怀疑它们就是上面这种现象造成的，但我还真没见过眉毛般的云。我仍在继续寻找，希望有一天能亲眼见到它，来和我比比看谁先找到吧！

云底的颜色

小岛上空的云很少会下雨，这意味着这些云的底部边缘清晰、平坦。有时，平坦的云底会被下方的地表“染上”颜色。这是大部分云彩观察者的能力极限了，需要满足几个条件才能观察到：首先，地面上要有两种对比鲜明的地表类型，比如从一片清澈的蓝绿色海过渡到一片黑压压的林地；其次，空中积云的数量要恰到好处，积云在空中的分布位置也要恰到好处，以便形成对照组。云不能太多，否则阳光没法透过云缝照进来，亮度会下降，让人难以看出云底微妙的颜色变化。不过好在海上的空气潮湿，空中的云通常足够低，观察条件比较友好。

观察云底的颜色是一门诞生于大洋洲的艺术，但是你完全可以在离家更近的地方磨炼这门技艺。我在世界各地实践过，有过失望，也有过愉快的惊喜。我练习次数最多的地方，是我家附近能看到的一座山——位于萨塞克斯的南部丘陵。山顶上覆盖着茂密的森林，比周围的乡村海拔更高、颜色更深。每当低云飘过山顶，云底的色调通常会明显加深。这种现象，我几乎每个月都能清楚地观察到一次，偶尔在下午也能看到，比如说我正在写本章内容的时候。

不过请记住，云底颜色的变化和地面引起的云的变化不是一回事。前文中提到过，山上深色的树林引起地面升温，导致空中形成云，并导致已形成的云颜色更深，尤其是在大气条件一点也不稳定的时候。这里说的是另外一回事，指的是云底反射的陆地或海洋的颜色。当然，这两种效应可以同时发生，实际上它们也经常同时发生。现在我们把事情简化一下，学着只去观察由反射产生的云底颜色变化。我建议大家去观察低空中的白色层云飘过山上深色的针叶树林的场景。毯子一样的层云受山和地方性升温的影响较小，形状和阴影比较稳定，方便我们着重观察它反射的下方的颜色。看看一片停在山顶森林上空的云，哪怕是还在飘动的云也行，找找云底有没有淡淡的瘀青般的痕迹。

这项挑战令人望而生畏，但我们有能力感知到如此多的信息，我们观察到的每一个变化背后都有它出现的理由。这种感觉就像钓鱼一样，哪怕一无所获也没关系。我们还会一次又一次地去尝试，奇妙的收获不知什么时候就会降临。这些经历奇妙到说出来朋友们都不信，尽管明明是他们缠着我们说的。

上面说的这些模式和技术主要是航海家在使用，他们用划艇出行的时候可以利用这些方法寻找岛屿。这些人的信号肯定很有用，因为水手的存活或死亡，取决于他们是否能够发现隐藏的岛屿。但对于我们来说，这么做的乐趣在于，我们在掌握全局的前提下，可以借助这些技术做练习，发现疑似岛屿。我只要走到汉尔内克风车塔或者爬到家附近的山坡上，就能俯视一座港湾和小岛，还有横穿索伦特海峡朝更大的怀特岛延伸的半岛。在一个晴朗的夏日，从下午早些时候开始，如果我持续观察，英格兰的南海岸就会幻化成波利尼西亚的岛屿。和太平洋群岛居民们不一样的是，我经过训练，可以从地面向上画出一条线，用来参考云的形状和颜色。我也建议你抓住一切机会去做同样的事情。只要你能在一个无风晴朗的日子里，找到一处有点高度的有利地形，下面能看到一座或许多座岛屿，你就一定要抓住这个机会。运用这一节讲述的技巧，你会发现，一些原本摆在你鼻子底下的东西，如果不留心，你大有可能一辈子都看不见。

海岸风

前文中介绍过了海风和陆风，它们的性质大都比较稳定且温和。还有，强劲的山风和通道风有时可以沿着河谷一路吹向大海，冲出入海口，冲向岸边的水。海岸边的风还有其他两种形式。它们能引起湍流，有时很狂暴，所以最好还是了解一下。

首先，如果有风沿着海岸的垂直或水平方向吹，那就要小心了。其次，找找看附近有没有悬崖或者是陡峭的山坡。这些地形会绊住吹向海岸或吹离海岸的风，在下风处形成绕着陆地或海洋翻转的风。前文中提到过山的下风处会出现旋涡风，实际上和海岸风是同一种现象，只不过在海上，风的反差会感觉更明显。前一两个小时吹的还是温和的微风，现在突然吹起了强劲的阵风，风向还是随机的，实在是令人惊讶。如果空气状态不稳定，这种效果就会被增强，它甚至可以引发暴风雨云的形成。

如果一阵风的方向和海岸平行，遇到任何凸出的海岬或半岛也会产生同样的效应，只不过这回产生的旋转风是水平的，而不是垂直的。任何一座半岛，只要它的延伸方向和风向相同，它就有可能造成把风往回勾的效果。一座显然避风的港湾里，却会吹起“反方向”的阵风，这听起来很反常，但其实相当常见。

从物理学角度来说，以上现象其实都是涡旋，我们见过它们以其他形式出现在其他地方。但是，海岸附近的涡旋更棘手：在一个吹着平稳微风的日子里，湍流的出现让人意想不到且通常不受欢迎，尤其是当你已经出海的时候。[1]

冬天的海上积云

冬天，我站在山上眺望下方的海洋时，经常能看到海面上

1 你可以观察水的波纹图案，用来发现和追踪这类风，防止它和你的船发生正面交锋。不过这就是另外一门技艺了，我在2016年写的另一本书《水的密码》里介绍过它。

空有大量积云，而陆地上空几乎没有。这和我们在其他季节观察到的趋势恰恰相反。陆风可以导致海上形成一连串云，但如果你观察到的一串云并不沿着海岸线的形状分布，就说明它另有成因。

初冬时候，海洋就像一枚蓄热电池——它的降温有延迟，所以秋天到海里游泳比春天游更好。在一个寒冷的秋日或冬日，地面吸收的热量太少，没法形成热气流，但海洋上空却有足够的热量。就像岛屿上空的积云为我们指示出陆地的位置一样，海上的积云为我们指示出了海洋的位置。

一旦熟练起来，你就能通过天空来定位海洋。积云的出现还说明，海洋上空的空气稳定性较差，所以那里的风也会更加一阵一阵的。

海岸小气候

挂在外面的海草会吸收空气中的水分，下雨天之前会膨胀或变得滑溜溜的。我们也可以用类似的方式预测天气，把它加入动植物天气征兆的行列。不过，这个方法能丰富我们的观察角度，但不能展示完整的天气状况。

前文中介绍的大部分小气候征兆，放在沿岸地区也一样适用。不过请记住，盐会对这些信号产生强大的影响，甚至影响到很远的内陆。但对盐度最敏感的区域，是距离海岸20千米范围内的地方。含盐的风能对动植物产生毁灭性的影响，风中含盐量的多少，决定了一种生物能否在海岸小气候中存活。

在这里我举一个奇怪的例子，当我们试图根据海岸边树的形状判断风的趋势时，盐度的影响就凸显出来了。进行自然导航时，如果不知道这种奇怪的特例，就会被迷惑。在海岸附近，海上吹来的风可以比盛行风对植物产生更大的影响。比如，在加拿大新斯科舍，悬崖边的树呈旗形“飘向”西边，可当地的盛行风从西边吹来。树长成这样，是受到了海上吹来的东风的侵害，这种风的出现频率虽然比不上盛行风，但含盐量很高。

海岸边的天气和其他地方的天气遵循着同样的规律，但在陆地和海洋交界的地方对比更鲜明。哪怕使用的是同一套语言，海岸边天气呈现的形态、颜色和给人带来的感觉都更强烈、更复杂。海岸边的天气更高调。

第十九章　动　物

鸟叫声停了。乌鸫发出了几声吱吱叫，山雀正在发出警报。随着叫声的变化，鸟儿们开始飞离地面，躲进树冠中。一对乌鸦聒噪了起来，扭打了一阵。在我脚边一片明亮的野花丛中，飞出了上千只小飞虫。它们离开了沐浴着阳光的花丛，躲进了水青冈的树冠。几分钟后，天开始下雨。早在2 000多年前，维吉尔就写道：

> 雨祸及人，从不会毫无预兆。当雨水在空中聚集，飞翔在云端的鹤提前落进山谷；小母牛抬头望着天，张开鼻孔嗅着微风；雨燕啁啾着掠过池塘；藏在淤泥里的蛙，嘶哑着喉咙发出古老的悲叹。还有，就连蚂蚁，也常常会踩出一条细细的路，带着蚁卵离开最深的蚁穴；一道宏伟的彩虹挂在天边；一群秃鼻乌鸦排

成长队，响亮地拍击无数双翅膀，离开了它们的草场。

植物和动物都会对环境做出多方面的反应，这能够帮助我们理解过去、现在和未来的天气。而且动物不像植物，它们可以动、可以发声，这在大部分情况下降低了我们的理解难度。再加上和人类相比，动物的感官也敏锐得多。雄性极北蝰在挑选晒太阳的地点时，会同时考虑气温、阳光和风等因素，而且会时不时扭动身体，对准阳光的方向，好尽可能地把体表温度维持在34摄氏度左右。

对于空气湿度的浮动，很多动物要比人类敏感得多，因此这也是一类可靠的天气变化征兆。

拆解谚语、文学与科学

总是有人问我，奶牛趴在地上是不是说明天要下雨。如果每回答一次这个问题我都收一块钱，那我赚的钱都够买一头小牛犊的了。很遗憾，这个说法没什么科学依据，我也觉得它不太可信。有些人说，奶牛趴在地上，是为了保护身下的一块干草，可我不这么觉得。它们趴下，可能是为了反刍食物。还有一个理论说，奶牛趴地大多发生在下午，而大多数阵雨也发生在下午。就算这是真的，也不能证明奶牛趴地和下雨有任何联系，因此这个现象在天气预报方面没有任何价值。而且，在大风来临之前和大风到来以后，不管天下不下雨，牛都会扎堆躲去一个避风的地方，比如树后面或田地的一角，放牛人都见过这种场景。

天气谚语自有其魅力。但摆在我们面前的是一道难题：我们应该采纳它、忽略它，还是采取另一种态度？

让我们先来快速盘点一下一些“有趣，但没有科学依据”的老办法。比如天要下雨的征兆有：猫打喷嚏或比较闹腾，狗吃草或清洁耳朵后面，兔子们面朝一个方向，蟾蜍慌忙跑进水里，马伸长脖子，猪躁动不安，鹿比平时更早开始觅食，绿啄木鸟发出笑声，秃鼻乌鸦的飞行路线歪歪扭扭……再这样列下去，我能列好几页。尽管这很有趣，我们还是先到此为止，回到那些参考价值更大的动物行为上去吧。谚语启发性强，画面感强，还好记；但科学更能让人真正理解原理。然而这两者不是非此即彼的，在这一章里，我会吸收这两者的长处。我的原则是：谁管用就听谁的。

动物天气征兆有三种靠得住的类型，分别是个体行为的变化、群体行为的变化和声音信号。

可靠征兆

领略了动物征兆的多样性之后，接下来让我们聚焦于某种特定的动物行为。一条古老的天气谚语说道："蜘蛛网的蛛丝长，说明天气会晴好；蛛丝变短，天要下雨。"（Spiders' webs on long line foretell a fine day, but if they shorten the threads it will rain.）这个方法真的管用吗？

风、温度和湿度都会影响蜘蛛的织网方式。其中温度和湿度会从许多方面影响蛛丝的结构和性质，但我们只要记住一个简单的规律：风越大，蜘蛛织的网就越小。这一点是有学术研究证明的，包括对风洞里蜘蛛的研究。我们已知天要下雨之前，风通常会变大。所以从技术角度来说，这条天气谚语说得没错。有人会质疑说，就算不靠蜘蛛，我们也能感觉到风的变化。这其实不是重点。重点在于，有科学证据表明，蜘蛛网的大小和形状与天气存在直接联系，而且这种联系非常美妙。

自然导航者会利用蜘蛛网和风之间的关系来辨认方向。蜘蛛网更常见于屏障物（比如树、大门和建筑物）下风处的避风港。对蜘蛛网的观察是一门艺术。蜘蛛在避风的地方织网，这样它们的网就能保存更长时间。所以，一个单独的蜘蛛网参考价值比较小，而一个小环境内同时出现的一堆破网和新网是一个更明确的征兆。这种"鬼屋"般的蜘蛛网能够说明，风的大扫除漏掉了这个地方。而这又进一步说明，这是一个盛行风吹不到的隐秘角落。在英国，这样的角落通常位于东北侧。

你可能已经发现，托马斯·哈代的作品里包含大量关于大地和天空的描写，很少有其他作家会这样做。他笔下的角色会观察动物身上的天气征兆，比如蟾蜍、蜘蛛、蛞蝓和羊，甚至在同一段描写中，这四个征兆会相辅相成地出现。《远离尘嚣》里有一位年轻的牧羊人加布里埃尔·奥克，他看到一只蟾蜍穿过小路，一只蛞蝓爬进了他家，还有两只蜘蛛从屋顶上掉了下来。为了进一步确认，奥克看向了他的羊群，果不其然，“羊拥在一起，全都用尾巴朝着将有暴风雨袭来的那一半地平线，没有一只例外”。[1]

被捕食动物会习惯性背风站立，小到雪兔、大至成吨重的动物都是如此。很多物种这么做可能只是因为舒服，但某些情况下这也是一个生死攸关的问题。被捕食动物的视野非常宽广，但绝不是无死角。比如马就能把周围大部分信息尽收眼底，除了它背后10度角的范围。这意味着马的视觉盲区只有一只伸出的拳头那么宽，太惊人了。而人类的视野范围只有120度角，我们的盲区更像是两大片“盲景”，是我们可视范围的2倍。

被捕食动物背风站立，这样如果有任何动物从它们看不见的那条窄区接近，它们就能先闻到对方的味道。我认识一位马语者亚当，他告诉我，风还有另一种改变马儿行为的方式。疾风天里，马儿会更烦躁、更易怒。他解释说，强风会导致草木

---

1 引自《远离尘嚣》，傅绚宁译，人民文学出版社2018年版。——译注

摇摆，让环境看起来更杂乱。马儿更难察觉周围的动静，更容易觉得受到威胁，因此一惊一乍。

据说，下雨前马儿出汗更多，这应该也是真的。天下雨前，空气湿度增加，而所有会出汗的动物在潮湿的空气中都会增加排汗。流出的汗水不能及时蒸发，体感就很难凉快下来，因此身体就会排出更多的汗。我们蒸桑拿的时候往热石头上浇水，不是为了给房间升温，而是为了增加湿度，促进排汗。

面对一群动物，我们既可以把它们看作许多独立的生物，也可以把它们看作一个整体。家禽和家畜群如果离“家”（农庄）更远，那就说明接下来天气晴好；离得更近，说明天气可能变坏。如果周围有捕食者或坏天气这样的威胁，动物们就会扎堆；它们放松下来，才会再次散开。如果家畜群没有远离农庄，而是聚在一起，躲在一个避风的地方，那显然说明坏天气即将来临。羊群分散在山顶上散步，说明它们没感受到附近有任何危险的动物或天气。

让我们来举几例加布里埃尔·奥克的观察吧。蛞蝓会对天气变化做出反应，尤其是温度变化。它们出来活动时，在更温暖的环境里爬得更快。对于天气观察者来说更有趣的是，蛞蝓会对温度的**变化幅度**做出反应。蛞蝓是典型的夜行性动物，那些害怕夜巡的园丁可以打包票。但有一种情况下，蛞蝓白天也会出来活动，那就是突然降温的时候。夏天下阵雨前后和冷锋过境时就会出现这种情况。只要日间温度下降到21摄氏度以下，有些蛞蝓就会从石头和植物下面惊醒，它们的活跃程度取决于温度的变化幅度。如果温度越降越低，出来活动的蛞蝓就越来越多；如果温度回升，蛞蝓就会爬回原来的地方休息。

很多种雄蛙会在雨后鸣叫，因为雨水积成许多小水坑，正是适合雌蛙产卵的好时候。不过，在听到蛙鸣之前，我们很可能早就已经知道天在下雨了。从1月份开始，如果夜间的气温能回升到5摄氏度以上，蛙和蟾蜍就会从冬眠中苏醒。不过同样地，在观察到这个征兆之前，我们可能已经感受到温度的变化了。

空气湿度越大，蛙类越活跃，这倒是很有可能，因为下雨**之前**空气湿度的确会上升。那些最敏感的两栖动物观察者可能会侦察到这种变化，但是随便看一看蛙的一般人恐怕很难做到这一点。我听过各种各样的雨中蛙鸣，有婆罗洲的，也有博格诺里吉斯的。但我不敢说，我曾观察到它们在天气变化前变得更活跃。

下雨之后，蚯蚓会爬出地表，你肯定见过这样的场面。很多人认为，下雨时如果蚯蚓不从地底爬出来，它们就会被淹死。其实不是这样。蚯蚓不会被淹死，它们能通过皮肤呼吸，浸在水里也可以存活好几天。下雨之后，蚯蚓的确会爬出地表，但科学家认为，这是因为雨后的地面适合它们进行长距离爬行。

对于蚯蚓来说，潮湿的地面比干燥的地面更好走，因为这样它们更不容易脱水。还有一个可能的原因是，雨点的声音听起来很像鼹鼠爬动。蚯蚓钻出地表，是为了躲避鼹鼠的捕食。喜欢用蚯蚓当鱼饵的钓鱼人发明了好几种模拟雨点声音和振动的方法，引诱蚯蚓爬出来。如果你对这些方法感兴趣，可以试试其中一种：拿一根锯条，找一个地上的木桩，用锯条来回锯木桩。

鸟

谚语里说，坏天气到来之前驴会叫。毫无疑问，驴子有时确实会这样。但是，只要是能发出警报叫声的动物，都会有用叫声预告坏天气的时候。如果要凭声音信号判断天气，鸟鸣声是野生动物叫声里面最靠谱的。同理，博茨瓦纳的小农场主们坚信，植物中隐含的线索甚至比动物叫声更准确，其中有82%的人认为，“通过一些特定的鸟叫或虫鸣，我可以判断天会不会下雨”。

世界各地的乡村居民都有着同样的自信。巴布亚新几内亚的吸蜜鸟在下雨前会大声鸣叫。苍头燕雀在下雨前会发出一种著名的“唤雨声”，写作huit。只要是在有苍头燕雀分布的地方，都能听到这种叫声。但令人惊奇的是，不同地方的苍头燕雀有着不同的口音。我发现，某一只动物的叫声并不是关键，但音景里的任何变化都绝对值得关注。本章末尾会详细展开介绍这个观点。

鸟能帮我们把线索串联起来。气象学研究员西蒙·李告诉我，他会观察赤鸢这种猛禽乘着热气流翱翔。他知道鸟儿飞得越高，热气流就越强。高飞的鸟儿意味着非常不稳定的空气。西蒙学会了通过鸟儿的飞行高度来预测天气：鸟儿飞得越高，下暴风雨的可能性就越大。2005年，他发现约克郡上空的鸟儿飞得异常高。没过多久，天突然下起了大暴雨，紧接着，可怕的山洪暴发就席卷了那一带。

天气晴朗干燥时，林鸟倾向于在树冠中更低的位置觅食；如果天气恶化，它们会穿过树枝，跳到更高的地方。如果天气持续晴好，鸟儿在外活动的时间会更长，回到夜栖地点的时间会更晚。这些习性都是鸟儿对天气做出的反应：它们不能预报天气，却是整幅天气拼图的一部分。我个人有个感觉，狐狸和獾这类动物在黄昏比较活跃，跟鸟儿夜栖时发出的鸣叫以及当前和最近的天气有很大关系。在炎热、无风的日子里，鸟鸣声听起来比它们的实际距离更远。

鸟儿的飞翔、停歇甚至是睡觉等行为都能透露风的情况。天空中最常见的景象之一就是滑翔的鸟儿。如果空中有湍流，鸟儿就很难滑翔。鸟儿能滑翔很长一段距离，说明大气稳定，这种现象多在平稳、晴朗的天气条件下出现。

许多像雉鸡这样的林鸟休息时，总是面朝着风站立。第十七章中已经介绍过，城市里的鸟也是一样，停歇的时候会面朝着风。红隼这类鸟悬停的时候也面朝着风，因为它们要停在相对于地面固定的一个点上。如果它们面朝其他方向，就会被风吹离原位。这种情况下，悬停其实是用一种非常慢的速度迎着风飞。这是我待在车里时最喜欢用的一种估测风向的方式。每次乘坐这种充满噪声的金属盒子长途旅行时，一旦发现公路边的空中有这些移动风向标，我都会感到一阵心满意足。

鸟儿的一种特定悬停行为，可以为我们标示地形。尽管鸟儿的飞翔姿态很优雅，但它们始终无法克服重力。如果它们想要爬升，只能扇动翅膀，或者搭上上升气流的顺风车。前文中已经讲过鸟类会乘着热气流盘旋，但对它们来说，还有另一种上升气流可以利用。当风碰上陡峭的立面，就会被迫抬升，成为一组旋涡形或波浪形风的一部分。鸟儿很擅长搭这种顺风车。所以在悬崖边，你可以经常看到鸟儿沿着悬崖边缘飞行，或是在悬崖上方悬停。

了解这个效应之后，我们就可以在各种规模的场景里发现它。在美国宾夕法尼亚州，盛行风被山拦住，被迫抬升，形成一股上升气流，迁徙的鹰会沿着气流的路线飞行。然而，我在树篱上方也观察到过类似的现象。鸟儿飞到树篱上方时，似乎悬停了几秒钟而不用拍打翅膀。在这两个例子中，风都被一个有着陡峭立面的物体挡住了。我怀疑这个现象就是理查德·杰弗里斯的散文中所暗指的："我越是思考，越是确信，科学还远远没有挖掘出空气浮力的真实水平。"

迎着疾风飞翔时，很多鸟儿会利用地面风速更缓和的特点，更贴近地面飞行。我经常观察到，包括鸦、鸥和鸠在内的许多鸟儿迎着强风起飞时，会贴着地面快速扫过。如果它们扭头顺着风的方向，就能飞得更高。有时候在鸟儿的巡飞路线上，你可以观察到这种现象。鸥类或者猛禽在田地上空觅食的时候，飞行路线呈长椭圆形，有点像操场跑道。在强风天气里，飞到逆风那一段，它们会降低高度；飞到顺风的那一段，它们又会稍微提升高度。

鸟儿晒太阳是为了暖身子，它们飞离一个有阳光的地方，可能是要飞去另一个有阳光的地方。有时候它们太热了，会移动到阴凉地去，有时候这种位置变动甚至会发生在同一棵树的范围内。像寒鸦这样的鸟儿在找地方遮阴前，你可能会观察到它们张着嘴喘气的样子。

在平和、晴朗的天气里，我家附近树林里的西灰林鸮**听上去**的确叫得更响。“听上去”这一点很重要，因为每当我们听到晴天里的动物叫声更清楚时，都应该问问自己，是猫头鹰真的叫得更响了，还是因为没有了风吹树叶的沙沙响，衬托得鸟鸣声更响亮了呢？

这个领域的科学研究相当有限。已有的证据表明，不同种类的猫头鹰会对天气做出不同的反应。有些猫头鹰对温度和湿度更敏感，还有一些对月相变化和月光强度更敏感。弗朗西斯·培根在17世纪写下了这么一句话：“古人认为，猫头鹰鸣叫预示着天气变化，要么是晴天变雨天，要么是雨天变晴天。但对现代人来说，如果猫头鹰的叫声清晰而频繁，那基本上说明天气晴好，尤其是在冬季的时候。”

我听见猫头鹰叫，就会认为这是邀请我在夜里出门走走。蝙蝠的行动会进一步证明这一点：干燥、温暖的天气条件下，它们找得到更多昆虫吃，因此就会更活跃。

最近我散步的时候，痴迷于观察啄木鸟洞的朝向，并相当乐在其中。我遇见的洞大多是大斑啄木鸟啄出来的，它们似乎更偏爱树干的东北侧。这个方向选择并不固定——我面前百米开外的地方就有一个朝向相反的洞——但在观察过很多个洞的朝向趋势后，我肯定以上结论的确成立。啄木鸟很看重通风和保暖，所以阳光和风都是它们的考虑因素，不过树枝的角度也很关键。要是每次大雨过后洞穴里都会进水，啄木鸟可受不了。有一种说法是，盛行风吹得树朝东北方向歪，角度刚好能遮住一片雨，让啄木鸟的家得以保持干燥。

昆虫天气地图

如果气温上升，蝴蝶会更活跃，很多种蚂蚁也会爬得更快。如果温度低于13摄氏度，蜜蜂就不会离巢觅食；当温度高达19摄氏度时，它们会更加活跃。熊蜂晒太阳和试图暖身子的时候，会贴在温暖的表面上，并调整姿势正对着阳光。天太热的时候，有些甲虫会抬起腹部，避免腹部接触地面；有些沙漠里的甲虫会肚皮朝天，用白色的腹面迎着阳光。

温度对昆虫来说很重要，因此所有昆虫都会对温度做出反应。有一条好用的大原则如下：在夏日的一天之中，你会先看见大型昆虫出没，然后看见小型昆虫，最后又是大型的。昆虫的体型越大，对低温的耐受力就越强，对高温的耐受力就越弱。

因此，大型昆虫喜欢一早一晚的凉爽时间，大白天的时候不那么活跃。而小昆虫在低温环境里没法起飞，只能等周围暖和起来再说。

在苏格兰高地上，蠓是一种让人感觉很不舒服的昆虫。但它们有一个弱点，那就是对温度十分敏感。适合蠓生长的温度范围非常小，不能太热也不能太冷。山上的温度通常太高于或低于蠓生长的适宜温度。所以，如果你正在爬山或下山，温度超出了它们的生存范围，那很快就能甩掉它们了。

蟋蟀是出了名的温暖天气指示动物，它们的鸣叫频率也和温度直接相关。虽然每种蟋蟀的鸣叫频率都不一样，但有一种典型的解读蟋蟀鸣叫频率的方式可供参考：当气温达到13摄氏度时，蟋蟀每秒叫一声；温度再升高，蟋蟀的鸣叫频率也会跟着提高。

夏天天气温暖湿润、风的条件适宜时，繁殖蚁就会成群地婚飞。婚飞规模太大，以至于很多人认为，全国各地的蚂蚁会挑同一个“婚飞日”一股脑儿飞出来。但我们知道，同一片陆地上各处的小气候非常不一样。所以可想而知，统一的婚飞日这种说法根本不成立。不过，各地区气候条件适宜的时间，确实构成了一系列适合婚飞的日子。如果你看到一大群婚飞的蚂蚁，那就说明气温已经达到了13摄氏度以上，风速则小于6.3米每秒。

有些谚语中说，蚂蚁排成一条直线，意味着坏天气即将到来。可是据我观察，这种说法不可信，也没有任何科学依据。更有趣的是，澳大利亚土著的传统智慧中说，如果蚂蚁在蚁穴周围造墙，那就说明天要下大雨了。西方的天气谚语中也有与此呼应的说法。前文中屡次提到的太平洋群岛岛民也注意到，天气变坏前，家里的小红蚂蚁会把蚁穴洞口堵上；如果天气持续晴好，它们过夜的时候就会敞开着洞口。西方的谚语里对此也有描述。这两种现象我都不曾观察到，但我很难想象，要不是这两种说法都有一定用处，它们怎么会普遍存在于不同的文化中，又怎么会诞生于本没有交集的不同社会之中呢？进一步的科学研究表明，很多种蚂蚁对湿度很敏感——有人观察到织叶蚁会在热带风暴到来之前筑巢。

某些蚂蚁的行进路线及某些白蚁的白蚁丘与太阳有着非常紧密的联系。澳大利亚北部有一种著名的磁石白蚁，它们的白蚁丘能当指南针用。这种白蚁丘的南北两侧很窄，能减少中午大太阳的炙烤；东西两侧很宽，可以充分吸收清晨和傍晚的阳光，从而调节白蚁丘内的温度。

地球上的蚂蚁有13 000多种，每一种都有自己的生活习性。我们需要留意的，是我们所在地本地的蚂蚁物种的习性。我常用的蚂蚁观察法不过几种，比起天气预测，它们的自然导航作用更大，不过有时这两者是一回事。在英国排水良好的草地上，黄墩蚁很常见。我家附近的白垩土丘上就有很多这种蚂蚁。它们呈平平无奇的黄色，但它们的蚁巢可比这个物种本身有用多了。黄墩蚁堆土建巢，蚁丘可高达0.5米，隆起呈球形，但不是标准的球形，而是有一面比较平，那一面通常朝向东南方。这个平面就像一块太阳能电池板，在清冽的早晨尽可能多地吸收太阳光的温暖。

很小范围内的小气候也会出现差异，蚁丘就是一个很好的例证。世界上的每一座蚁丘都能揭示出一些它们周围的小气候状况。几年前，我曾经探索西萨塞克斯郡的佩特沃思公园，同行的是我的一位朋友，天气专家、英国广播公司（BBC）的前天气预报员彼得·吉布斯。我们这趟是出公差，当时我正在做客英国广播公司4号电台的《园丁的提问时间》节目，而彼得是这个节目的主播。上这个节目我其实有点紧张，因为这个节目在英国还挺有名，是个热门节目，有大量忠实听众。我在停车场的会合点等待着彼得和节目组的到来，心跳得越来越快。

很快，我们就开始了对公园的探索。我先是解说了几样东西，然后偶然遇到了一件值得我们进一步调查的事物。我们花了几分钟时间，观察黄墩蚁丘北侧和南侧的野花有什么不同。喜欢阳光的花，在更明亮、更温暖的蚁丘南侧恣意生长，尤其是像亚洲百里香这样的物种。花的颜色表明，在高度还不及我们膝盖的蚁丘两侧，有着非常不一样的气候。而蚂蚁对这种区别足够敏感。我沉迷于寻找这些小线索，沉浸在我们自己的微观世界里，早把我们还要跟几百万听众分享这件事忘了个一干二净。

清晨是观察蝴蝶的好时候，要是天冷，它们会一动不动地趴更久，到了下午暖和些才会更多地飞舞起来。比起风的细微变化，蝴蝶对温度的细微变化更敏感，不过它们对温度变化做出的反应和蛞蝓正好相反。蝴蝶和蛞蝓都是冷血动物，都需要特定的温度才能活动，等天降温的时候，蝴蝶就会躲起来。

蝴蝶还对阳光辐射很敏感，沐浴在直射阳光中时，蝴蝶起飞的概率更大。光照不足时，蝴蝶之间就会发生争抢。在树荫下的光斑里，你有可能见到蝴蝶们争抢阳光的场景。（有些蜻蜓也会因为这点阳光大打出手。）蝴蝶对阳光的敏感程度可以从它的翅膀状态看出来：如果它翅膀合拢，那它可能是在休息；如果翅膀张开，那它就是在晒太阳暖身子。如果一只蝴蝶张开翅膀停在一个有阳光的地方，然后因为你的接近惊飞了，那它就极有可能会降落在另一个有阳光的地方。如果它从阴凉处起飞，那它可能会再次降落在阴凉处。

（几个星期以前，一个温暖的秋日下午，我在萨塞克斯一条农用小路上偶遇了一只孔雀蛱蝶并追赶了它一阵。每当我靠近它，它就会从自己晒太阳的地方起飞，沿着小路飞远几米，然后落在另一个有阳光的地方，张开翅膀，正对着太阳。我给蝴蝶拍了张照片，用来在我的推送邮件里出题：请问，我拍下这张照片的时候，面朝哪个方向？照片拍摄的时间为下午，太阳位于西南方向，蝴蝶张开翅膀吸收着太阳的辐射能量，所以我面朝着和太阳相反的方向，也就是东北方向。自然导航爱好者不能亲自到大自然里去的时候，就喜欢分析这样的问题。）

阴天时，蝴蝶的活跃度就会下降，飞行次数更少，飞行距离也更短。对于蝴蝶来说，下雨是个大麻烦。所以当天气变冷或阴天的时候，我们很少会看到有蝴蝶出来。我是通过一小段歌词记住这一点的："天上乌云飘，蝶儿躲猫猫。"

昆虫与风

在第一批深入加拿大落基山脉的非土著女性中，有一位名叫玛丽·夏菲尔。来过这里的，就算是非土著男性也没几位。玛丽是一位探险家、拓荒者，还是一位懂马的专家。9月时，她的团队从海拔更高的山谷上下来，来到了库特内平原。这里更暖和，所以他们遭到了数百万只蠓的纠缠。不过他们知道，这种蠓喜欢"柔和的奇努克风"，即北美洲一种温暖的、"吃雪"的焚风。在她于1911年首次出版的作品中，玛丽描述道："第二天一早，奇努克风就已经吹过，蠓也跟着不见了。"

飞虫对风非常敏感。在温度适宜的地方，哪怕遇上3级风，蠓也会被打发走人，3级风只不过是轻柔的微风啊！在有风的日子里，如果你沿路走到林地的下风处，或来到树篱和凸出岩石背后的无风区，平静的空气会让你舒服很多，但接下来你就会惊讶地发现你不是孤身一人，周围还有许多飞在空中的小生物。运气好的话，有些躲风的蝴蝶也会加入其中。接着，走进一片树林，你就会发现林下昆虫的大小和外观呈现出巨大的差异。像蜻蜓这一类大型昆虫足够强壮，不用躲在树下，可以勇敢地面对疾风。那些更弱小的昆虫则躲在树林里。令人意想不到的是，有一些证据表明，风大的时候，蚊子这样的咬人吸血昆虫也会选择下风处叮咬猎物。下次喷驱虫剂之前，我们或许可以掂量掂量这一点。

传统谚语中说，蜜蜂从不会让自己淋雨。我见过蜜蜂在刚开始下雨的时候还在飞，但不记得见过蜜蜂飞在大雨中的画面——如果我见过，我肯定会有印象。养蜂人证实了这一点，他们说蜜蜂对下雨天很敏感，如果坏天气逼近，它们就不会集群。相关的研究也证实了我们的猜测：低温、大风和大雨天气里，蜜蜂的访花频率更低。更有趣的是，研究结果表明，空气湿度增加时，蜜蜂的访花频率也会显著降低。蜜蜂能感知到温度和湿度的变化，并对此做出反应，所以它们的行为可以作为坏天气的预警。

有一种神秘、有趣的小飞虫，很多地方的人会把它们叫作蓟马、收获虫、风暴虫或雷虫。英国有大约150种蓟马，而美国和加拿大境内有700多种，大部分蓟马都不到2毫米长。有报道称，自19世纪中叶开始，雷雨前不久，就能见到成千上万的这类昆虫出来活动。

蓟马和蜜蜂类似，更喜欢在温暖的夏日结成大群起飞。而我们已知雷雨也更喜欢出现在这样的天气条件下。昆虫在合适的天气下集群起飞的场面没什么可稀奇的。生活在农村的人们注意到，恶劣天气到来之前，这类昆虫就会停止飞行，大片大片降落在特定的地方。令人好奇的是：是什么驱使昆虫在暴雨来临前降落呢？有一种说法是因为空气湿度的增加。更有趣的是，它们可能是感受到了大气中电场的变化。人类目前还没有解开这个谜题，但总有一天会的。

更全面的观察

鸟儿和昆虫为我们组成了一幅小气候的地图，它们各自描画了其中一部分，有时又彼此重叠。理查德·杰弗里斯观察燕子的时候就注意到了这一点："如果燕子没在空中盘旋，那就看看它们是不是飞在水面、河面和大池塘上面；如果后面这些地方也找不到，那就找找潮湿的农田或者有遮阴的疏林草地。燕子会根据大气的状况调整自己出没的地方。出于同样的原因，昆虫有时会大量聚集在某一处，有时又聚集在另一处。”

植物和动物提供给我们的线索，可能没法在第一时间通知我们天气发生的变化——加布里埃尔·奥克也是先注意到空中“阴沉沉的”，然后才留意到动物们表现出来的征兆——但它们的出现就像一个提醒，敦促我们关注天空和其他征兆。通常情况下，我正是这样利用动植物征兆的。在森林里待上一阵子，人类对天空的变化可能会迟钝起来。因此，如果我注意到动物行为的变化，或是树叶的沙沙响有所改变，而原因不明，我就会寻找触发这些变化的诱因。风向变了吗？树冠之间望得见天空的变化吗？像这样利用动物征兆，不怎么浪漫，但更实用、更实际。动物们表演的不是单人魔术，而是整体认知的一部分。动物的视角让我们的认知更全面，注意力更集中，欣赏得更丰富。这样的整体观察听起来很虚，接下来就让我告诉你该怎样实践吧。

在我的小木屋窗外，有一长条环形的云杉树枝伸过。这附近是一对鸶的领地，这根树枝是它们最喜欢的停歇点之一。鸶飞走巡逻的时候，鸣禽和乌鸦也喜欢停在这里。当地盛行西南风，因此塑造出了云杉的形状，也导致周围的树和植物长得比较矮。前文中已经提到，鸟儿会迎风鸣叫，村里的鸟和城里屋顶上的鸟都是如此。因此，在我的小木屋周边，鸟儿鸣叫的时候多朝向西南方。在我看来，鸟儿面朝的方向和周围植物的形状是“契合”的，鸟儿的行为模式和植物的生长模式保持一致。

每天早晨，我都试图解读天空、高处和低处的云、吹动云的风，以及任何露水、霜、雾或者其他征兆。但是我有时顾不上把外面的一切都尽收眼底。当天晚些时候，如果我看到一只鸟（两只或好几只就更好了）的朝向不太典型，或者和我早上看到的朝向不一样，我的好奇心就会噌噌地涨上来。我会彻查周边的情况，通常就是在这种时候，我会注意到一片卷云或者其他征兆，它们在一个小时或更久前就出现了，但我之前却没注意到。这就像鸟儿们落在我的肩上，啄了我一下，悄悄地说：“别做白日梦了，快看看天上。要变天啦！”

第二十章　暴风雨

2019年7月，空中产生了一股热浪，这股热浪先是席卷了地面，接着侵袭了池塘里的水，然后深入人们的骨髓，最后，弄得人们连晚上睡觉的时候也坐立不安。这星期的晚些时候，剑桥大学植物园的监测数据刷新了英国的最高气温纪录，高达38.7摄氏度。

几星期后，皮克区暴发洪水，军用直升机投下了几吨骨料，试图保卫位于该地区的惠利布里奇村。大坝已经受损，随时都有决堤的风险。警察已经下令当地居民疏散，惠利布里奇变成了一座鬼村。

热浪很少会悄然退场。它们离开的时候，喜欢弄出点砰砰、轰隆隆的动静和倾盆大雨。你可以把夏日的高温想象成一根橡皮筋：它能拉得很长很长，但拉到一定程度就会崩断。那个崩断的临界点就是雷雨，控制雷雨的因素则是我们的老朋友：温度、水和大气的稳定程度。在任何一个时刻，世界上都有差不多2 000场雷雨同时发生。

来预约我的户外课程的人，经常问到下面这个问题：如果天气不好，课程会取消吗？这些课程我已经开设了12年，从不记得有哪一次因为天气情况取消。在英国南部，雨、雪、冰雹、雨夹雪和风都不是取消课程的借口。遇到这些天气，我反而喜欢跟学生开玩笑说，他们的课值双倍学费：坏天气里的课程给人感觉仿佛有2倍时长，我还没多收你的钱呢！

但是，有可能出现雷雨的时候，我也曾更改课程的时间或路线。就算是在萨塞克斯郡的小山上，我也从来没有对雷雨放松过警惕。如果出现闪电的风险比较大，我就不会带任何队伍接近山顶，哪怕只是一座小山。要更有效地估测闪电出现的概率，可以学着分析一种特定的云——积雨云。学会观察大气中重要的这一层，预测闪电就会简单多了。

我们通常认为，爬山爬得越高，空气就越冷，事实的确如此。海拔越高，空气越干燥，温度越低，海拔平均每升高1 000米，气温就会下降6.5摄氏度。很多人以为这个趋势是持续不变的，认为从地面到最高的山峰，再往上一路延伸到太空中，温度也只会越来越低。但其实不是这样。从地面到最高的山峰，然后再往上升一点儿，温度是越变越冷的，但再高一些，就有奇怪的事情发生了。

1899年，法国气象学家莱昂·泰塞伦·德波尔一个小小的发现产生了巨大的影响。在地球表面上空大约10千米的地方，气温不再随着海拔的升高而下降，反而开始上升。德波尔发现的是大气最重要的一个分界线之一，即对流层顶。

从对流层顶再往上，我们就来到了平流层。在这里，法则发生了变化，气温开始随着海拔的升高而上升。也就是说，在冬天，大约50千米海拔高度的气温，大致等同于海平面的气温，真是太奇怪了。想想看，在6个珠穆朗玛峰那么高的地方，竟然比珠穆朗玛峰顶更暖和，实在是很不可思议。不过你可别忘了，人类如果没有增压呼吸器和航天员级别的服装，在那个海拔高度根本就活不下去。

产生暴风雨的积雨云，形成过程和其他积云一样，唯一的区别在于前者的形成过程处在失控状态。积雨云的形成过程中，水蒸气凝结成液态水释放的热量，要大于暖空气膨胀所流失的热量。积雨云会越长越高，直到碰上对流层顶。强大的逆温层就像一面三层玻璃铺成的天花板。对流层顶的高度因地而异，南北极上方的对流层顶约9千米，而赤道附近的对流层顶可高达17千米，也就是说，有些积雨云的高度让最高的山都相形见绌，在300千米开外的地方都可以看得到。对于我们大部分人来说，对流层顶的估测高度为11千米。

顶部平坦或呈砧形的积雨云已经形成完毕，我们可以估测与这种积雨云之间的大致距离。伸出一只拳头，放在积雨云旁边比画一下，拇指与云顶平齐，小指靠下，这样一只拳头的视角大约为10度。如果云和拳头一样高，那说明它距离你大约有50千米远。如果拳头只够到云的一半高，那么你和云之间的距离也要减半，也就只有25千米远。如果你能估测海平面的位置，这个方法最有效：当你在海上时，将拳头底部对准地平线的位置。

当你看到远处有一朵暴风雨云，试着分辨一下它是从左向右还是从右向左移动的。如果这朵云是横向移动的，那就不用太担心暴风雨会降临。只有维持在一个方位上不变的暴风雨云，才会朝你前进。（我当水手和飞行员的时候学到一个技能，适用

这场暴风雨位于50千米开外，正在从右向左移动

于很多户外条件，总结一下就是："方位不变，危险随行。"不管是船、飞机、暴风雨还是碰碰车，任何朝你撞过来的东西，它的方位角——也就是和你的相对角度都不会变。从一架小飞机的驾驶舱看来，另一架正在撞过来的飞机看起来就像挡风玻璃上趴着的一只苍蝇——它一动不动，一开始会缓缓地越变越大，然后增大的速度突然快得可怕。）

典型的暴风雨云生命周期很短，从产生到消失大约只需90分钟[1]。所以在大多数情况下，我们远远看见的雷雨永远不会飘过来。如果你看到远处有一片局部暴风雨云，那就是一个绝佳的机会，让你可以待在舒服和安全的位置，观察它们的生命周期如何发展。

对暴风雨云的观察，最好从寻找高度远远大于宽度的积云开始。持续观察这种云，你就会发现它开始变得更狰狞的那个瞬间。仔细观察云顶，试着描述它的形状：云顶是不是圆的，像一团团花椰菜一样？这种形状能说明两件事：第一，这朵云还在生长期；第二，云的最顶层还是液态水。后面这一点听起来没什么用，但其实相当重要。持续观察云顶，如果云顶继续增高，它会在某一个时刻改变形态，轮廓不再分明，云显得更蓬松、更纤细，像棉花糖。这些描述可能会让你想起卷云，这

1 偶尔也有例外，比如美国中西部大平原这类地方出现的组合风暴。

并不是巧合。这两者都说明冰晶正在形成。一旦积云的云顶结冰，那就意味着这朵剧烈运动中的积云早已开始变成潜在破坏力极强的积雨云。

继续观察云的发展变化，你会看到它猛地撞上对流层顶这层玻璃天花板，然后开始在逆温层下面扩散开来。这时的积雨云已经发展到了中期，会变成顶部平坦的砧状。假如你把一碗稠面糊泼在厨房的台面上，面糊会先快速沿着竖直方向淌下，然后停住，再沿着水平方向扩散。暴风雨云也是如此，只不过它在竖直方向上是向上扩散的。

很快，暴风雨云就会像熄火了一样，开始下落和塌陷。前不久外形还很巨大的云开始倒塌和消散，有时最后会留下一组卷云和高积云。[1]

每朵雷雨云都会有三个变化阶段：生长期、成熟期和消散期。前两个阶段非常迅速，是最需要我们警惕的时候。一朵看起来很温和、只是高度比较高的积云，只消半个小时就能摇身一变，成为一朵成熟狂暴的暴风雨云。雨和冰雹这样的强烈降水，就是从成熟期的暴风雨云中落下的。消散期则是一个不慌不忙的过程，等整朵云全部倒塌消散，可能要花上一个多小时的

1 暴风雨过后，可以经常看到某一种特定的云。赏云协会的创始人加文·普雷特-平尼给这种云起了个新名字，叫作“糙面云”。它凹凸不平，呈波浪形，在美国大平原地区比较常见。

时间。

所有降水都有同一个规律：开始得突然，结束得迅速。暴风雨云带来的降水很少会持续半小时以上，通常更短。天上可能有不止一朵暴风雨云，但每一波暴发出来的强降雨都不会持续太久。

很多人认为，消逝的暴风雨云会卷土重来，但其实不是这样。一朵新的暴风雨云可能接着上一朵形成，而且很有可能和上一朵出现在同样的位置，原因在前几章里已经解释过了，和产生热对流的那些因素有关。就算知道这一点，你还是会感觉这是同一朵云杀回来打击报复了，尤其是当你在船上或在帐篷里的时候。但其实这仅仅是因为，你处在一个适合暴风雨云形成的位置，天上只不过是有一朵新的云形成了。暴风雨云都是没创意的跟风者。

当我们看见暴风雨云，怀疑当地是否会下暴风雨时，得先弄清楚它是单独一朵云还是属于一个锋系：它是独来独往还是成群结队？局部升温引起的暴风雨云是单独一朵，我们可以试着在地面找出导致它产生的契机，就跟我们观察更温和的积云一样。

如果空气温暖、潮湿，且足够不稳定，只需一点点动力就能触发整个连锁反应。这个动力可以是一阵把气团吹上山坡或海边悬崖的风，也可以是照射不均匀的阳光，导致一片树林比旁边的农田受热更集中。假如暴风雨的形成万事俱备、条件成熟，一个不起眼的小因素就有可能触发整个过程。如果高地是造成暴风雨云形成的原因，那么暴风雨更有可能落在高地的上风处。

1975年，在伦敦北部的一片地方，下了一场令人印象尤为深刻的暴风雨，短短几个小时的降雨量就达到了平时3个月的水平，人们一片哗然。原定在皇家阿尔伯特音乐厅举行的英国广播公司夏季逍遥音乐会决定取消。受影响的区域很小，但暴风雨来势汹汹，以至于为了弄清楚这一小块天空动怒的原因，人们发起了一场调查。气象学家认为这要怪汉普斯特德的一座山，但当地的最高海拔只有137米，和周边地区的海拔高差仅76米。这座山并不大。然而，暴风雨的能量并不是来自地面，而是来自空中。要燃爆一个大烟花，只需要一根小火柴。

地方性风暴最容易发生在夏季最热的几个月，高峰期为6月到8月。这才有了那个据说是乔治二世发明的老梗，说英国的夏天是“两天放晴，一天雷雨”。夏季的暴风雨几乎总是取决于地面因太阳光受热的情况，因此在下午比在早上更常见，且日落之后就趋于消散。

我觉得大家都有一种与生俱来的直觉，能察觉夏季暴风雨的形成。也许，这是我们在进化过程中保留下来的生存技能。度过一段极其闷热的日子后，人们聊天时会说起他们感觉天气

“要来了”，你可能会听到“要变天了”这种说法。这些对温度和湿度的感受都是可信的，再关注一下能见度，就能进一步巩固这些感觉的可信度。在夏日的下午，如果能见度变差，空中雾蒙蒙的，这就是另一个征兆，说明天气已经快要达到临界点，几个小时内就有可能下暴雨。前文中已经介绍过观察能见度的方法，先找到远处的一个物体，看你能否轻松地发现它的细节：能看清房子上的窗户吗？能看清树上的每一根树枝吗？

到了冬天，冷空气来袭，天气条件似乎不太适合雷雨的形成，但冬天也有足够多的风暴。比起局部受热，冬季风暴的形成原因更多的是锋系，尤其是冷锋。

冷锋驱动一团陡峭的楔形冷空气进入前方的暖气团下，导致暖气团抬升，形成风暴。和气团吹过山顶时不一样，这种情况更像是一座陡峭的山被钉进了温暖潮湿的气团下。再加上锋的规模比山大得多，结果就会导致一系列风暴像战争前线一样推过某个地区。

雷雨的一个早期征兆是“天空中的城堡”。如果空中有十几朵甚至几百朵积状云组成了塔楼或炮塔的形状——它的正式名字叫作堡状高积云——那就说明空中有一大片潮湿的、不稳定的空气。再过几个小时，锋面雷暴就有可能降临。

如果半夜里接连听见几场雷暴声，你就可以认为冷锋正在过境，第二天早晨的空气会清新凉爽，能见度极好。

有一则有趣的古老天气谚语是这么说的："四月雷暴，白霜走掉。"（A thunderstorm in April is the end of the hoar frost.）

和大多数谚语一样，这一则谚语的有趣之处在于，它把没有直接科学依据的两件事物联系在了一起，并暗示出一个真实可靠的结论。雷暴和霜之间不存在什么偶然联系，但4月出现的雷暴很有可能标志着白霜期的结束，直到秋天白霜才会重新出现。继续往下读之前，先停下来想一想，这里说的暴风雨是哪种类型的暴风雨，是局部暴风雨还是锋造成的暴风雨，以及你这么认为的理由。

如果4月的天空中出现了一片局部雷暴，那就说明空气温度很高，太阳赋予了大地足够的能量，让局部积雨云能够形成。以上迹象都表明，一个暖气团已经到达该地区，在太阳光的照射下，地面受热也很强。这种雷暴之后不太可能下霜——突如其来的冷气团才有可能导致下霜——但如果条件合适，4月的暖气团和持续的晴朗天气会始终陪伴着你，直到整个结霜季节结束。

暴风雨云的云顶和云底

暴风雨云的内部通常有强烈的上升气流和下降气流。这些气流就像忽上忽下的电梯，有可能导致下冰雹。它们会在每一朵云里留下印记，我们可以学着去解读它。接下来，我们假设你发现了一片局部雷暴，并和它保持着安全距离，因此可以设法研究它的成因，并以此为前提举几个例子。在本章稍后介绍的内容中，我们再来解决没那么凑巧、没有安全的观察距离时，应该如何判断。

当一朵积云开始变成一朵积雨云时，上升气流很强并起主导作用，竖直向上的气流速度可达48千米每小时。有时上升气流过强，能把气团抬升到云朵之上，造成气团冷却凝结，在积云主体的上方形成另一朵帽子形状的云。这种云叫幞状云。如果你发现一朵很高的积云上方出现一顶帽子，那么这就是暴风雨云正在形成的一个强信号。

暴风雨云形成后，空中仍有非常强烈的上升气流，会顶起云的主体部分。如果云顶呈砧形，那么砧形部分的上方一定会鼓起一个包。云顶凸起意味着极其强烈的上升气流，说明一场猛烈的暴风雨即将到来。

仔细观察云顶的砧形，你会发现它不是对称的。一边短，一边伸得更长。伸长的一端为你指出了那个高度的风向，而这也是云飘动的方向。砧形部分就像一根粗大的手指，指出了风暴移动的方向。

如果手指形状并不明显，那可能是你的观察角度不好，或者高空中的风比较微弱。检查一下其他高空云指出的方向，比如卷云。判断出风暴的移动方向后，你可能还会注意到，积雨云的主体两侧看起来稍有些不同，因为空气向上和向下的移动并不是均匀的。上风处的上升气流最强，所以云的形状会更陡峭。同理，如果你看到云的砧形部分有凸起，那凸起肯定位于中心点偏上风处的位置。在下风处——也就是手指指向的那一侧，云顶更平展。

造成暴风雨云云顶出现凸起的那股力，在云底也发挥着同样的作用，下降气流可以造成向下悬挂的凸起，叫作悬球状云。这种下垂的凸起更常见于晚期的积雨云，这时下降气流压过上升气流，开始占主导地位。悬球状云的出现，意味着这片云曾经充满活力和能量，然而现在已经过了鼎盛期。

偶尔还可见暴风雨云的云底挂着一个漏斗。这种云的正式名称叫管状云，它的出现意味着云里有活跃的气流。从云底旋转着延伸出去的管状云通常不会延伸多远，一旦动力用尽，它们就会消失。然而，在特定的条件下，管状云会一直延伸到地面。这种情况不仅仅发生在美国的部分地区。这是龙卷风形成的一个肉眼可见的早期警报。

有时，在暴风雨云的主体即将到来之前，会有另一朵云跑在它前头。它叫弧状云，因为看起来可能像积雨云底部伸出来的平板或楔子。弧状云形成的原因是：下降气流遇到地面后散开，导致周围更温暖的空气被抬升。就像厨房的水龙头打开后，你会先看见水向下流，然后水遇到水槽的平面之后向水平方向散开。风暴主体也是像这样打开了风的水龙头，下降的风遇到地平面散开之后，就形成了弧状云。可惜，它的警示效果不够好，因为它和积雨云的主体是一起出现的。如果一朵弧状云从你头上飘过，比起天上的云，你当时可能会更关注狂乱的风。

在上面举的几个例子中，我们就像坐在一家舒服的电影院里，大把大把地抓着爆米花，看着一朵局部暴风雨云生长、成熟和消逝，和它保持着足够安全的距离。然而经验告诉我们，事实不可能每次都这么凑巧。暴风雨云喜欢被罩在别的云里，或躲在别的云后面搞偷袭。

1938年，五位竞赛中的滑翔机飞行员正在寻找上升气流，他们飞进了一团看起来很温和的云。他们找到了想要的气流，只可惜它太强了。不幸的是，一朵积雨云潜伏在其他云中，把飞行员们撕得粉碎。这次事故只有一位幸存者。

好在就像电影里的反派角色一样，那些打算到地平面上偷袭我们的暴风雨云也会泄露自己的行踪。电影里的线索，通常是背景音乐的改变；而在户外的线索，是风的改变。

1985年，达美航空的一架飞机正在接近跑道，准备在达拉斯-沃思堡国际机场着陆时，飞行员突然在前方发现了闪电。飞机继续前进并飞进了一片雷暴。几秒钟后，一股强劲的下降气流“微下击暴流”出现，压得机身猛烈下降。飞行员企图抵抗，可终究是徒劳。他们尝试取消着陆，只可惜已经晚了。最后，191号航班坠毁在了跑道之外，导致137人死亡，其中还包括一名在机场附近高速公路上驾车的28岁男子。

雷暴和空气在竖直方向上的剧烈运动有关，但就像厨房水龙头的那个比方一样，风撞上了平面也不会停下脚步。它们还会在地平面上形成水平方向的狂风。暴风雨云附近常出现冷风，不仅因为有些空气从高海拔迅速降落，也因为降雨冷却了云下方的空气。如果你感觉空中突然吹起一阵温度低得多的刺骨强风，那就是暴风雨即将到来的警告。

风吹过障碍物时，会产生涡旋、波浪和其他形式的风，因此我们平时总是能感觉到一阵阵风吹来。但如果风速突然改变，同时温度骤降，那就该敲响警钟了。如果你无法找到它的成因（比如海风，再比如雪山上吹下来的下降风），就要提高警惕，并且重新掂量一下你的计划。如果是在电影里，这阵风就是那个背景音乐中响起刺耳小提琴声的时刻，也是年轻女子决定深夜拜访废弃建筑物的时刻。这时，你可能选择继续独自前行，但要做出这样的决定，请确保你已经读完了本章的所有内容。

大部分人还有一个误解，那就是认为雷暴可以迎着风移动。一旦我们理解了积雨云如何改变它周围的风，就很容易看出人们为什么会有这样的误解。我几乎是走了很多弯路才明白了这一点。

2007年，我从怀特岛出海，然后遇到了一件怪事。当时我正在为独自一人横渡大西洋航行做准备，我这次的主要目标是想办法搞定一个古怪又神奇的设备——自动转向仪。利用船下方的水流和风的角度，转向仪能通过滑轮调节船舵，自动驾驶帆船。真是个天才的发明！它不用电池，不用电源，也不需要任何形式的额外供能，只需要船下的流水和风，就能保持船的航向和风始终处在同一个相对位置上。

这个神奇机械的关键在于，要让船的航向**和风向的相对关系**保持一致，不管风往哪个方向吹。你把它设置好，让风从右舷横梁的方向吹来，然后即使放它几个小时或几个星期不管，船上的风都会始终保持从右舷横梁的方向吹来。这个装置简直就是全世界单人航行运动员的救星，关于这个话题我还可以聊很久，但这并不是本章的主题，所以我们还是回到怎样更好地理解风暴这个话题上来吧。

那天是我第一次使用这个设备。它的原理我都懂，可万万没想到的是，我才刚用上几个小时，船就转了个U形大弯。这引起了我的警觉。我检查了转向仪，它运行良好，帆船航行也正常，风也在保持从右舷横梁的方向吹来。明明一切都正常，帆船的航向却来了一个180度大掉头。这说明风向也偏转了180度，转向仪只是做出了相应的反应。有些怪事正在发生，但不是在船里，而是在天上。

我焦急地扫视着地平线，突然就发现了解开谜题的关键线索。不远处有一片正在生长的积雨云。我光顾着打理那些绳子、滑轮和操纵杆，没注意到这片云已经悄悄长成，距离近到让我难以保持镇静。此刻，风直直地吹向那迅速攀升的云。我收起了帆，拆下了自动转向装置，亲自掌舵，乘着越来越强烈的风，伴着飙升的肾上腺素冲回了家。

雷暴会随着高空中的风移动，砧状的云顶和其他任何卷云的形状都可以反映出这一点。当你面朝一朵暴风雨云，看着它逼近，通常也能感受到另一股风从你的背后朝着云吹来。这是因为云正在生长，云底向上吸收着空气，才形成了这阵风。想象一下，就像厨房水龙头的水倒流并把水槽里的水吸走了一样。在云的整个生命周期的前半部分，这种效果尤其明显，因为它还没有发展成熟，正处在上升气流起主导作用的时期。一旦云开始成熟或消散，其中的下降气流更强势，大风才更有可能从云底向外吹出。因此，暴风雨云“迎着风”移动，说明它还年轻，还在生长。

如果你有机会观察一朵积雨云的云底，就会发现它各个部分的明暗、凹凸和颜色都不相同。颜色更深的区域有上升气流，而颜色更浅、质地更粗糙的区域有下降气流，后者就是会造成强降雨的地方。

关于“暴风雨前的宁静”的根本原因，有几种不同的说法。

首先我要明确一点：包括天气和生命在内的所有东西，在暴风雨过后回想起来都显得相对宁静。我喜欢的一个天气理论是这么说的，暴风雨前的宁静有两种不同的类型。

第一种情况是炎热的夏日发生的局部暴风雨。在这种情况下，暴风雨前的宁静仅仅是指夏日的田园牧歌与暴风雨带来的混乱形成的对比。第二种类型就更有趣了。如果暴风雨是锋引起的，那下雨前就没那么宁静了，而是会有风。不过，暴风雨云可以改变地平面上的风向，这有可能抵消地平面上原有的盛行风。因此，暴风雨到来前一个小时之内，你会感觉原有的风被正在逼近的积雨云抵消了。此时，暴风雨的真正威力还没有发挥出来。

一朵普通的暴风雨云所蕴含的能量比原子弹还大，这种能量从它带来的烈风中可见一斑，但真正让人心跳加速的是打雷和闪电。闪电能让空气达到大约30 000摄氏度的高温，比太阳表面的温度还要高6倍。空气猛地扩张，发出一阵惊人的声响，这就是我们听到的雷声。光传播的速度比声波传播的速度快很多，因此闪电和打雷之间有个时间差，我们可以据此估测闪电的远近。闪电和打雷之间的时间间隔每多3秒，意味着你和闪电的间距增加1千米远。

闪电的持续时间远远不足1秒，但轰隆隆的雷声却可以更持久，这有点奇怪，因为雷声是由闪电引起的。之所以出现这种现象，是因为声音来自不止一处地方。闪电分为几种类型，其中比起云地闪电，云内闪电和云际闪电要常见得多。哪怕是云地闪电，也可能达到1.5千米或更长的长度，所以闪电高处部分和低处部分发出的声音传到人耳中的时间不一样。

云地闪电由云对地的放电和地面对云的放电组成，我们看到和听到的闪电，主要是地面对云的回击。然而和大部分人一样，我看到的闪电是从天空向地面延伸的。这是一个很好的例子，恰好能说明我们的大脑为了自圆其说，是如何改写和简化事物的。闪电发生时，我们看到的从云里伸下来的张牙舞爪的光，是空气被电离形成的通道“梯级先导”，像几根“探针”一样。梯级先导比闪电主体的移动速度更慢，而且还会不断分叉，这也就是为什么人们会觉得闪电像一把叉子。它们之所以被叫作梯级先导，是因为它们一旦足够接近地面，电流循环的条件达成了，回击就会马上出现。后者线条更直，也更激烈，是我们听到的雷声和感受到的闪电。

你可能还见过会频闪的闪电，并很容易认为光是从云中弹射出来的。但实际上频闪的速度很快，人眼并不能识别出来。我们看到的频闪其实由多条回击组成，脉冲电流是从地面放射到云层中的。

我们一生中看到的大部分闪电都是云际闪电和云地闪电。也许你听过很多关于闪电的表述，仿佛闪电有很多种类一样。

实际上，“热闪”是指离得太远、听不见也看不清的闪电，它会造成暴风雨来临前空中有时出现的那种微弱闪光。这种闪电本身没什么特别的，只是它离得比较远。“片状闪电”指的是一大片白光，而不是单独的一条闪电，其实这只不过是因为整条闪电都被云包裹住了。我们看不到闪电本身，只能看到云层被照亮。

你可能还见过“云砧爬行者”闪电，这也是一种云际闪电。从名字就能看出来，这种闪电出现在砧状云下方，呈细长的触须状，横向延伸。这种闪电有时会很壮观，长度可达100千米。

而“球状闪电”就是另外一回事了。它的确是一种闪电类型，而且非常罕见。它似乎是由一条普通闪电通过某种方式形成的高温球状等离子体。在这句话里，我故意用了“似乎”和“某种方式”这两个词，这是为了强调，提到球状闪电的时候，就连科学家也要感到惭愧。他们没法合理解释这个现象，甚至恨不得视而不见。我的工作就是解释各种自然现象。科学家能简单准确地解释大部分事物，但不是所有的事物，我觉得这样也很好。我不记得我遇到过哪位声称自己见过球状闪电的人，当然我自己也还没见过。如果你有幸见它一次，请享受这个时刻，最好再拍些视频，然后把它当成饭桌上的谈资，直到大家都听腻了你的这个故事为止。

在2020年的季风季节初期，印度东部和北部有100多人死于闪电。大家都知道闪电很危险，但面对突如其来的暴风雨，很少有人知道该怎么办。我之前写了一本书，叫作《野游观察指南》。在那本书里，我花了大量篇幅，向怕挨雷劈的读者介绍遇到闪电时安全行动的实用技巧。通常情况下，我绝不会在一本书里重复另一本书里讲过的话题，更别提引用另一本书里的话了。但是为了好理解，我在这里破个例，再进一步展开讲讲这个话题。

> 如果你担心自己会被闪电击中，那最好避开空旷的地方，找地方躲起来。待在车里或棚屋里比站在开阔的室外更安全，前提是你不去接触任何金属部件。远离凸出的高物体，比如单独的一棵树。在保证安全的情况下，放低身子。远离水面，如果你人在水里，就赶紧出来。确保自己手里没有任何金属物体，如果你还不放心，那就先把手里所有含金属的东西扔掉，比如手杖和带金属支撑的背包。

在这里我只想补充说明一点：如果你人在室外，找不到躲避的地方，而且非常担心被闪电击中，那就放低你的身体重心，但不要趴在地上，最好半蹲或蹲着。还有一个30/30原则很有帮助：如果闪电和雷声的时间差小于30秒，那就快寻找安全位置躲起来；如果你在室内，最后一阵雷声响过30分钟之内，不要冒险外出。

闪电会击中的具体位置有可能是积雨云下方地面上的任何凸出部分，但不要指望自己能预测闪电。有个词叫“晴天霹雳”，用来形容某件事的发生完全出乎意料，已经成了人们的日常用语。这个词的起源，就来自有的闪电可以出现在距离暴风雨云几千米的地方，看起来甚至像是从一片晴空里劈下来的。不过，这种情况很少见。其实，当雨先下起来的时候，出现闪电的风险更大。

还有一个很流行的惯用语是说，“闪电不会在一个地方劈两次”。在爱情、战争或其他人类经验的领域，这种说法或许没错。但用在天气上就是胡说八道。美国的帝国大厦就曾经在15分钟内被闪电劈中15次。

闪电的颜色也是一条线索，我们可以据此判断闪电经过的空气状态。

白色=干燥空气

黄色=粉尘

红色=雨天

蓝色=冰雹

闪电能产生电磁波，方便天气预报人士侦察和跟踪远处的暴风雨。调频广播可以接收到这些电磁波，它们听起来就像咔嚓声或噼啪声。

风暴系统

风暴可以成群结队，积雨云和积雨云之间可以相互作用和支持。这种情况发生时，就会形成四处劫掠的风暴团伙，气象学圈子里把这叫作中尺度对流系统。如果在几个小时的时间内，暴风雨下了一场又一场，就说明一个中尺度对流系统正在过境。请根据上文中的建议，尽量待在室内。天气稳定下来至少半小时以后，再到室外去观察其他天气征兆。

龙卷风

龙卷风是一种独特的旋风系统，风力规模可大可小，有时是普通的强风，有时可以带来混乱和破坏。这种强烈的旋风是从充满能量的积雨云中产生的，但需要特定的形成条件，因此在一年中的特定时间段和特定区域更容易发生。在5月和6月的美国大平原地区，龙卷风的出现概率明显更高。

比起其他风暴系统，龙卷风的破坏力更集中于一条狭长的带状区域中，具有将破坏力最大化和缩小受影响区域的双重效果。因此，龙卷风的路线泾渭分明，风速高达480千米每小时的风足以破坏整整一条街，但在区区几个街区开外的地方，树叶还能稳稳当当地挂在树枝上。

龙卷风是由暴风雨云触发的。因此，极强暴风雨云出现的征兆，也是龙卷风出现概率变大的征兆。云顶明显凸起的砧状云或大片悬球状云通常意味着空气中有强烈的上升气流和下降气流。如果你此时出现在错误的时间和错误的地点，以上现象就会成为不祥之兆。

如果云底出现管状云（或称漏斗云），也能够说明龙卷风形成的条件已经成熟。更多情况下，就算漏斗云一直延伸到地面，也只能形成威力弱一些的龙卷风亲戚：水龙卷和陆龙卷，它们分别是一个旋转的水柱和气柱。

飓风

这类风暴有很多个名字，比如飓风、旋风、台风或者热带风暴，具体叫什么取决于它发生在哪一个地区。这些名字指的全都是同一种可怕的风暴，在这里我们就把它叫作飓风吧。

和龙卷风一样，飓风更有可能出现在特定的区域和季节。它们通常在热带地区形成，而在其他很多地区，一年到头都看不到飓风的影子。飓风的规模能达到龙卷风的100倍，它所蕴含的总能量也远远大于龙卷风，但它的威力更分散。飓风的最高风速低于龙卷风，但它们引起的混乱范围却大得多。

飓风的形成需要潮湿、温暖的空气和海洋。肆虐地面的台风给人感觉激烈而混乱，但是从卫星视角来看，这种天气系统简单而精致。飓风会旋转，而且是绕着北半球的低气压系统逆时针旋转的。只有在极端低气压的条件下，飓风才不太容易形成。整个飓风系统可以自给自足，用水和大气中的热能来积蓄自己的力量。

从欧洲跨越大西洋前往加勒比海的航海者，大部分都会选择在12月出航，这并不是巧合。因为在大西洋的这一片海域，飓风季节在6月到11月之间。而到了12月，遭遇飓风的可能性则会大大减小。在我第一次跨越大西洋之前，我参加了几场这个航线的专家所做的天气报告。现在航海的人都会很聪明地依赖他人获得飓风的预报和警报，但其实传统的做法是自己观察特定的天气征兆，其中很多征兆前文中已经介绍过。坏的征兆包括风力和风向的突然变化、朝暴风雨方向发展的云、空中出现疑似正在接近的暴风雨且有海水从那个方向涌来、陡然下降的气压，还有一阵大雨。这些就是遍布整个热带地区的基本天气要素。还有一些有趣的地方传统和征兆，比如印度的航海者们曾经喜欢观察的“牛皮云”。

我收集到的最有趣也最难忘的奇闻是：飓风对人的影响和

人们遇上的是飓风的哪一面有很大关系。飓风是不对称的。无论是在海上还是在陆地上，遇上飓风时，如果我们可以移动，但又没法完全摆脱它时，那我们就可以选择和飓风的哪个部分正面交锋。飓风里没有绝对安全的区域，但有危险区域和相对不那么危险的区域。在这里请允许我打一个奇怪的比方。

假设有一个人站在一条小路上，正在甩一只棒球，棒球拴在一根6英尺长的绳子上。从空中看，棒球是逆时针旋转的。如果你被迫从这个人身边经过，还不能弯腰，那你就会被棒球打中。但是，从这个人的两侧经过会导致不同的结果。如果你从左侧经过，球会朝着你旋转，并重重地打在你的脸上。如果你从右侧经过，球击中你的速度就会慢很多，并且是打在你的后脑勺上。当然，从哪边挨打都不舒服，但显然从左侧走的冲撞程度更剧烈些。

北半球的飓风围绕着低气压系统中心的风眼逆时针旋转，就像上面说的棒球一样。如果你位于大西洋东岸的一处沙滩上，面朝大西洋，眼前是正在逼近的飓风，那你就处在“危险地带”。这说明你位于飓风系统的中心偏左（北）侧，风朝着你的方向旋转，所以你遇上的风速会是最大值。

换句话说，如果飓风不可避免，那你可以朝南移动，这样一来飓风的中心就会向你的北侧稍微偏移，比起飓风在你南面的情况，带来的影响会小一些。

如果飓风从你的头顶飘过，你首先会感觉到来自北风的攻击，接着是进入风眼后诡异的宁静，最后是更多来自南风的攻击。通常情况下，我还是建议大家能避则避，理由之一是计算“危险地带”实在是太伤脑筋了。

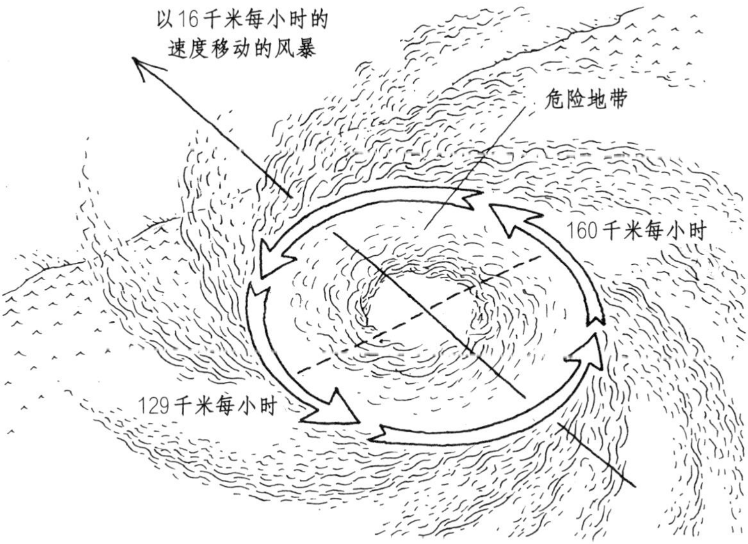

飓风不走固定的路线，但它们的路线是有一定趋势的。飓风的形成需要科里奥利效应，所以它们的形成位置距赤道至少500千米。一旦形成，它们倾向于往西移动，平均移动速度约为18千米每小时，而且会向距离更近的一个极点偏移，这就是加勒比海域和美国东南海岸会如此频繁地受到飓风侵袭的原因。飓风有时也会掉头。如果它们朝温度更低的水域或陆地移动，就会失去提供动力的热量，威力开始减弱。

面对龙卷风、飓风和其他大型自然灾害，我们必须承认自身的局限。这种情况下，还是摘下帽子向专业的气象学家致敬，表现得有风度一些，承认和感谢他们那些数据、模型、卫星照片和经验的价值吧！

第二十一章　天体与绝景

有一本书叫《班伯里牧羊人指南》，出版于18世纪，作者署名是“约翰·克拉里奇，牧羊人”，书里收集了大量有趣的传统天气知识，其中有很多大家熟悉的金句，比如：

> 云彩堆成石头和塔，
> 阵雨就要常来把地面清扫。

我们所见的一切现象均有意义，但有些人实在控制不住自己，喜欢强行解读没有意义的事情。几千年前，人类就注意到，月亮的形状每隔几天就会发生明显变化，而天气似乎也会遵循着相似的时间周期变化，让人忍不住认为月亮和天气之间存在什么因果关系。所以，克拉里奇先生也在他的书里提到，“临近满月的日子，如果日出前有大片雾，那就说明天会放晴”。

我们已经知道，夏日清晨的雾是个好兆头：这说明夜里是晴天，地面的热量都散失掉了。月亮在这其中没有起到任何作用。关于月亮的形状和变化周期，有人对这位牧羊人做出评论说，下面这种说法才更贴切：

月亮和天气，
会一起变化；
但月亮的变化，
并不会改变天气。
虽然这有点奇怪，
但就算我们没有月亮，
我们的天气，
还是会不断变化。

从月亮的变化周期中可以得知有关潮汐、时间和方向的信息，但很难说这对于预报天气有没有什么作用——至少就我所知是如此。不过这并不是说，月亮的形状中不包含任何有关天气的信息。月亮反射太阳光线，这束光要穿过大气层照射到地球上。光的旅途会穿过冰晶或蒸汽，导致我们眼中看到的月亮样子有所不同。

如果月亮看起来特别清晰，那说明空气干燥、透明、洁净，天上不仅没有云彩遮挡月光，就连空气湿度也很小。所以在接下来的几个小时内，空中出现云或下雨的概率都很小。我们已经知道，晴朗的夜空会导致地面通过辐射冷却过程丧失热量，所以“天有皓月，地要下霜”（Clear moon, frost soon.）这句老话是有一定科学依据的。月亮并不会直接反映出下霜的可能性，但能为我们提供线索，说明夜里比白天冷多了。除了夏季炎热的时候，清晰明亮的月夜过后确实可能会下霜。

闪烁的科学和艺术

星星是人眼能看到的最远的物体。它们不仅是人类目光所及最远处的东西，还是自然界中距离我们最远的一种天气预报。

星星发出的光要传播几百万千米才能到达地球。尽管如此，它们漫长旅程中的最后一小段，却能在最大程度上决定星光的视觉效果。哪怕是最小最小的一点光，遇上大气层，也要设法穿越空气分子。和光线在宇宙中穿越的巨大真空比起来，地球上的大气浓得就像糖水一样。光线穿过空气，会出现一点反射和偏折。但如果光线遇上水分子，那就会多少偏离原来的轨道。如果星星看起来比平时闪烁得频繁不少，那就说明大气中水分更多。这有可能是锋即将到来的第一波迹象之一，比卷云出现得还要早。

这一切都和趋势有关：闪烁的星星并不能告诉我们太多信息，但在一晚上的时间内，或者在从这天晚上到明天晚上的区间内，如果星星的闪烁频率明显增加，那就说明空气湿度正在增加，恶劣天气可能出现。星星平时总是在“眨眼”，也就是闪烁，但不是很明显。如果星星看起来更偏向于静止，那就说明空气更干燥，接下来更有可能出现晴天和下霜。

然而人外有人，天外有天。太平洋群岛上的航海者就会利用星星的闪烁来预测天气，他们还能看出天空中不同区域里星星的闪烁方式也不同。他们认为，天气会从星星发生闪烁的那片区域开始发生变化。

一位澳大利亚气象学家声称，他发现流星和比平时更大的雨之间存在某种联系。这听起来有点牵强，但背后其实有一个简单的逻辑支撑：云是围绕着大气中的小颗粒形成的，这种小颗粒就是凝结核，而流星雨会在地球大气中化为尘土，为云的形成提供了大量凝结核。他发现，在双子座流星雨这类大流量流星雨过后30天，雨量就会开始猛增。这也揭示出尘土颗粒下降到大气中的合适位置所需的时间。

你知不知道，就算是在完全相同的大气条件下，冬夜的星星看起来也比夏夜的更明亮？这是因为我们在不同的季节看到的不是同一片夜空，而是宇宙的不同部分。冬天的星空背景颜色更深，因为背景里的深空天体更少。冬天看到的星空更稀疏，而夏天的星空以我们的银河系为背景，它们发出的光为夜空蒙上了一层淡淡的背景光。想想看，黑布上的白点要比灰布上的明显得多。再加上冬天里的亮星比夏天多，比如猎户座里就有很多亮星，进一步增强了黑白对比。

季节与星星

很多原住民文化中认为，星星会影响或控制天气的变化。这种认知既不能算对也不能算错，得看我们如何解读。如果我们按照字面意思理解，那它就是不科学的。我们看到的星星和我们所经历的天气之间不存在任何已知的因果关系。但我们可以合理猜测，原住民文化中指的其实是恒星的四季规律。对于任何一个生计和季节紧密联系的文化来说，给星星的出现时间做记录很重要，因为这样人们就可以尽量在好天气里活动，比如太平洋群岛上出海的人们。一个世纪以前，英国作家亚瑟·格林布尔就说过：

> 对于吉尔伯特群岛的水手来说，天蝎座和昴星团就像是一年中的两个标点符号。日落之后，当心宿二出现在空中特定的位置，晴季就开始了，也就是“航海季”（te bongi ni borau）；直到天一暗，昴星团就从东方的地平线上升起，意味着接下来会有一段狂暴的天气，出航的季节到此为止。……这两个时间节点分别和信风季节以及西风季节高度一致。

我们已经知道北半球的特定星座暗示着不同的季节，比如猎户座会高挂在冬季的夜空中。西方人不会说猎户座能带来降雪，但如果说猎户座出现的那几个月更容易下雪，大家都会同意。我认为，温带地区和热带地区的气候差异以及因此产生的文化差异，决定了人们对星星和天气的不同看法。

温带地区的一年四季如此分明，人们可以感受到身边的温度、植物和动物都在发生着巨大变化，远远早于恒星的明显变化。而热带地区的气候气温变化幅度更小，季节差异是变幻无常的雨季和旱季。这种情况下，星星和天气之间的关系可能更明显。一年到头，热带地区能看到夜空的机会也更多。而北半球的我们，仲夏和隆冬时节看到的星星太少——6月的时候太亮，1月的时候太冷，人们就不情愿在外面待太长时间了，而热带地区就不会出现这两种情况。总之，当北半球的我们感觉到了季节的变化（通常是骨子里感受到的），热带地区的人们还等着天上的星星告诉他们呢。不过，这两个地区的人都不认为星星是天气变化的幕后推手。

有些阿拉伯语文化中，时间的计算更复杂，因为穆斯林历法用的是阴历，与季节不一致，同太阳历和星历也不一致。他们自有一套算日子的方法——按照距离年初过了多少天计算。印度洋上的航海者使用thalatha wa-tis ‘in(fi) l-nairuz这样的说法，意思是从年初开始算起的第93天。

晕

月亮周围如果出现晕，就说明空中有一层薄薄的冰晶云，极有可能是卷层云，这种现象可以部分构成一种天气预报。我们已知卷云之后出现卷层云是暖锋接近的预警，所以卷云出现后月亮周围有晕，是在提醒我们天要下雨。太阳周围出现晕也是同理，说明空中有卷层云，同属于雨天预报的一部分。

地球的影子

晴天的日落时分过后，向东看，如果你的视野清晰，你就有可能看到一个发黑的带状区域非常缓慢地从地平线升起。这就是地球的影子。在大气中有一点湿气或薄雾的时候，这个影子看得最清楚。黎明时向西看，也有可能发现地球的影子，但难度更大，因为那时候大气里的颗粒更少。

地球的影子看起来就像一层蓝紫色的薄纱，黄昏时分升起，黎明时分落下。如果你不确定自己看到的是否是地球的影子，那就看看阴影上方是不是还有一条粉色的光带，那就是“维纳斯带”，金星（Venus）经常出现在这个区域。[1]观察地球的影子时，最好选择能看到低处地平线的位置，视线尽头越接近海平面越好，而且最好是站在稍高一点的地方观察。阳光充足的海岛东侧的海边山坡是绝佳的观察点。

1 原文疑有误。维纳斯带的名字，源于100多年前的人们看到这样的景象时，认为它像爱神维纳斯的腰带。——编注

第二十二章　我们的天气

2020年5月，在我写这本书的时候，我正经历疫情封控。新冠病毒给人们带来源源不断的恐慌和困惑，仅仅是在昨天一天的时间内，美国就有1 500多人因感染这种病毒而死亡。[1]全世界的媒体都在发表文章，说什么阳光可以明显阻碍病毒的传播。在这种病毒的生活史中，天气到底扮演着什么样的角色，现在下结论还为时过早。不过参照过去的案例，我们可以认为两者之间存在某种重大联系。

1993年，在美国西南部的四州交界地区，10个纳瓦霍印第安人出现了类似流感的症状，肺部积液并最终死去。得病之前他们都是健康的年轻人。这样的致命疾病对于纳瓦霍部落来说不是第一次，1918年和1933年也有过类似事件的报道。这些怪

1　没过多长时间，这本书进入了编辑阶段，回过头来看这个数字已经不算多了。对于病毒的传播速度，我感到十分震惊。

病困扰了医学界好多年。

解开谜团的关键，在于纳瓦霍人口口相传的历史传统。这几次流行病的暴发都出现在反常的大雨或大雪季节后。雨和雪本身并不会害人病死，所以这其中的关联一开始并不明朗。调查人员和纳瓦霍人谈过之后，逐渐拼凑起了事情的前因后果：大量的降水使树上的松子产量大大增加，这又造成了啮齿动物的爆发式增长；纳瓦霍人和啮齿动物的接触急剧增加，导致那几位患者因染上汉坦病毒肺综合征而死亡。这是雨水、松子、啮齿动物、病毒和死亡共同交织成的一场悲剧。

而在几千千米开外的西伯利亚，韩国摄影师、博物学家朴秀勇花了20年的时间，对神出鬼没的西伯利亚虎进行追踪，观察这种动物的一举一动。朴秀勇注意到，风能帮松树传播花粉。雌花得到花粉、完成受精后，不久就会长出松果来，松果很快又会掉落。食草动物来找松子吃，而老虎为了追踪猎物，也跟着食草动物的痕迹而来。红色的花粉是风的地图，标示出了一条让朴秀勇认得出的小路。他就是这样找到老虎的。

让我们再看看距纳瓦霍部落和西伯利亚几千千米开外的丹麦，科学家们发现，他们可以靠气温来预测虎甲捕获的猎物数量。

从雨、风一直到松子、老虎和虎甲，都清楚地反映出天气、气候和小气候作为自然拼图中不可或缺的一部分。一个人和土地的联系越紧密，就越是能明白土地和天空之间的联系。在俄罗斯农民的传统中，樱桃树的开花时间和霜有关，而鸟的羽色则和即将到来的雨水有关。

苏格兰作家娜恩·谢泼德有句话说得好："破碎的石头、滋润的雨水、复苏的太阳、种子、根和鸟——万物合而为一。"

作家塔姆辛·卡利达斯在赫布里底群岛有一个小农场，她在那里感受到了天气即将发生变化。羊群躲进了附近的森林，鸥群更紧密地围在喂食者身旁。她还感受到了自己身上发生的变化："我的嘴里有一股单调沉闷的味道……这种迟钝的味觉要么预示着麻烦，要么预示着变化。"

天气也是人类内心世界的重要组成部分。冬季的白天更短，会导致数百万人出现季节性情感障碍。可想而知，这种情感障碍在阿拉斯加州的发病率是佛罗里达州的7倍。突如其来的寒风不仅会让人产生生理上的寒冷感，还会让人产生"该回家了"的心理感受。急匆匆往家赶的人们，步伐的节奏也会随着风的鼓点而改变。有研究者发现，某个镇上的人本来在用正常速度行走，但当风力达到6级时，被研究对象的步伐会突然加速。不过，每个人的反应都不一样。风对待男女居然还是不平等的。

女性的胸部比男性的胸部对冷风更敏感，一阵冷风甚至可以导致正在哺乳期的母亲停止泌乳。也许是因为这个原因，男性喜欢迎着强风，而女性喜欢背着强风。这项发现背后的研究成果于1976年发表。从此以后，风还是照样吹，但人们对自身的感受却大大改变了。我很好奇，如果现在还有人继续这项研究，他会不会发现造成这种行为差异背后的原因到底是生理性的多一点，还是文化性的多一点。无论如何，春天里率先找到温暖角落的人，依然会是带小孩的妈妈。她们总是能找到最好的避风港，并且远远早于其他人。

人遇到冷风的时候会自动做出反应，即使包得里三层外三层，感觉不到寒冷。有研究表明，哪怕人的额头持续遭到冷风吹拂短短30秒，人的心率也会下降，身体会做好准备将热量集中在核心周围。

无论是好天气还是带来麻烦的坏天气，都塑造着你我，自古以来就是这样。有些历史学家认为，腓尼基、古埃及、亚述、古巴比伦、中国、阿兹特克、玛雅和印加文明等伟大的古文明，都发源于平均气温在20摄氏度左右的地方，这是现代人感觉舒适的室内温度。

天气和气候撑起了常青的大国，而小气候创造出了那些奇妙的时刻。一片凉爽的山谷里为什么有这么多葡萄园？哦，是河水反射了阳光，让葡萄可以得到双重光照。对于这样的发现，又有谁能不产生一丝愉悦呢？还有多少这样的趣味，就藏在我们的眼皮底下？我们会不会注意到，由于雨水中含盐，所以海岸边的彩虹有一点点小？更重要的不是问题的答案，而是问题本身。观察这个行为，本身就可以创造奇迹。

资料来源

第一章　两个世界

“菲茨罗伊越来越消沉，最终于1865年结束了自己的生命。”：W. Burroughs et al., p. 73。

“任何关于未来24小时以后天气的预报，都很难保证其准确性。”：R. Lester, p. 123。

“瑞士的侏罗山上有一处海拔800米的山脊，山脊两边的天气截然不同”：Ph. Stoutjesdijk和J.J. Barkman, pp. 77—78。

“在美国和欧洲温带地区的刺柏林里，南北面的气候差异就像沙漠和北方森林那样鲜明。”：Ph. Stoutjesdijk和J.J. Barkman, p. 7。

“欧石南荒原降温非常快，能比几百米开外的其他环境冷上3摄氏度。”：Ph. Stoutjesdijk和J.J. Barkman, p. 55。

第二章　秘密法则

“他们倾向于在天刚亮的时候起飞”：E. Sloane, p. 88。

“秋天天气好的时候，小蜘蛛成群聚集在田野里，它们从尾部喷射出蛛丝……”：G. White, p. 176。

“到了19世纪30年代，查尔斯·达尔文也注意到类似的现象，在他乘坐的“小猎犬号”上有蜘蛛落下来，可当时他们的船已经从阿根廷出发航行了100千米。”：https://www.irishtimes.com/news/environment/how-ballooning-spiders-fly-through-the-sky-1.4000228（于2019年11月28日访问）。

“如果地表太热、热气流太强”：M.H. Greenstone。

“至少一个世纪以前，动物行为学家们就已经发现鸟类的体重、热气流和一天当中的时间段之间存在关联。”：R.S. Scorer。

第三章　天空之语

“天空之语”：S. Thomas, p. 297。

“阴沉沉的云块——是天空中的墨点，是‘信使’——一飘而过……”：R. Jefferies, pp. 34—35。

“云彩山头飘，磨坊要遭殃”：J. Claridge, p. 47。

“蓬起来的云顶，就是空气还在上升的迹象。”：S. Dunlop, p. 70。

“海面上的云比陆地上的云位置更低”：U. Lohmann et al., p. 4。

“南极洲很少有积状云”：W. Burroughs et al., p. 194。

“发现热气流是一门禅修般的艺术，你得调动所有的感官……”：https://xcmag.com/news/zen-and-the-art-of-circlespart-1/（于2020年1月14日访问）。

第四章　谁改变了空气?

“空气中90%的水蒸气都来自海洋”：W. Burroughs et al., p. 39。

“2019年10月，在美国科罗拉多州的丹佛”：ITV, 2019年10月19日。

“在巴布亚新几内亚的南部高地省，当地的原住民……‘雨阳天’”：‘Wola People, Land and Environment’ in P. Sillitoe。

“世界上很多同纬度的地方却有着截然不同的气候，比如爱丁堡和莫斯科。”：R. Lester, p. 130。

“从秘鲁出发的洋流甚至可以影响到澳大利亚，我们把这种现象叫作‘厄尔尼诺’。”：W. Burroughs et al., p. 38。

第五章　怎样感受风

“当空气的状态从无风变成极其轻微的微风时……当风足够吹断一些粗树枝，吹倒小孩，昆虫们都动弹不得的时候，还有雨燕能驾驭这么大的风”：L. Watson, p. 217。

“美国西南部这类干旱多发的地区”：R. Inwards, p. 74。

“乔治·华盛顿有个习惯，他详细地记录了一份天气日志，我们甚至可以说……”。：M. Lynch, p. 31。

“每阵风都会带来不同的天气。”：R. Inwards, p. 68。

“暴风出于南宫。”：R. Lester, p. 141。

“顺时针风，天气变好……”：L. Watson, p. 78。

“风由南风变成西风再变成北风……”：R. Inwards, p. 74。

第六章 露与霜

“1986年8月的一天早晨，宾夕法尼亚州的警察接到一名苦恼的男子格伦·沃尔西弗打来的报警电话。”：https://www.peoplemagazine.co.za/real-people/real-stories/meet-mr-duplicity/，以及https://www.youtube.com/watch?v=8rkfev2OXls（于2020年3月2日访问）。

“树叶、草叶和小树枝都被包成了冰棍，哪怕一阵最轻最轻的微风吹过，树木也会开始摇摆……”：W.P. Hodgkinson, p. 92。

“结霜很严重的时候，逆温层的效果也很强，有时它甚至被果农当成天然温室来利用。”：https://www.goodfruit.com/the-frost-fight/（于2020年2月26日访问）。

“黑尔斯博士说：‘与天气变暖一样，地下一定深度处的热量会加快地表的解冻……’”：G. White, p. 20。

“草地比旷野更容易降温和结霜，但灌木丛、干枯的芦苇丛和干涸的泥炭沼泽……”：J.P.M. Woudenberg。

“半路上被一道铁路路堤拦住……”：https://www.weatheronline.co.uk/reports/wxfacts/Frost-hollow.htm（于2020年2月26日访问）。

“有科学实验表明，用一个1米乘1米的聚苯乙烯盒子，就能让小气候发生巨大变化。”：Ph. Stoutjesdijk和J.J. Barkman, p. 58。

“巴布亚新几内亚南部高地省的原住民……这种和霜有关的幸灾乐祸行为甚至还有一个专门的名字，叫作liywakay。”：P. Sillitoe, p. 74。

第七章 雨

“古希腊哲学家泰奥弗拉斯托斯发现，希腊沿海地区的雨是咸的”：Theophrastus, Sign 25, p. 21。

“遗憾的是，一项关于美国科罗拉多州落基山脉的研究表明，90%的雨水样本里……”：https://earthsky.org/earth/rainmicroplastic-rocky-mountains-colorado（于2020年5月3日访问）。

“如果积状云的面积大于蓝天的面积，那就有可能下阵雨。”：S. Dunlop,

p. 111。

“在苏格兰高地的某些地区，上风处（西面）的降雨量能达到下风处（东面）的6倍。”：R. Lester, p. 38。

“很多山脉的雨影都位于东侧”：W. Burroughs et al., p. 37。

“焚风洞”：K. Stewart, p. 264。

迈阿密和西雅图的气候对比：https://en.wikipedia.org/wiki/List_ of_cities_by_sunshine_duration, https://weather.com/science/weather-explainers/news/seattle-rainy-reputation, https://en.wikipedia.org/wiki/Climate_of_Miami（访问于2020年3月9日）。

雨滴的大小与公式：‘Meso-Micro’, Lohmann et al., p. 209。

第九章 冰雹与雪

“洋葱皮”：R. Lester, p. 41。

“寒风转暖，小心雪暴。”：O. Perkins, p. 92。

“桥梁和高架路会比它们下方的道路先开始积雪”：http://www.theweatherprediction.com/habyhints/201/（访问于2020年3月10日）。

“这些潮湿的小水洼就成了春季野花和其他植物的天堂。”：Ph. Stoutjesdijk 和J.J. Barkman, p. 67。

“在气候多雪、环境无遮挡的地方……芬兰拉普兰地区的松林就是一个很好的例子。”：J.J. Barkman, 1951。

“在很多地区，树皮和石头上的生物也能揭示冬天的积雪高度。”：R. Nordhagen。

“庄稼盖上了雪被子，就像老汉戴上了皮帽子。”：R. Inwards, p. 115。

比亚沃维耶扎的森林：Ph. Stoutjesdijk和J.J. Barkman, p. 72。

“如果池塘和湖面上结了厚厚一层冰，人走上去都没问题，那就一定要小心……”：Ph. Stoutjesdijk和J.J. Barkman, p. 70。

“比如，矮柳的存在，就意味着该地每年至少有两个月不会下雪。”：Ph. Stoutjesdijk和J.J. Barkman, p. 71。

第十章 雾

美国田纳西州卡尔霍恩的车祸：全部资料来自W. Haggard, pp. 99—116。

“只要天起雾，就不会下雨或只会下很少的雨。”：W. Burroughs et al., p. 65.和Theophrastus。

"夏天起雾天气好，冬天起雾冻死狗。"：R. Inwards, pp. 8—9。

"在日本的沿海地区，海雾常常引发问题，所以人们就种植了拦雾的森林。"：J. Grace, p. 179。

"但如果没有风，凉爽的森林里的雾会比外面散得慢。"：R. Lester, p. 59。

"如果雨后能见度还是很差，这说明接下来还会继续下雨。"：O. Perkins, p. 69。

"催场员"：S. Dunlop, p. 69。

第十一章　云的秘密

"它们的风向蜿蜒曲折，可能从东南偏南变成西北偏北，也可能从西南偏南变成东北偏北，但整体沿着自西向东的路线前进。"：与克里斯·麦康奈尔和彼得·吉布斯的私人谈话。

"在接下来的12个小时内，风力可能增强"：O. Perkins, p. 29。

"如果云的线条笔直地从西北方延伸至东南方，暖锋过境的可能性就更大了。"：S. Dunlop, p. 94。

"有的航迹云不仅能维持很长时间，还会变大、变宽，扩散开来。这是一个明确的征兆，说明大气接近饱和；这也是一个强烈的暗示，说明潮湿的天气就要到来。"：M. Kästner, R. Meyer和P. Wendling。

"旋涡把航迹云扯成了两条分开的线，它们很快就又会融合在一起。"：R. Stull, p. 166。

"有时，云层被冲破一个洞以后，被撕裂的碎片云又聚在一起，形成了一片新的云。"：S. Dunlop, p. 94。

"云街之间缝隙的宽度通常是高度的2到3倍。"：https://www.weatheronline.co.uk/reports/wxfacts/Cloud-streets.htm（访问于2020年4月1日）。

"而在北极，它极有可能只有约50米厚。"：U. Lohmann et al., pp. 8—9。

第十三章　地方性风

"从缝隙中穿过的风，和从缝隙中穿过的水流一样，更强劲有力。"：J. Morton, p. 61。

"那感觉就像在挨揍一样。我得采取自我保护姿势走在大街上，用一只手哆哆嗦嗦地挡着眼睛……"：N. Hunt, p. 200。

"就拿美国加利福尼亚州的圣塔安纳风来说，它因高气压系统形成，一开始只是非常轻微的风，但当它抵达沿海的圣加布里埃尔山和圣贝纳迪诺山之间时，受到挤压，风速甚至会超过96千米每小时。”：*Meteorology for Naval Aviators*, p. 21。

“接下来是一道面对着旋转之熊的高崖，人们称之为卡兰比斯……”：J. Morton, p. 57。

“就算知道花旗松和云杉下风处的涡旋模式有什么不同，也没有多大用处。”：J. Grace, p. 23。

旋转流：J. Grace, p. 151。

“1986年，苏格兰高地上的凯恩戈姆山山顶记录到了风速高达278千米每小时的狂风。”：P. Eden, p. 52。

“一座山越高、越陡、周围其他山顶越少、离海岸越近，它顶上的风就相对越强。”：J. Grace, p. 149。

“它的波动范围从周边主风风速的一半到3倍多之间都有可能。”：J. Grace, p. 152。

“在加利福尼亚州的帕姆代尔市，那里的地形波风可以吹倒树木、震碎窗户。”：https://losangeles.cbslocal.com/2019/01/07/palmdale-mountain-wave/（访问于2020年4月7日）。

“在1950年11月的旧金山，一位名叫爱德华·内文的老人刚做完前列腺手术，正在家休养。”：完整故事出自W. Haggard, pp. 11—17。

“只有当陆面气温比海面高出至少5摄氏度的时候，海风才会出现。”：R. Stull, p. 654。

“当海风遇上半岛，这两股势力会创造出一条云线……”：O. Perkins, p. 79。

“夏天，海边有时会出现反常的雾，似乎不太符合当天的天气情况。”：A. Watts, p. 34。

“在智利的阿塔卡马沙漠，火山漆黑、陡峭的山坡会在清晨的阳光下迅速升温……”：赏云协会简讯，2020年4月。

“山上依然有寒冷的山风从山顶吹下……”：J. Grace, p. 152。

加尔达湖：L. Watson, p. 36。

“除了泰奥弗拉斯托斯，就连万能的亚里士多德……”：J. Morton, p. 55。

“夜晚有强风沿着河流吹来，在海面上掀起起伏的海浪。”：J. Morton, p. 55。

莫里哀《贵人迷》：https://en.wikipedia.org/wiki/Tramontane（访问于2020年11月10日）。

“‘戈洛比卡’……追随这些石头鸽子，你就能描绘出布拉风的移动路线。”：N. Hunt, p. 75。

第十四章　树

“森林内外的温差可高达4摄氏度。”：A.J. Van der Poel和Ph. Stoutjesdijk。

树下的小气候：Ph. Stoutjesdijk和J.J. Barkman, pp. 96—99。

“冬青栎能忍受相当低的气温，但坚持时间不长。哪怕气温骤降到零下20摄氏度，它们也能够存活；但它们连零下1摄氏度的长期低温天气也忍受不了。”：Barkman, 引自Ph. Stoutjesdijk和J.J. Barkman, p. 6。

林下风：J. Grace, p. 19。

对约书亚·斯洛克姆作品的引用：https://www.gutenberg.org/files/6317/6317.txt（访问于2020年4月15日）。

“出乎意料的是，树对风非常敏感。如果它们每天被风摇晃上短短30秒，那它们就会比旁边避风处的树矮上20%~30%。”：P.L. Neel和R.W. Harris。

“只需大概3千米每小时的超级微微风，蓟的种子就能在空中翱翔……它仅仅下落1米的距离，就要足足花上8秒钟！”：L. Watson, pp. 172—173。

“这种地方通常又招霜又招雪。林中空隙的降雪量可达附近开阔地的150%。”：R. Geiger。

“对于森林里的居民来说，每种树不仅长得不一样，发出的声音也不一样。”：https://www.bbc.co.uk/programmes/m000b6sm（访问于2020年9月3日）。

“有一位作家写道，苹果树是大提琴，老栎树是古提琴，幼嫩的松树是柔和的小提琴……”：Guy Murchie引自L. Watson, p. 263。

“草木之中，叶之大者，其声窒；叶之槁者，其声悲……”：https://www.awatrees.com/2013/01/06/psithurism-the-sound-of-wind-whispering-through-the-trees/（访问于2020年6月17日）。

“100多年前的果农们做了个实验，把带有字母图案的贴纸贴在了尚未成熟的苹果上。”：S. Elliott, p. 39。

第十五章　植物、真菌和地衣

“通过某些特定的植物，我可以预测天会不会下雨。”：Small Farmers and Scientists’ Perspectives on Climate Variability in the Okavango Delta, Botswana’，引自https://www.sciencedirect.com/science/article/pii/S221209631400028X（访问于2020年6月2日）。

“巴布亚新几内亚的原住民会观察一种常见的芒草，他们管它叫gaimb。”：

P. Sillitoe，引自https://books.google.co.uk/books?id=aebhAQAAQBAJ&pg=PA72&lpg=PA72&dq=gaimb+sword+grass+(m(miscanthus+floridulus),+abounds+in+their+region&source=bl&ots=Zw8t45Zm_k&sig=ACfU3U1c0fpgZoOYIYqPojV6FgYo-7bbdw&hl=en&sa=X&ved=2ahUKEwiyxef9pPboAhVbaRUIHcVmAGsQ6AEwAHoECAsQAQ#v=onepage&q=gaimb%20sword%20grass%20(miscanthus%20floridulus)%2C%20abounds%20in%20their%20region&f=false。

“墨西哥特拉斯卡拉州的自耕农则会关注它们口中的izote，即丝兰属植物……”：‘a Case Study in a Peasant Community of Tlaxcala, Mexico’，https://ethnobiomed.biomedcentral.com/articles/10.1186/s13002-016-0105-z（访问于2020年6月4日）。

“1977年1月，美国的迈阿密州就下过一场雪。”：https://www.google.com/search?q=snow+in+miami&rlz=1C5CHFA_enGB752GB754&oq=snow+in+miami&aqs=chrome..69i57j0l7.2778j0j4&sourceid=chrome&ie=UTF-8（访问于2020年4月20日）。

“在炎热、干燥的阿特拉斯山脉，森林通常生长在北面的山坡上。”：Ph. Stoutjesdijk和J.J. Barkman, p. 81。

“在向阳的南面，它们的柔荑花序还会率先开放。”：G. Kraus。

“北美洲的艾地堇蛱蝶”：S.B. Weiss, D.D. Murphy和R.R. White。

“蒲公英、旋花、毛茛、郁金香、番红花、雏菊、万寿菊、刺苞菊、龙胆、田野牛漆姑和蓝花赝靛”：R. Inwards, pp. 154—155及其他来源。

“郁金香和番红花合上花瓣是因为温度下降，而蒲公英对温度和照度的下降都有反应。”：W. G. van Doorn和U. van Meeteren, ‘Flower Opening and Closure: A Review’, *Journal of Experimental Botany*, Vol. 54, 2003, pp. 1801—1812。

“常见的鸭茅会非常缓慢地朝着风吹来的方向移动。”：M.L. Luff。

“沼垫草……草丛呈马蹄形，两条细长的‘尾巴’一齐大致指向北方，弧形的部分则指向南方。”：Ph. Stoutjesdijk和J.J. Barkman, p. 79。

“在5 500万年前形成的化石里，甚至都能发现欧洲蕨的踪迹。”：B. Myers, p. 35。

“极地草茱萸”：Ph. Stoutjesdijk和J.J. Barkman, p. 3。

“看看山楂树里的春天：最靠近地面的树枝上开花的时间，远远早于高处的树枝。”：Ph. Stoutjesdijk和J.J. Barkman, p. 160。

“比如雪滴花、蓝铃花、榕毛茛和五福花。早春时节，在那些迅速温暖起来的地方，它们最先迸发出生机。”：R. Geiger。

“你越往山上爬，这种草的花柄就越短，开花数量就越少。”：J. Grace, p. 143。

“气温太低，蚱蜢们的卵就没法孵化。蚱蜢之所以只出现在野草丛里，这就是原因之一。”：W.K.R.E. van Wingerden和R. van Kreveld。

“一项研究发现，从海拔1 900米到海拔2 450米，羊菊的叶片面积可缩小一半。”：Werger, 见Ph. Stoutjesdijk和J.J. Barkman, p. 164。

“连叶片的弯曲程度都能提供小气候的线索”：M.J.A. Werger, pp. 123—160。

真菌子实体的生长时机：S. Pinna, M-F. Gevry和M. Cote。

“有些科学家认为，很多真菌会在感受到气压下降时喷射孢子……”：https://www.newscientist.com/article/dn19503-fungi-generate-their-own-mini-wind-to-go-the-distance/（访问于2020年4月24日）。

“荷兰的研究人员有一个惊奇的发现：通过观察地衣，你可以判断当地一个月里会有几天起雾，甚至还能判断雾是出现在白天还是夜晚。”：Ph. Stoutjesdijk和J.J. Barkman, p. 5。

“一球悬铃木长满黑斑的叶子垂了下来，但苔藓越长越厚，变成了深绿色……”：R. Jefferies, p. 183。

黑莓：A. Young et al。

“爱尔兰西南部的气候足够温和，适宜棕榈科植物生长，于是我们推测小麦也可以生长，但事实根本不是这样。这里的夏天太凉爽、太潮湿了。”：Ph. Stoutjesdijk和J.J. Barkman, p. 6。

“麦浪”：E. Inoue。

第十七章 城 市

“玛丽莲·梦露效应”与“文丘里效应”：L. Watson, p. 228。

“汽车排出的尾气被吹往街道的背风一侧，而迎风侧的街道则能获得来自上空的新鲜空气。”：https://books.google.co.uk/books?id=6AJJCAAAQBAJ&pg=PA24&lpg=PA24&dq=street+winds+eddies+air+pollution+leeward&source=bl&ots=i3wAQ30Ujr&sig=ACfU3U2gtsUn1ENOZFsgIo4_HitI9U4cvQ&hl=en&sa=X&ved=2ahUKEwiT_Kf__orqAhV1t3EKHcVLA2IQ6AEwAXoECAsQAQ#v=onepage&q=street%20winds%20eddies%20air%20pollution%20leeward&f=false（访问于2020年6月18日）。

“我看到窗户外面有几只鸢……”：2020年9月21日与本·戴维斯的私人

谈话。

“城市里的温度能比附近的乡村高出12摄氏度。”：R. Stull, p. 678。

“如果主风比较轻，城市下风处的温度要比上风处高几度。”：R. Stull, p. 678。

“对讲机大楼”：https://www.bbc.co.uk/news/uk-england-london-23930675（访问于2020年7月16日）。

“在中东地区的一些地方，街道上空就有风塔，为的是不放过任何一点儿风，把它们捕捉和导流到下方的生活区去。”：W. Burroughs et al., p. 133。

海得拉巴：L. Watson, p. 226。

“面对无情的风暴，六边形或八边形的建筑赢面更大。多角度的屋顶也比简单的直上直下的人字形屋顶更耐用。”：https://www.sciencedaily.com/releases/2008/07/080709110842.htm#:~:text=Design%20buildings%20with%20square%2C%20hexagonal,they%20are%20cheaper%20to%20build（访问于2020年7月17日）。

“‘石头出汗，天要下雨。’……本垒打……”：M. Lynch, p. 142。

城市天气谚语，如：“地垫会膨胀，芝士会软化……”：R. Inwards, pp. 158—159。

城市勇者的6种风：https://www.coursera.org/lecture/sports-building-aerodynamics/4-1-wind-flow-around-buildingspart-1-PvfFX（访问于2019年3月28日）以及P. Moonen et al., ‘UrbanPhysics: Effect of the Micro-Climate on Comfort, Health and EnergyDemand’, *Frontiers of Architectural Research*, Vol. 1, 2012, pp. 197—228。

第十八章　海　岸

“平稳的天气来临前，这种珊瑚会排出一种透明液体；而在暴风雨来临前，珊瑚排出的液体是浑浊的。”：D. Lewis, *Voyaging*, p. 125。

“愿哈维奇的山峰高耸入云！”：D. Lewis, *We, the Navigators*, p. 221。

“航海时代的印度洋上有两个传统的经商季节，分别叫作awwal al-kaws和akhir al-kaws”：A. Constable和W. Facey, p. 76。

“这里几乎整年都吹着西北风……”：A. Constable和W. Facey, p. 76。

“最罕见的岛屿云是成对的眉毛般的云，岛民们把它叫作te nangkoto。”：D. Lewis, *We, the Navigators*, p. 216。

第十九章　动　物

“雨祸及人，从不会毫无预兆。当雨水在空中聚集，飞翔在云端的鹤……”：https://www.loebclassics.com/view/virgil-georgics/1916/pb_LCL063.125.xml（访问于2020年5月7日）。

“雄性极北蝰……”：Ph. Stoutjesdijk和J.J. Barkman, p. 156。

“还有一个理论说，奶牛趴地大多发生在下午，而大多数阵雨也发生在下午。”：与西蒙·李的私人通信。

蜘蛛网：F. Vollrath, M. Downes和S. Krackow, 以及 https://jeb.biologists.org/content/216/17/3342（访问于2020年4月10日）。

加布里埃尔·奥克：Hardy, *Far from the Madding Crowd*: http://etheses.whiterose.ac.uk/14104/1/479514.pdf（访问于2020年5月5日）。

“我认识一位马语者亚当，他告诉我，风还有另一种改变马儿行为的方式。”：与亚当·舍瑞斯顿的私人谈话。

蛞蝓：https://jeb.biologists.org/content/jexbio/31/2/165.full.pdf（访问于2020年5月5日）。

“从1月份开始，如果夜间的气温能回升到5摄氏度以上，蛙和蟾蜍就会从冬眠中苏醒。”：https://www.froglife.org/info-advice/frequently-asked-questions/frogs-and-toads-behaviour/（访问于2020年11月20日）。

“空气湿度越大，蛙类越活跃……”：https://www.jstor.org/stable/2422640?read-now=1&refreqid=excelsior%3Ab25863880982a018f690cf2d5166273b&seq=8#page_scan_tab_contents（访问于2020年5月5日）。

蚯蚓：https://www.scientificamerican.com/article/why-earthworms-surface-after-rain/（访问于2020年5月6日）。

“通过一些特定的鸟叫或虫鸣，我可以判断……”：https://www.sciencedirect.com/science/article/pii/S221209631400028X（访问于2020年9月14日）。

赤鸢：与西蒙·李的私人通信。

“在炎热、无风的日子里，鸟鸣声听起来比它们的实际距离更远。”：C. S. Robbins, ‘Bird Activity Levels Related to Weather’, https://sora.unm.edu/sites/default/files/SAB_006_1981_P301-310%20Part%206%20Bird%20Activity%20Levels%20Related%20to%20Weather%20Chandler%20S.%20Robbins.pdf（访问于2020年9月15日）。

“如果空中有湍流，鸟儿就很难滑翔。”：Ph. Stoutjesdijk和J.J. Barkman,

p. 27。

“在美国宾夕法尼亚州，盛行风被山拦住……”：E. Sloane, p. 69。

“我越是思考，越是确信，科学还远远没有挖掘出空气浮力的真实水平。”：R. Jefferies, p. 123。

“鸟儿晒太阳是为了暖身子，它们飞离一个有阳光的地方，可能是要飞去另一个有阳光的地方……像寒鸦这样的鸟儿在找地方遮阴前，你可能会观察到它们张着嘴喘气的样子。”：Ph. Stoutjesdijk和J.J. Barkman, pp. 147—151, 200。

“‘听上去’这一点很重要，因为每当我们听到晴天里的动物叫声更清楚时，都应该问问自己，是猫头鹰真的叫得更响了，还是因为没有了风吹树叶的沙沙响，衬托得鸟鸣声更响亮了呢？”：与西蒙·李的私人通信。

弗朗西斯·培根：R. Inwards, p.138。

蝙蝠与昆虫：与鲁珀特·兰开斯特的私人通信，以及K. Parsons, G. Jones和F. Greenaway。

“盛行风吹得树朝东北方向歪……”：http://www.woodpecker-network.org.uk/index.php/news/51-great-spotted-woodpecker-nest-hole-orientation（访问于2020年5月7日）。

“如果温度低于13摄氏度，蜜蜂就不会离巢觅食……”：https://en.wikipedia.org/wiki/Forage_(honey_bee)（访问于2020年5月6日）以及Z. Puškadija et al., ‘Influence of Weather Conditions on Honey Bee Visits (*Apis Mellifera Carnica*) During Sunflower (*Helianthus Annuus* L.) Blooming Period’, *Agriculture: Scientific and Professional Review*, Vol. 13, No. 1, 2007, p. 13。

熊蜂：D. M. Unwin和S. Corbet, p. 20。

甲虫：H. Dreisig。

“大型昆虫喜欢一早一晚的凉爽时间，大白天的时候不那么活跃。”：D. M. Unwin和S. Corbet, p. 24。

“如果你看到一大群婚飞的蚂蚁，那就说明气温已经达到了13摄氏度以上，风速则小于6.3米每秒。”：https://www.rsb.org.uk/get-involved/biology-for-all/flying-ant-survey（访问于2020年9月7日）。

“进一步的科学研究表明，很多种蚂蚁对湿度很敏感——有人观察到织叶蚁会在热带风暴到来之前筑巢。”：S. Bagchi, ‘Weaver Ants as Bioindicator for Rainfall: An Observation’, https://www.researchgate.net/profile/Surjyoti_Bagchi/publication/277126182_Weaver_ants_as_bioindicator_for_rainfall_An_observation/links/5561b4d808ae8c0cab32154f.pdf（访问于2020年10月11日）。

"地球上的蚂蚁有13 000多种……"：https://cosmosmagazine.com/biology/can-ants-predict-rain-yes-no-maybe（访问于2020年12月5日）。

"清晨是观察蝴蝶的好时候……"：J. Lewis-Stempel, p. 145。

蝴蝶与气温：L. Wikström, P. Milberg和K.-O. Bergman。

"蝴蝶还对阳光辐射很敏感，沐浴在直射阳光中时，蝴蝶起飞的概率更大。……阴天时，蝴蝶的活跃度就会下降，飞行次数更少，飞行距离也更短。"：A. Cormont et al., 'Effect of Local Weather on Butterfly Flight Behaviour, Movement, and Colonization: Significance for Dispersal Under Climate Change', https://link.springer.com/article/10.1007/s10531-010-9960-4（访问于2020年9月29日）。

"在树荫下的光斑里，你有可能见到蝴蝶们争抢阳光的场景。"：D.M. Unwin和S. Corbet, p. 18。

"第二天一早，奇努克风就已经吹过，蠓也跟着不见了。"：M. Schaffer, p. 83。

"令人意想不到的是，有一些证据表明，风大的时候，蚊子这样的咬人吸血昆虫也会选择下风处叮咬猎物。"：Ph. Stoutjesdijk和J.J. Barkman, p. 66。

"英国有大约150种蓟马……大部分蓟马都不到2毫米长。"：M. Chinery, p. 20。

蓟马与电场：http://www.thrips-id.com/en/thrips/thunder-flies/（访问于2020年11月22日）。

"如果燕子没在空中盘旋，那就看看它们是不是飞在水面、河面和大池塘上面……"：R. Jefferies, pp. 30—31。

第二十章　暴风雨

"在任何一个时刻，世界上都有差不多2 000场雷雨同时发生。"：R. Stull, p. 564。

"1975年，在伦敦北部的一片地方，下了一场令人印象尤为深刻的暴风雨，短短几个小时的降雨量就达到了平时3个月的水平……"：P. Eden, p. 131。

"两天放晴，一天雷雨。"：P. Eden, p. 107。

"四月雷暴，白霜走掉。"：R. Inwards, p. 24。

"竖直向上的气流速度可达48千米每小时。"：W. Burroughs et al., p. 199。

"1938年，五位竞赛中的滑翔机飞行员正在寻找上升气流……"：L. Watson, p. 49。

191号航班：W. Haggard, p. 41之前，以及https://en.wikipedia.org/wiki/Delta_Air_Lines_Flight_191（访问于2020年5月12日）。

"颜色更深的区域有上升气流，而颜色更浅、质地更粗糙的区域有下降气流，后者就是会造成强降雨的地方。"：R. Stull, p. 482。

"闪电能让空气达到大约30 000摄氏度的高温……"：P. Eden, p. 7。

"印度东部和北部有100多人死于闪电。"：https://www.theguardian.com/world/2020/jun/26/lightning-strikes-kill-more-than-100-in-india（访问于2020年7月20日）。

"如果你担心自己会被闪电击中，那最好避开空旷的地方……"：T. Gooley, *Walker's Guide*, p. 150。

30/30 原则：R. Stull, p. 570。

"晴天霹雳"：S. Dunlop, p. 114。

"当雨先下起来的时候，出现闪电的风险更大。"：R. Stull, p. 567。

"美国的帝国大厦就曾经在15分钟内被闪电劈中15次。"：W. Burroughs et al., p. 241。

闪电的颜色：W. Burroughs et al., p. 240。

"闪电能产生电磁波……它们听起来就像咔嚓声或噼啪声。"：R. Stull, p. 568。

龙卷风：W. Burroughs et al., p. 244。

"牛皮云"：G.R. Tibbetts, p. 385。

传统的飓风征兆：G.R. Tibbetts, p. 385。

"它们倾向于往西移动，平均移动速度约为18千米每小时，而且会向距离更近的一个极点偏移。"：S. Dunlop, p. 126。

第二十一章　天体与绝景

"云彩堆成石头和塔……"：J. Claridge, p. 35。

"临近满月的日子，如果日出前有大片雾，那就说明天会放晴。"：J. Claridge, p. 48。

"月亮和天气，会一起变化……"：J. Claridge, p. 50。

"天有皓月，地要下霜。"：J. Claridge, p. 12, W. Burroughs et al., p. 70。

"太平洋群岛上的航海者就会利用星星的闪烁来预测天气，他们还能看出天空中不同区域里星星的闪烁方式也不同。"：D. Lewis, *Voyaging*, p. 125。

"一位澳大利亚气象学家声称，他发现流星和比平时更大的雨之间存在某种联系。"：E.G. Bowen。

"冬天的星空背景颜色更深，因为背景里的深空天体更少。"：https://

earthsky.org/astronomy-essentials/star-seasonal-appearance-brightness（访问于2020年5月19日）。

“对于吉尔伯特群岛的水手来说，天蝎座和昴星团就像是一年中的两个标点符号……”：Arthur Grimble, 引自‘Canoes in the Gilbert Islands’, *The Journal of the Royal Anthropological Institute*, Vol. 54, 1924, pp. 101—139。

“印度洋上的航海者使用thalatha wa-tis ‘in(fi) l-nairuz这样的说法，意思是从年初开始算起的第93天。”：G.R. Tibbetts, p. 361。

第二十二章　我们的天气

“解开谜团的关键，在于纳瓦霍人口口相传的历史传统。”：https://daily.jstor.org/solving-a-medical-mystery-with-oraltraditions/（访问于2020年5月20日）。

朴秀勇：S. Park, p. 24。

“在俄罗斯农民的传统中……”：V. Rudnev, ‘Ethno-Meteorology：A Modern View about Folk Signs’, https://horizon.documentation.ird.fr/exl-doc/pleins_textes/divers1808/010029408.pdf。

“破碎的石头、滋润的雨水、复苏的太阳……”：N. Shepherd, p. 48。

“我的嘴里有一股单调沉闷的味道……”：Tamsin Calidas, 引自*Sunday Times*, *Culture*, p. 22, 2020年5月17日。

“这种情感障碍在阿拉斯加州的发病率是佛罗里达州的7倍。”：S. Nolen-Hoeksema, *Abnormal Psychology* (6th ed.), New York: McGraw-Hill Education, 2014, p. 179, https://en.wikipedia.org/wiki/Seasonal_affective_disorder（访问于2020年5月20日）。

“有研究者发现，某个镇上的人本来在用正常速度行走，但当风力达到6级时，被研究对象的步伐会突然加速。”：S.L. Carson。

“女性的胸部比男性的胸部对冷风更敏感……女性喜欢背着强风。”：B. Palmer。

“春天里率先找到温暖角落的人，依然会是带小孩的妈妈。”：R. Geiger。

“有研究表明，哪怕人的额头持续遭到冷风吹拂短短30秒，人的心率也会下降……”：J. Le Blanc。

“有些历史学家认为，腓尼基、古埃及、亚述、古巴比伦、中国、阿兹特克、玛雅和印加文明等伟大的古文明……”：S.F. Markham。

“是河水反射了阳光，让葡萄可以得到双重光照。”：O.H. Volk。

“海岸边的彩虹有一点点小。”：R. Stull, p. 833。

参考文献

Barkman, J.J., 'Impressions of the North Swedish Forest Excursion' , *Vegetatio*, Vol. 3, 1951, pp. 175–182.

Barkman, J.J., 'The Investigation of Vegetation Texture and Structure' , from M.J.A. Werger, *The Study of Vegetation*, Junk, The Hague, 1979.

Barry, Roger and Blanken, Peter, *Microclimate and Local Climate*, Cambridge University Press, 2016.

Binney, Ruth, *Wise Words and Country Ways*, David & Charles, 2010.

Bowen, E.G., 'Lunar and Planetary Tails in the Solar Wind' , *Journal of Geophysical Research*, Vol. 69, No. 23, 1964, pp. 4969–4970.

Burroughs, William et al., *Weather: The Ultimate Guide to the Elements*, HarperCollins, 1996.

Carson, S.L., *Human Energy Under Varying Weather Conditions*, University of Washington, 1947.

Chinery, Michael, *Complete Guide to British Insects*, Collins, 2005.

Claridge, J., *The Country Calendar or The Shepherd of Banbury's Rules*, Sylvan Press, 1946.

Constable, Anthony and Facey, William, *The Principles of Arab Navigation*, Arabian Publishing, 2013.

Cosgrove, Brian, *Pilot's Weather*, Airlife, 1999.

Dreisig, H., 'Daily Activity, Thermoregulation and Water Loss in the Tiger Beetle, *Cicindela hybrida*' , Oecologia (Berl.), Vol. 44, 1980, pp. 376–389.

Dunlop, Storm, *Meteorology Manual*, Haynes, 2014.

Dunwoody, H., *Weather Proverbs*, United States of America: War Department, 1883.

Eden, Philip, *Weatherwise*, Macmillan, 1995.

Elliott, S., *Nature Studies*, Blackie and Son, 1903.

Feinberg, Richard, *Polynesian Seafaring and Navigation*, Kent State University, 1988.

Geiger, R., *Das Klima der bodennahen Luftschicht*, Vieweg, Braunschweig, 1961.

Gibbings, Robert, *Lovely is the Lee*, Dent & Sons, 1947.

Gladwin, Thomas, *East is a Big Bird*, Harvard University, 1970.

Goetzfridt, Nicholas, *Indigenous Navigation and Voyaging in the Pacific*, Greenwood Press, 1992.

Gooley, Tristan, *The Walker's Guide to Outdoor Clues & Signs*, Sceptre, 2015.

Gooley, Tristan, *How to Read Water*, Sceptre, 2017.

Gooley, Tristan, *Wild Signs and Star Paths*, Sceptre, 2019.

Gooley, Tristan, *The Natural Navigator*, Penguin, 2020.

Grace, J., *Plant Response to Wind*, Academic Press, 1977.

Greenstone, M.H., 'Meteorological Determinants of Spider Ballooning: the Roles of Thermals vs. the Vertical Windspeed Gradient in Becoming Airborne', *Oceologica*, Vol. 84, 1990, pp. 164–168.

Haggard, William, *Weather in the Courtroom*, American Meteorological Society, 2016.

Hamblyn, Richard, *Extraordinary Clouds*, David & Charles, 2009.

Harris, Alexandra, *Weatherland*, Thames & Hudson, 2016.

Harrison, Melissa, *Rain: Four Walks in English Weather*, Faber & Faber, 2017.

Hodgkinson, W.P., *The Eloquent Silence*, Hodder & Stoughton, 1947.

Holmes, Richard, *Falling Upwards*, William Collins, 2013.

Hunt, Nick, *Where the Wild Winds Are*, Nicholas Brealey, 2017.

Inoue, E., 'Studies of the Phenomena of Waving Plants ("Honami") Caused by Wind. Part 3. Turbulent Diffusion over the Waving Plants' , *J. Agric. Met.* (Tokyo), Vol. 11, 1956, pp. 147–151.

Inwards, R., *Weather Lore*, Senate, 1994.

Jankovic, Vladimir, *Reading the Skies*, University of Chicago Press, 2000.

Jefferies, Richard, *Field and Hedgerow*, Lutterworth Press, 1948.

Jones, H., *Plants and Microclimate*, Hamlyn, 2014.

Kästner, Martina, Meyer, Richard and Wendling, Peter, 'Influence of Weather

Conditions on the Distribution of Persistent Contrails' , *Institut für Physik der Atmosphäre*, Report No. 109, 1998.

King, Simon and Nasir, Clare, *What Does Rain Smell Like?*, 535, 2019.

Kraus, G., *Boden und Klima auf kleinstem Raum*, Fischer, Jena, 1911.

Le Blanc, J., *Man in the Cold*, Thomas, Springfield, Illinois, 1975.

Lester, Reginald, *The Observer's Book of Weather*, Frederick Warne & Co., 1964.

Lewis, David, *The Voyaging Stars*, Fontana, 1978.

Lewis, David, *We, the Navigators*, University of Hawaii, 1994.

Lewis-Stempel, J., *The Wood*, Doubleday, 2018.

Lohmann, Ulrike, Luond, Felix, and Mahrt, Fabian, *An Introduction to Clouds*, Cambridge University Press, 2016.

Luff, M.L., 'Morphology and Microclimate of *Dactylis glomerata* Tussocks' , *Journal of Ecology*, Vol. 53, 1965, pp. 771–783.

Lynch, Mike, *Minnesota Weatherwatch*, Voyageur Press, 2007.

Markham, S.F., *Climate and the Energy of Nations*, Oxford University Press, London, 1942.

Minnaert, M., *Light and Colour in the Open Air*, Dover, 1954.

Moore, Peter, *The Weather Experiment*, Vintage, 2016.

Morton, Jamie, *The Role of the Physical Environment in Ancient Greek Seafaring*, Brill, 2001.

Myers, Benjamin, *Under the Rock*, Elliott & Thompson, 2018.

Neel, P.L. and Harris, R.W., 'Motion-Induced Inhibition of Elongation and Induction of Dormancy in Liquidambar' , *Science*, Vol. 173, 1971, pp. 58–59.

Nordhagen, R., 'Die Vegetation und Flora des Sylenegebietes' , *Kkr. Norske Vidensk. Akad. I, Mat, Naturv.*, Vol. 1, 1927, pp. 1–162.

Office of the Chief of Naval Operations, Training Division, *Meteorology for Naval Aviators*, Government Printing Office, Washington, 1958.

Page, Robin, *Weather Forecasting the Country Way*, Penguin, 1977.

Palmer, B., *Body Weather*, Stackpole, Harrisburg, 1976.

Park, Sooyong, *The Great Soul of Siberia*, William Collins, 2017.

Parsons, K., Jones, G. and Greenaway, F., 'Swarming Activity of Temperate Zone Microchiropteran Bats: Effects of Season, Time of Night and Weather Conditions' , *Journal of Zoology*, Vol. 261, No. 3, 2003, pp. 257–264.

Perkins, Oliver, *Reading the Clouds*, Adlard Coles, 2018.

Pinna, S., Gevry, M-F. and Cote, M., 'Factors Influencing Fructification Phenology of Edible Mushrooms in a Boreal Mixed Forest of Eastern Canada' , *Forestry and Ecology Management*, Vol. 260, No. 3, 2010, pp. 294–301.

Pretor-Pinney, Gavin, *The Cloudspotter's Guide*, Sceptre, 2006.

Rogers, R.R. and Yau, M.K., *A Short Course in Cloud Physics*, Butterworth-Heinemann, 1996.

Schaffer, Mary, *Old Indian Trails of the Canadian Rockies*, Rocky Mountain Books, 2011.

Scorer, R.S., 'The Nature of Convection as Revealed by Soaring Birds and Dragonflies' , *Quarterly Journal of the Meteorological Society*, Vol. 80, No. 343, 1954, pp. 68–77.

Scott Elliott, G.F., *Nature Studies*, Blackie & Son, 1903.

Shepherd, Nan, *The Living Mountain*, Canongate, 2011.

Sillitoe, Paul, *A Place Against Time: Land and Environment in the Papua New Guinea Highlands*, Routledge, 1997.

Sloane, Eric, *Weather Almanac*, Voyageur Press, 2005.

Stewart, Ken, *The Glider Pilot's Manual*, Airlife, 2002.

Stoutjesdijk, Ph. and Barkman, J.J., *Microclimate, Vegetation and Fauna*, KNNV Publishing, 2014.

Stull, R., *Practical Meteorology*, University of British Columbia, 2015.

Thomas, Stephen D., *The Last Navigator*, Ballantine Books, 1987.

Tibbetts, G.R., *Arab Navigation*, The Royal Asiatic Society of Great Britain and Ireland, 1971.

Tovey, Bob and Brian, *The Last English Poachers*, Simon & Schuster, 2015.

Unwin, D.M. and Corbet, Sarah, *Insects, Plants and Microclimate*, The Richmond Publishing Co., 1991.

Van der Poel, A.J. and Stoutjesdijk, Ph., 'Some Microclimatological Differences between an Oak Wood and a Calluna Heath' , *Meded. Landbouwhogesch. Wageningen*, Vol. 59, No. 2, 1959, pp. 1–8.

Van Wingerden, W.K.R.E. and van Kreveld, R., 'Vegetation Structure and Distribution Patterns of Grasshoppers' , *Econieuws*, Vol. 2, No. 4, 1989, p. 5.

Volk, O.H., 'Ein neuer für botanische Zwecke geeigneter Lichtmesser' , *Ber, Dt. Bot. Ges.*, Vol. 52, 1934, pp. 195–202.

Vollrath, F., Downes, M. and Krackow, S. 'Design Variability in Web Geometry of an Orb-Weaving Spider' , *Physiol Behav.*, Vol. 62, No. 4, 1997, pp. 735–743.

Watson, Lyall, *Heaven's Breath*, Hodder and Stoughton, 1984.

Watts, Alan, *Instant Weather Forecasting*, Adlard Coles, 1968.

Weiss, S.B., Murphy, D.D. and White, R.R., 'Sun, Slope and Butterflies' , *Ecology*, Vol. 69, 1988, pp. 1486–1496.

Werger, M.J.A., *The Study of Vegetation*, Junk, 1979.

White, Gilbert, *The Natural History of Selborne*, Penguin, 1987.

Wikström, Linnea, Milberg, Per and Bergman, Karl-Olof, 'Monitoring of Butterflies in Semi-Natural Grasslands: Diurnal Variation and Weather Effects' , *Journal of Insect Conservation*, Vol. 13, 2019, pp. 203–211.

Wood, James G., *Theophrastus of Eresus on Winds and Weather Signs*, Edward Stanford, 1894.

Woudenberg, J.P.M., 'Nachtvorst in Nederland' , *K.N.M.I Wetensch. Rapp.*, Vol. 68, No. 1, de Bilt, 1969.

Young, A., Pilar, A., Janelle, A. and Hiromi, U., 'Wind Speed Affects Pollination Success in Blackberries' , *Sociobiology*, Vol. 65(2), 2018, p. 225.

致谢

我在这本书里说过，天气是由空气、热量和水熬成的一锅汤。这本书不是一锅汤——这是一场导赏之旅，带你走进一栋怪异的14层砖楼，楼里的每一块砖都不一样，每个房间里都有一大盘美味的寿司。要建成这样一栋高楼，需要远远不止一位建筑师兼大厨。然而，无论是对于这个骇人的比喻，还是对于这本书里的任何疏漏之处，我都可以全权负责。

感谢我的代理人苏菲·希克斯、权杖出版社的鲁珀特·兰开斯特和实验出版社的尼古拉斯·齐泽克，没有你们就没有这本书。这是我的书第一次在大西洋两岸同时发行。这样做本来有可能让这本书的写作更困难，但感谢所有参与其中的人——不仅仅是鲁珀特、尼克和苏菲——是你们让我发现结果和我的担忧恰恰相反。

你可能已经注意到，这本书的主要目的有两个：对于我们能感知到的天气迹象，提供一份全面综合的指南；带领读者走进被人们忽略的小气候世界。没有鲁珀特和尼克的帮助，我就不可能知道如何凭借一本书完成这两个任务。光是其中一个任务或许就已经让我打退堂鼓了。

感谢马修·洛尔、詹妮弗·赫根罗德、卡梅隆·迈尔斯、丽贝卡·芒迪、卡特里奥娜·霍恩、米尔托·卡拉夫雷祖、多米尼克·格雷本，还有所有权杖出版社和实验出版社的工作人员，感谢你们的辛勤劳动、努力、创意和远见。

感谢黑兹尔·奥姆在这本书的最后阶段提供的所有帮助。非常感谢萨拉·威廉姆斯、莫拉格·欧布林和威廉·克拉克，感谢你们多年来的工作，谢谢你们。我还要特别感谢研究气象的专家西蒙·李，他抽出的时间和提出的意见非常宝贵。还有很多人帮助过我，他们隐藏在幕后，但都不可或缺：彼得·吉布斯、约翰·莱德、汉娜·汤普森、约翰·帕尔、尼克·安、尼克·哈金斯，感谢你们所有人。

尼尔·戈尔为这本书绘制了漂亮的内文插图，这些图是这本书的重要组成部分。谢谢你，尼尔。

非常感谢每一位读过我的作品的读者、上过我的网络课程的学员和在新冠疫情期间通过其他方式支持过我的所有人。

感谢我的姐姐西沃恩·梅钦，感谢她的支持和对我提出的建议。

在资料来源和参考文献部分列出的所有人，都为我提供了很多想法、数据和灵感，在这里我要特别提及其中几位。首先，我要对斯托杰斯戴克博士和J. J. 巴克曼致以谢意与敬意，他们的研究令人印象深刻，他们还做了一项很出色的工作，那就是整理了大量关于小气候的学术研究。戴维·刘易斯关于太平洋的研究让我受益终生，并让我从中获得了许多启发。G. R. 蒂贝茨的阿拉伯向导也是。吉米·莫顿的著作在查阅古籍的时候很有用。菲利普·伊顿、罗兰·斯塔尔和斯托姆·邓禄普的作品都对我有所帮助，只不过方式稍有不同。我还要感谢很多过往的作家，包括吉尔伯特·怀特、理查德·杰弗里斯和托马斯·哈代。

感谢“露营人”播客和Speakeasy应用的所有人，2020年，你们在线上和线下为我带来了太多欢乐与笑容。我很想把你们的名字都列出来，但恐怕那样一来你们就会杀了我。

我还要感谢家人对我的支持，尤其是我的妻子苏菲，以及我们的两个儿子本和维尼。我写这本书的时候遇上新冠疫情导致的封控，我的家人和我一同度过了那段时光。我总是对风和露水发表滔滔不绝的长篇大论，或者是写书写到兴奋，很抱歉让你们承受了这一切。我写下书里最后这段话的时候，正值2021年1月，这个国家又变成了全国封控的状态，学校里又开始了远程授课。今天早上，早饭喝完麦片粥以后，我问两个儿子，为什么草地上有霜，树底下却没有霜。然而，这种强制性观察并没有给他们带来什么乐趣。“老爸！……上网课要迟到啦！”

译名对照表

A

accessory clouds　附属云
advection fog　平流雾
airlight　空气光
air masses　气团
air pressure　气压
altitude　海拔
altocumulus clouds　高积云
altrostratus clouds　高层云
anabatic winds　上升风
anatomy of raindrops　雨水解剖学
animal tracks　动物踪迹
annuals　一年生植物
Antares　心宿二
anthocyanins　花青素
anvil crawlers　云砧爬行者
anvils, storm clouds　砧状云，暴风雨云
"Arctic sea smoke"　"北冰洋烟雾"
arcus clouds　弧状云
aspect, and showers　方位和阵雨
Asperitas cloud　糙面云
atmosphere　大气

B

backing wind　逆转风
ball lightning　球状闪电
banner clouds　旗云
bark　树皮
barometers　气压计
black ice　黑冰
blanket clouds　层状云
blanket rain　淫雨
blanket snow　层状云降雪
blocking highs　阻塞高压
body temperature　体温
Bora wind　布拉风
boundary layer　边界层
breezes　微风
Breva wind　布里瓦风
brightness　亮度
broadleaf trees　阔叶树
bulbs　鳞茎
"butterfly effect"　"蝴蝶效应"
Buy's Ballot's Law　白贝罗定律

C

calendar　历法
"call-boys"　"催场员"
"calm before a storm"　"暴风雨前的宁静"
canopies, trees　树冠
canopy breeze　树冠风
capping inversion　覆盖逆温
car exhausts　汽车尾气

chalk 白垩岩
channel winds 通道风
chaos theory 混沌理论
chinook wind 奇努克风
cirrocumulus clouds 卷积云
cirrostratus clouds 卷层云
cirrus clouds 卷云 / 卷状云
"tall tell" "不经意动作"
cliffs 悬崖
clouds, Seven Golden Patterns 云，七条黄金法则
cloud families 云族
cloud streets 云街
coastal microclimates 沿海小气候
coastline winds 海岸风
coasts 海岸
cold fronts 冷锋
cold front cirrus 冷锋卷云
commas, cirrus 逗号形卷云
compasses 指南针
computers, weather forecasts 电脑，天气预报
condensation 凝结
conifers 针叶树
coning smoke 锥形烟
continental weather 大陆天气
contrails 航迹云
convection 对流
Coriolis effect 科里奥利效应
crop circles 麦田怪圈
cross-hatching, cirrus clouds 交叉卷云
cross-winds rule 交叉法则
cumulonimbus clouds (storm clouds) 积雨云（暴风雨云）
cumulus clouds 积云 / 积状云
currents, oceans 洋流
cyclones 旋风

D

Datoo wind 达图风
dead-reckoning, navigation 航位推算法
deciduous trees 落叶树
dendrites, snowflakes 树枝状雪花
depressions 低气压区
dew point 露点
dew ponds 露水池
diseases 疾病
distrails 耗散尾迹
drifts, snow 雪堆
drizzle 毛毛雨
drought 干旱
dunes 沙丘

E

Earth's shadows 地球的影子
earthquakes 地震
eddies 涡流
El Niño 厄尔尼诺
elfin wood 妖精森林
epiphytes 附生生物
erosion, hoodoos 侵蚀，石林
evergreens 常绿植物
eyebrow clouds 眉毛般的云

F

fallstreak holes 落幡洞云
fallstreaks 落幡
fanning smoke 扇形烟
farming 农业

flag clouds 旗云
flash floods 山洪暴发
floodplains 河漫滩
floods 洪水
foehn winds 焚风
fog 雾
fog banks 雾层
"fog deserts" "雾漠"
"fog drip" "雾滴"
fossils 化石
fronts 锋
frost 霜
"frost bounce" 霜冻反弹
frost lines 霜冻线
frost pockets (hollows) 霜袋（霜洼）
full moon 满月
fumigating smoke 熏蒸烟
funnels, storm clouds 漏斗云，暴风雨云

G

gales 狂风
gap winds 山口风
Geminid meteor showers 双子座流星雨
germ-warfare tests 细菌武器实验
ghibli wind 基布利风
Gideon's fleece 基甸的羊毛
glaciers 冰川
glass ceiling 玻璃天花板
glazed ice 雨凇
granite 花岗岩
grasses 草本植物
grasslands 草地
ground winds 地面风
Gulf Stream 墨西哥湾暖流
gusts 阵风

H

haar 哈雾
hail 冰雹
Halnaker Windmill, Sussex 萨塞克斯郡汉尔内克风车塔
halos 晕
Hantavirus Pulmonary Syndrome 汉坦病毒肺综合征
hardiness, plants 植物的耐寒性
Havaiki 哈维奇
haze 霾
Heart Eddies 心形旋涡
heat conduction 热传导
heat convection 热对流
heat islands 热岛效应
"heat lightning" "热闪"
heatwaves 热浪
heiligenschein 露面宝光
helm wind 船舵风
herd animals 群居动物
high-pressure systems 高气压系统
hoar frost 白霜
hoodoos 石林
humidity 湿度
hurricanes 飓风

I

infrared energy 红外能量
International Cloud Atlas 《国际云图》
isophenes 等物候线

J

jet stream 急流
jet stream ropes 急流条状云
jizz, identifying trees 树叶声响的气质

K

kampf zone 高山矮曲林带
Kapalilua wind 卡帕里鲁亚风
katabatic winds 下降风
Krummholz 矮曲林
Kuroshio current 黑潮

L

Labrador current 拉布拉多寒流
lake breezes 湖风
laminar flow 层流
land breezes 陆风
landspouts 陆龙卷
latent heat 潜热
lens clouds 荚状高积云
levant wind 黎凡特风
lightning 闪电
local winds 地方性风
lofting smoke 屋脊烟
looping smoke 环形烟
low-pressure systems 低气压系统
lunar calendar 阴历

M

mackerel skies 鱼鳞天
main winds 主风
mamma, storm clouds 悬球状云，暴风雨云
mares' tails cirrus 马尾形卷云
Massenerhebung effect 山体效应
meteorological instruments 气象仪器
meteors 流星
micro-seasons 小季节
microclimates 小气候
microplastics, in rain 雨水里的塑料微粒
Milky Way 银河
mist 霭
mistral 密史脱拉风
Monroe Effect 玛丽莲·梦露效应
monsoon 季风
mountain breezes 山风
mountain wave winds 地形波风

N

named winds 有名字的风
navigation 导航
needles, conifers 针叶树
needles, snowflakes 针状雪花
nimbostratus clouds 雨层云
nitrogen 氮

O

oases 绿洲
occluded fronts 锢囚锋
Ora wind 奥拉风

Orion constellation　猎户座
Oyashio current　亲潮

P

Palmdale mountain wave　帕姆代尔地形波风
pannus clouds　破片云
patterns　图案
peat bogs　泥炭沼泽
pebbles, in riverbed　河床上的卵石
Pelèr wind　佩勒风
peninsulas　半岛
perennials　多年生植物
petrichor　雨后的泥土香
phenology　物候学
photosynthesis　光合作用
pileus, storm clouds　幞状云，暴风雨云
pine nuts　松果
planetary boundary layer　大气边界层
Pleiades constellation　昴星团
polar air　极地空气
polar jet　极地急流
pollination, blackberries　黑莓授粉
pollution, microplastics　微塑料污染
Pollution Effect　空气污染效应
ponds　池塘
pooling smoke　沉积烟
prey animals　被捕食动物
puddles　水坑

R

radar, weather　雷达，天气
radiation　辐射
radiation fog　辐射雾
railways　铁路
rain　雨
rain ghosts　幽灵雨
rain shadows　雨影
rainbirds　报雨鸟
rainbows　彩虹
Ramadan　斋月
rebel dunes　反向雪堆/反向沙丘
rebel winds　反向风
reed beds　芦苇丛
relief rain　地形雨
ridges, summit winds　山脊，山顶风
rime ice　雾凇
ripples　涟漪
rotor clouds　转子云
rotor winds　旋涡风

S

safety, lightning　安全，闪电
Santa Ana winds　圣塔安纳风
saturation　饱和
scarps　悬崖
scents　气味
　predators of　捕食者的
scent-tracking dogs　气味追踪犬
Scotch mist　苏格兰雾
search-and-rescue dogs　搜救犬
sea breezes　海风
sea breeze heads　海风锋
Seasonal Affective Disorder　季节性情感障碍
seaweed　海草

sheet lightning 片状闪电
shelf clouds 弧状云
shelter belts 防护林带
showers 阵雨
singing, to deter bears 为了防熊而唱歌
"six degrees of separation" "六度分隔理论"
smoke 烟雾
snow 雪
  settlement patterns 积雪图案
snow shadow patterns 雪的阴影图案
snow showers 阵雪
snow line 雪线
snowflakes 雪花
sounds of rain 雨声
sound of trees 树的声音
split winds 分叉风
spores, fungi 真菌的孢子
spring flowers 春季野花
stability 稳定性
Star Dust (airliner) "星尘号"飞机
stars 恒星
steam 蒸汽
steam fog 蒸汽雾
storms 暴风雨
storm clouds 暴雨云
stratocumulus clouds 层积云
stratosphere 平流层
stratus clouds 层云/层状云
sublimation, snow 雪的升华
subtropical jet 副热带急流
summit winds 山顶风
sun-loving plants 喜阳植物
sun pockets 阳光口袋
sunrises and sunsets 日出与日落
superblooms 集中开花
sweating 出汗

T

tarmac, snow on 铺装路面上的雪
temperatures 温度
temperature inversion layer 逆温层
temperature swings 气温波动
thermals 热气流
thunder 雷
thunderstorms 雷暴
Tivano wind 提旺诺风
tornadoes 龙卷风
tracks 痕迹
tramontane wind 屈拉蒙塔那风
tree blanket 树冠毯子
tree line 林线
tree fans 树荫空调
tropics 热带地区
tropopause 对流层顶
tuba, storm clouds 管状云，暴风雨云
turbulence 湍流
twinkling 闪烁
typhoons 台风

U

umbrella trees 树冠雨伞
upslope fog 上坡雾
urban-canyon effect 城市峡谷效应
urban heat islands 城市热岛效应

V

valley breezes 谷风

veering wind　顺时针旋转的风
Venturi Effect　文丘里效应
Virazon wind　维拉丛风
virga　幡状云
visibility　能见度
volcanic islands　火山岛
vortices　旋涡

W

warm fronts　暖锋
warm sector　暖区
water vapour　水蒸气
waterspouts　水龙卷
waves　波
weather forecasts　天气预报
weather lore　天气谚语
weather radar　天气雷达图
wedge effect　楔效应
wildfires　山火
williwaw wind　威利瓦飑
wind eddies　风涡
wind bulge　林下风
wind shear　风切变
wind towers　风塔
windbreaks　防风林
windsnap　风折木
windthrow　风倒木
windvanes　转向仪
winter sea cumulus　冬季海上积云
wisdom, indigenous　乡土智慧
woodland hygrometers　林地湿度计
World Meteorological Organisation　世界气象组织

X

"X-ray fogs"　"X光雾"

Z

zonda wind　佐达风

本书中出现的物种名称

（汉、英、拉）

矮柳	dwarf willow	*Salix herbacea*
艾地堇蛱蝶	Edith's Checkerspot butterfly	*Euphydryas editha*
白花酢浆草	wood sorrel	*Oxalis acetosella*
柏树	cypress	*Cupressus*
斑尾林鸽	wood pigeon	*Columba palumbus*
爆竹柳	crack willow	*Salix fragilis*
冰冻毛茛	glacier buttercup	*Ranunculus glacialis*
苍头燕雀	chaflinch	*Fringilla coelebs*
常春藤	ivy	*Hedera*
车轴草	clover	*Trifolium*
梣树	ash tree	*Fraxinus*
赤鸢	red kite	*Milvus milvus*
垂枝桦	silver birch	*Betula pendula*
磁石白蚁	compass termite	*Amitermes meridionalis*
刺柏	juniper	*Juniperus*
刺苞菊	Carline thistle	*Carlina biebersteinii*
粗糙灯芯草	heath rush	*Juncus squarrosus*
大斑啄木鸟	great spotted woodpecker	*Dendrocopos major*
淡蓝菥蓂	Alpine pennycress	*Thlaspi caerulescens*
灯芯草	soft rush	*Juncus effusus*
冬青栎（圣栎）	holly oak / holm oak	*Quercus ilex*
寒鸦	jackdaw	*Corvus monedula*
黑喉石䳭	stonechat	*Saxicola rubicola*

黑莓	blackberry	*Rubus fruticosus*
黑松	Black Pine	*Pinus thunbergii*
黑杨	black poplar	*Populus nigra*
红隼	kestrel	*Falco tinnunculus*
虎甲	Tiger Beetles	Cicindelinae
花旗松	Douglas Fir	*Pseudotsuga menziesii*
黄墩蚁	yellow meadow ant	*Lasius flavus*
灰绿悬钩子	—	*Rubus glaucus*
极北蝰	adder	*Vipera berus*
极地草茱萸	dwarf cornel	*Cornus suecica*
蒺藜（宾蒂花）	Bindii flower	*Tribulus terrestris*
蓟马	thrip	*Thysanoptera*
孔雀蛱蝶	peacock butterfly	*Inachis io*
鵟	buzzard	—
蓝花赝靛	wild indigo	*Baptisia Australis*
蓝铃花	bluebell	*Hyacinthoides non-scripta*
冷杉	fir tree	*Abies*
栎木银莲花	wood anemone	*Anemone nemorosa*
栎树	oak tree	*Quercus*
琉璃繁缕	scarlet pimpernel	*Anagallis arvensis*
罗甘莓	loganberry	*Rubus loganobaccus*
落叶松	larch tree	*Larix*
芒草	sword grass(gaimb)	*Miscanthus*
毛地黄	foxglove	*Digitalis*
毛桦	mountain birch	*Betula cordifolia*
蠓	midge	Chironomidae
欧石南	heather	*Erica carnea*
欧洲赤松	Scots Pine tree	*Pinus sylvestris*
欧洲对开蕨	hart's tongue fern	*Asplenium scolopendrium*

欧洲红豆杉	yew tree	*Taxus baccata*
欧洲蕨	bracken	*Pteridium aquilinum*
欧洲栗	sweet chestnut	*Castanea sativa*
欧洲云杉	Norway Spruce	*Picea abies*
桤树	alder tree	*Alnus*
千里光	ragwort	*Senecio*
榕毛茛	lesser celandine	*Ficaria verna*
柔毛栎	downy oak	*Quercus pubescens*
沙漠雪松	desert cedar	—
山楂	hawthorn tree	*Crataegus*
水青冈	beech tree	*Fagus*
田野牛漆姑	red sand spurrey	*Spergularia rubra*
秃鼻乌鸦	rook	*Corvus frugilegus*
万寿菊	marigolds	*Tagetes*
五福花	moschatel	*Adoxa moschatellina*
西灰林鸮	tawny owl	*Strix aluco*
喜马拉雅凤仙花	Himalayan Balsam	*Impatiens glandulifera*
新疆野苹果	wild apple	*Malus sieversii*
熊蜂	bumblebee	*Bombus*
悬钩子	bramble	*Rubus*
悬铃木	plane tree	*Platanus*
旋花	bindweed	*Convolvulus*
雪滴花	snowdrop	*Galanthus nivalis*
雪兔	mountain hare	*Lepus timidus*
鸭茅	cock's-foot grass	*Dactylis glomerata*
亚洲百里香	wild thyme	*Thymus serpyllum*
羊菊	wolf's bane	*Arnica montana*
杨树	poplar tree	*Populus*
一球悬铃木	sycamore tree	*Planus occidentalis*

蝇子草属	—	*Silene*
云杉	spruce tree	*Picea*
沼垫草	matgrass	*Nardus stricta*
织叶蚁	weaver ant	*Oecophylla*
帚石南	common heather	*Calluna vulgaris*